西南林业大学经管系列教材

> 国家自然科学基金项目（项目编号：72264035）
> 云南省"兴滇英才支持计划"青年人才专项项目
> 云南省一流本科课程《科学研究方法与论文写作》
> 西南林业大学"十四五"规划教材
> 西南林业大学经济管理学院农林经济管理一级学科博士点建设项目
> 西南林业大学课程思政教学研究项目"社会责任、创新与诚信融入高校专业课程
> 教学方式与路径研究——以《科学研究方法与论文写作》课程为例"

科学研究方法与论文写作

付　伟　罗明灿◎主编

Scientific Research Methods and
Thesis Writing

经济管理出版社
ECONOMY & MANAGEMENT PUBLISHING HOUSE

图书在版编目（CIP）数据

科学研究方法与论文写作 / 付伟，罗明灿主编. --
北京：经济管理出版社，2024.5
ISBN 978-7-5096-9709-2

Ⅰ. ①科… Ⅱ. ①付… ②罗… Ⅲ. ①科学研究－研
究方法②论文－写作 Ⅳ. ①G312②H152.3

中国国家版本馆 CIP 数据核字（2024）第 100254 号

组稿编辑：曹　靖
责任编辑：郭　飞
责任印制：张莉琼
责任校对：王淑卿

出版发行：经济管理出版社
　　　　　（北京市海淀区北蜂窝 8 号中雅大厦 A 座 11 层　100038）
网　　址：www. E-mp. com. cn
电　　话：（010）51915602
印　　刷：唐山玺诚印务有限公司
经　　销：新华书店
开　　本：720mm×1000mm/16
印　　张：19.75
字　　数：304 千字
版　　次：2024 年 6 月第 1 版　　2024 年 6 月第 1 次印刷
书　　号：ISBN 978-7-5096-9709-2
定　　价：68.00 元

序

在高等学校，"科学研究方法与论文写作"是一门有益于培养学生思维能力的课程，不仅有利于毕业生顺利完成毕业论文，更是有利于培养大学生对于现实问题的观察、提炼乃至于提升科研素养的学习和感悟能力。一篇高质量论文无不体现着作者强大的语言表达能力、缜密的逻辑思维能力和入木三分的独到见解等。较好的论文写作能力不仅是大学生们顺利毕业的关键，更是今后择业、就业过程中的敲门砖和通行证，是一种不可替代的核心竞争力，是本科生继续读研的必备能力，也是科研工作者的必修课。

本书主编主持了云南省一流本科课程"科学研究方法与论文写作"项目，主编及参编人员都是多年长期从事科学研究及学术论文写作授课的教师，都发表过高质量论文，相关论文多次获奖，可以提供优质案例论文，也为解决论文写作课程授课的难题提供了较好的实践基础，增加了本书写作内容的实用性。

该门课程授课过程中存在理论性较强、理论知识较为抽象以及学生难以将学到的专业知识转化为论文等难题。针对这些问题，本书以基础理论、实践操作与案例分析为写作脉络，从论文写作的理论、方法到论文写作的实践均做了深入的剖析与阐述。全书分为基础篇、实践篇和案例篇。基础篇从论文写作的基础知识入手，用学术论文的选题来破题，突出科学研究方法这个重点，辅助文献检索与利用的工具手段，为论文写作进行扎实而有条理的铺垫，掌握恰当的科学研究方法是论文写作的前提。实践篇是本书内容的关键和核心，如何应用合适的科学研究方法和工具，选择合适的论文选题，完成一篇高质量的论文是该篇需要解决的问题。根据论文写作的实践和需要，本书分别给出学术论文写作、英文论文写作和学位论文写作的结构、要求与格式规范等，同时还有毕业论文答辩的过程、策略等内容，内容实用又有针对性。案例是论文写作课堂授课的必备素材，案例篇选取实证类论文、综述类论文、个案类论文和英文论文等具有代表性的典型案例，为学生提供多样的论文案例学习参考，很多论文写作的细节问题都可以通过案例论文得到体现，也会让论文写作的授课内容落到实处，让学生有更多的收获感。

本书的特色之处在于，不仅以高质量论文贯穿全书，而且关键知识点都设置了丰富的思考题和生动的小案例，既能激发学生学习论文写作的兴趣，又让相对枯燥的论文写作课程显得生动有趣，还能让学生有一定的思考深度。另外，本书将思政元素贯穿其中，每章前面都有引言和思政小案例，每个思政小案例均是结合每章内容精心选取，既可以引导学生学习，又有一定的思政教育意义，培养学生的社会责任感、思辨能力和钻研创新精神，培养学生的学术规范和伦理道德。本书注重学生的写作需要，更多地从课程讲授视角出发，考虑学生的接受程度，探索一种将科学研究方法与论文写作相结合的新路径，辅助精品论文案例，将相对枯燥的理论知识点归纳为容易理解的要点并串联起来，方便学生掌握和理解。

国家杰出青年基金获得者

国家"万人计划"科技创新领军人才

中国科学院地理科学与资源研究所二级研究员

邓祥征

2024 年 3 月 18 日

前　言

　　科学研究方法与论文写作是相辅相成、不可分割的。科学研究方法的学习不仅是方法、工具的学习，更是一种科学思维方式的塑造。论文写作的学习不单单是为了完成毕业论文并顺利毕业，更重要的是培养出色的写作能力，发现、分析和解决问题的能力，以及严密的逻辑思维能力。这些能力是潜移默化地形成的，更悄无声息地影响着一个人未来的发展。因为，正确的思维方式往往比能力更重要，更能决定人生的高度和宽度。鉴于此，科学研究方法与论文写作的学习对终将步入社会的高校学生来说至关重要，特别是对初涉科学研究和论文写作的学生来说，对其重要性的认识更要到位。

　　《科学研究方法与论文写作》适用于科学研究方法与论文写作的相关课程授课，本书分为基础篇、实践篇和案例篇。基础篇侧重科学研究方法的介绍，同时兼顾一些科学研究的基础知识、论文选题和文献检索与利用，是论文写作的前奏。实践篇侧重于论文写作的实践，从构思到布局，从语言表述到格式排版，从写作过程到论文投稿、论文答辩，都进行了详细介绍。实践篇是本书的核心部分。案例篇是基础篇和实践篇的论文实例展现。本书不仅给出论文案例，全书内容都辅助相关论文案例进行具体问题具体分析，给出了示例和参考，方便学生学习和理解。

　　本书借鉴和参考了大量中外名人名家语录和事迹，和授课内容相结合并巧妙地将其融入课程思政元素，不仅生动形象，而且能引发学生的共鸣和思考，解决学生现实的一些困惑和疑虑，进一步引导学生正确地思考现实和学术问题，遵循基本学术道德规范。

　　本书主编及参编教师都是从事论文写作相关课程的一线教师，有着丰富的授课经验。此外，主编及参编人员主持多项国家自科基金、国家社科基金等科研项目，并荣获人才称号等，将科研成果有效融入本书的编写中，实现科教融合，进一步激发学生从事科学研究的兴趣。

　　本书的顺利出版得到西南林业大学、西南林业大学经济管理学院和相关部门的支持，获批西南林业大学"十四五"规划教材。本书借鉴了相关教材、著作等文献，在此对这些文献的作者表达诚挚的感谢！

　　本书对各高等院校本科生和研究生进行科学研究方法与论文写作的学习较为适用，特别是准备毕业论文的毕业生，对于从事科学研究的科研工作者也可以起到一定的参考价值。科学研究方法与论文写作涉及领域宽泛，本书在框架及内容上难免有不足之处，诚请各位同行、读者批评指正！

编　者

2024 年 3 月 17 日

目　录

第一篇　基础篇

第二篇 实践篇

第三篇 案例篇

第一篇 基础篇

第一章 绪论

【引言】科学始于问题，科学研究是从发现问题开始的，而学术论文则是科学研究的成果之一。学术论文的写作看似"沉闷"，却又千变万化，看似"乏味"，却又耐人寻味，看似"刻板"，却又灵活多变。关键在于怎么把论文写作学透，看透，理解通透。论文写作是本科生、研究生的必修课，修的不仅仅是学分，更是一种缜密的逻辑思维能力、强大的语言组织能力和严谨的学术道德思维。

【思政小案例】学与术

学也者，观察事物而发明其真理者也；术也者，取所发明之真理而致诸用者也。例如以石投水则沉，投以木则浮，观察此事实，以证明水之有浮力，此物理学也。应用此真理以驾驶船舶，则航海术也。研究人体之组织，辨别各器官之机能，此生理学也。应用此真理以疗此疾病，则医术也。

学者术之体，术者学之用，二者如辅车相依而不可离。学而不足以应用于术者，无益之学也；术而不以科学上之真理为基础者，欺世误人之术也。

——梁启超

参考资料：

[1] 汤志钧. 中国近代思想家文库·梁启超卷［M］. 北京：中国人民大学出版社，2014.

第一节　科学

科学研究方法与论文写作是广大科技工作者十分关注的话题，也是本科生、研究生应该掌握的一门应用技术方法。初涉科学研究和论文写作的学生，通过系统地学习和掌握此门课程的知识和内容，对于其在未来的科研工作中少犯一些错误，少走一些弯路，具有积极的指导作用。

一、知识及知识体系

培根说过"知识就是力量"，人要不断进步，就必须有足够的知识。到目前为止，对"知识"的定义及其含义还没有形成一致的认识。人们普遍把知识看作是人们对自然界中的各类自然现象（无形的精神世界和有形的物质世界）进行有规律的发现、解释或证实、应用以及归纳或分析的工具。而宇宙是由主体、客体、时间、空间以及主体客体关系（即主体、客体、时间、空间根据特定程序结合在一起）构成的。根据当代认知心理学的观点，"知识"指的是主体通过与外界交互而获取的信息，如果存储在个人内部，就是个人的知识，如果存储在外部，就是人类的知识。

知识的属性可以分为本质属性和衍生属性。其中，本质属性分为主体性和内在性；衍生属性主要分为政治属性、经济属性和社会属性。知识也可以按照其类型进行划分，可以分为单纯与复杂、独有与共有、具体与抽象、显性与隐性。美国心理学家梅耶主要将知识分为三大类：陈述性知识、程序性知识和策略性知识。陈述性知识通常是表示人们对某一观点、信仰、认知等方面看法的语言信息，也称描述性知识，人们可以通过某种线索来说明"是什么""如何""为什么"等问题。程序性知识是关于"做什么""如何做"等方面的知识，是由已知状态转化为目标状态的知识，是一种知识性或操作性的知识，具有实践意义。策略性知识讲的是应该怎么想，应该怎么学，应该怎么调整注意力、记忆力、思考力等方面的知识。

波普尔在《猜想与反驳——科学知识的增长》中指出，知识的进步主要在于对先前知识的修改。在学习中，策略性知识是使学生"学会学习、学会创造"的关键，也是使用陈述性知识和程序性知识必须掌握的技能，是掌控自己学习和认知的知识。因此，策略性知识学习的重要程度要远高于前两者。然而，我们也不能将策略性知识的学习与前两者分开，策略性知识的学习只能基于对前两者的知识的学习。例如，在对课文进行复习时，如果学会了将课文内容全部复述出来，那么这就是陈述性知识，如果学会了将课文内容进行遣词造句，那么这就是一种程序性知识，如果能够通过适当的方式来记住文本内容，并且通过一定的方式重复，这就是一种策略性知识。

知识体系是这些知识之间的相互联系和组织结构，它反映了人类对世界的系统化认识。知识体系可以分为不同的领域和层次，每个领域都包含了一系列子领域和细分方向，它们之间既有独立性，又相互联系和交叉。知识体系还包括了知识在不同层次上的组织，如基础理论、应用理论、技术方法等。知识体系的建立和发展是人类认识世界、改造世界的历史过程。随着人类社会的进步和科技的发展，知识体系不断演进和完善，新兴学科和交叉学科不断涌现。同时，知识体系也受到人类价值观、文化传统、教育制度等因素的影响，具有明显的社会性和时代性。

二、科学与技术

"科学"一词对于每个人都耳熟能详。对于科学的定义和内涵，存在着不同的认识。科学（Science）一词来源于拉丁文"Scientia"。1831 年，英国的科学促进学会将"Science"一词定义为通过观察和实验研究获得的关于自然界的系统知识（毕润成，2008）。日本学者福泽谕吉在明治维新时期将"Science"一词翻译为科学，后被康有为引入中国。《现代汉语词典》对于科学的解释为：科学是反映自然、社会、思维等的客观规律的分科的知识体系。通过对科学这一概念简要回顾可知，科学是一种反映客观事实和规律的知识及其相关的活动事业。

科学是系统化的自然知识，是反映客观事实、规律、自然法则和现象的知识体系。科学是对客观规律的认知，是系统化、规范化的理论体系，是人类探索未知世界的工具之一。科学能够提供科学的世界观、态度和方法。科学只有转化为生产力，才能充分体现它的价值和生命力。在科学转化为生产力的过程中，技术是中间环节，技术是科学原理的物化和应用。

通常来说，科学分为自然科学和人文社会科学两大类。

一是自然科学。自然科学是研究自然界的物质、形态、运动规律等的科学，目的在于揭示自然规律，丰富提高人类的物质世界，与人类改造自然的生产实践活动有关，具有客观性和普遍性等特点。例如，物理学、化学、天文学、地质学、医学、药学、农学等。

二是人文社会科学。人文社会科学是人文科学和社会科学的总称，是研究各种社会现象的本质及其产生和发展规律的科学，目的在于丰富人类精神世界，提升人类的生活质量，具有主观性和个别性等特点。例如，哲学、经济学、政治学、史学、法学、文艺学、伦理学、教育学、社会学等。

随着科学的不断发展，社会科学与自然科学相互渗透、相互联系，逐步交叉融合，开辟出一些新的交叉学科和领域。我国对于自然科学和社会科学的研究工作十分重视。1986年国家设立国家自然科学基金和国家社会科学基金，资助相关科学研究，培养科技人才。

◎思考题1-1：人文社会科学和自然科学的区别是什么？

他山之石，可以攻玉：

一是研究对象的差异。人文社会科学的研究对象是人和人为事物，人是有价值取向的，其活动是由意义指引的。人处在复杂的社会关系中，与外界的相互作用包含自我理解（人们对自己的所作所为的看法和描述）和相互理解。人有意识、有感知，出于选择去行动。人为事物（精神—文化对象），从墓葬到游行，都体现着价值和意义。这就要求人文社会科学的研究者不仅需要知道"研究对象"在做些什么，而且需要知道他们为什么做，对于事物或行为的看法是什么。自然科学的研究对象是自然界客观事物，其目的是要找到客观事物发生的规律。

陈嘉映（2015）以化学家和社会学家为例进行了说明。化学家只要找到了某种溴化物发生反应的规律就止步了，而社会学家找到人的某种反应模式时，他的工作才刚刚开始，因为他需要知道他们为什么这么反应，他要在价值、动机、意图中探索"为什么"。为了找到答案，社会学家就需要了解人们对自己的所作所为的看法和描述。一个人在站台上举起手臂左右挥舞，他可能是招呼人，也可能是在活动筋骨。要了解这些，单单观察是不够的，社会学家最终不得不以某种方式询问："你为什么这样做。"但问答本身是互动，当事人可能在有意无意地掩饰或欺骗。

二是研究方法的差异。鉴于人文社会科学和自然科学研究对象的不同，研究方法也有所差异。鉴于这一根本区别，狄尔泰对精神科学的方法与自然科学的方法进行了区分，前者是Verstehen，后者是Erklaerung。Verstehen通常翻译成理解或领会，Erklaerung则是说明、解说、证明。社会学家布鲁斯（2013）说，社会学家几乎无法构建实验。自然科学和社会科学之间的一个重要差异，即后者的观点通常不能通过实验（这种实验将我们感兴趣的人的行动特征与当下生活的复杂性分离开来）来加以严格检验。但可以构建准实验，比如心理学等学科。陈嘉映（2015）指出有些自然科学中也有些门类无法实验，例如，地质学、天文学。

三是研究目的的差异。人文社会科学追求的是"社会之问""意识之问"，包含行为者的动机、意图、价值观，侧重的是对研究对象看到的事物做出反应的原因解释。自然科学追求的是"自然之问"，侧重事物发生变化的机制、机理的解释。

参考资料：

[1] 陈嘉映.何为良好生活：行之于途而应于心 ［M］.上海：上海文艺出版社，2015.

[2] 布鲁斯.社会学的意识 ［M］.蒋虹，译.南京：译林出版社，2013.

同科学一样，技术也没有一个完全公认的定义，它是一个随着社会进程而不断发展着的历史性范畴。技术（Technology）的原意是技艺、手艺，是一种关于怎样做的知识，是实践性的知识体系。技术是一种具象化的知识，它指导人们进行实践活动，涵盖设计、制造、调整、运作和监控等各个环节的活动和工艺流程。技术不仅包括具体的工艺和操作技能，还包括相关的理论、原则和方法。技术具有目的性、创造性和规范性等特点。技术的发展通常是源于对认识问题和需求的驱动。通过科学研究和实践经验的积累，人们不断探索和创新，提出新的技术解决方案，以满足社会、经济和个人的需求。总体来说，技术是人类在不同领域中应用科学知识和技能的产物，它在推动社会进步、提高生活质量和解决问题方面发挥着重要的作用。

◎思考题 1-2：科学技术是第一生产力，科学和技术紧密联系，相互转换，那么科学和技术的区别是什么？

三、科学与技术的关系

随着社会的发展，科学和技术密不可分，共同推动社会的进步和发展。"科学技术是第一生产力"就是最好的写照。科学发展是技术进步的基础，而技术又是科学转化的工具和桥梁，在这一过程中，技术进步的要求又推动着科学的进一步发展，科学技术化，技术科学化，两者相互促进，相互转化。

那么科学和技术的区别是什么呢？

第一，担负的职能不同。科学的主要职能是通过对客观规律、现象的认知，认识世界；技术的职能则是通过一系列有目的的行为，改造世界。

第二，关注点不同。科学关注事物是怎样的（How Things Are），对"是什么"和"为什么"这两个基本问题的理解，具有客观性；技术关注事情应当怎样做（How Things Ought to Be），侧重于回答"做什么""怎么做"的问题，具有人为的主观能动性。

第三，目的不同。科学的目的更偏向形成系统的理论知识体系；技术则更强调实践，并且会具象到某种具有特定功能的物质制品。

第四，特性不同。科学强调客观正确性；技术强调时效性和有用性。我们常用的产品大都是技术的直接产物，有较为明确的时效，同时满足人们生活生产的某种需要。

第五，表现形式不同。科学的成果表现为新现象、新规律、新工艺的发明，通常以论文、著作、报告等形式公开发表；技术的任务在于改造世界，技术的成果表现为新工具、新设备、新方法、新工艺的发明，通常表现为产品、设备装置，往往有专利。技术不仅可以将理论转化为有形的产品，在这个过程中还可以形成无形的技能、经验与智力。

◎思考题1-3：请举例说明科学和技术之间的区别？

例如：科学家对太阳能进行研究，探索出太阳能的产生机制、特性和利用方式等，最后形成研究报告，发表论文、专著等，供人们阅读学习，这就属于科学研究；而工程师基于科学研究的成果，设计和开发出太阳能电池板、太阳能发电系统等，这些产品通过生产制造应用于生活日常，这就属于技术应用。

第二节　科学研究

科学研究是科研工作者长期从事的一项脑力劳动和体力劳动，致力于解决现实生活中的瓶颈问题，寻求有效的解决方法和途径。而这些问题大部分来源于现实生活生产活动，事关千家万户。例如，如何攻克当今的医学难题？如何实现"双碳"目标？如何进行高标准农田建设？如何治理农业的面源污染？数不胜数的问题都需要进行科学研究。

一、科学研究的概念

科学研究源于问题，又致力于解决现实问题。科学研究既要追求真理，也要服务社会。科学研究一般是指利用科研手段和装备，为了认识客观事物的内在本质和运动规律而进行的调查研究、实验和试制等一系列的活动，为创造发明新产品和新技术提供理论依据（周新年，2019）。广义的科学研究，既包括科学，也包括技术研究活动。由于科学和技术本身存在差别，为区别这两类活动，通常把科学的研究叫作"研究"，而把技术的研究叫作"开发"。因此，也会把科学研究等同于"研究与开发"（简称 R&D）。

科学研究是基于已知和现状，探索未知和未来的一系列行动，具有创新性、连续性、复杂性、严谨性等特点。科学研究的创新性主要体现在敢于打破陈规，不被旧的思维方式所束缚，敢于探索未知，勇于创造。科学研究的连续性在于科学研究活动不是一蹴而就的，而是一个持续长久的过程，有时甚至需要几代科研工作者连续持久地研究才能有所突破和建树。科学研究的复杂性是指科学研究本身是一个极其复杂的系统，要解决一个现实问题，往往需要不同领域的学科进行通力合作，对于科研工作者本身而言，也是一种智慧和能量的考验。科学研究的严谨性是指科学研究的过程需要严密的分析和设计，拥有严谨的科研思维是每个科研工作者的必修课。

科学研究来源于现实的问题，要善于思考，提出问题，对现象进行密切观察，学习已有理论或探索新的理论来阐述该现象发生的原因，力求解决问题，给出的研究结果要客观、真实，经得起演绎检验。随着科学技术的不断发展和科学研究的不断进步，对于同一问题或类似问题将可能给出不断完善修订的答案。

小案例：颅相学的科学研究

问题提出：为什么人的性格各有不同？

现象观察：奥地利的医生 F. J. Gall 主要负责验尸和尸体解剖的工作，因此有机会接触很多不同的死者的头骨。他发觉不同人的头骨有很多不同的形状。有些人的头骨中存在突出或者嵌入的现象。

抽象理论的提出：经过长时间的总结，Gall 提出了颅相学（Phrenology）的学说。就是人头骨的形状和不同部位的凸出和凹入会影响这个人的性格。他甚至写了出头骨的 37 个部位分别负责人的不同性格的理论。

研究结果：现代研究的结果几乎完全推翻了 Gall 的颅相学理论。头颅骨形状的凸凹与性格没有明显的关系。现代心理学告诉我们，人的性格主要是受基因和早期家庭以及环境的影响而发展出来的。

参考资料：

[1] 罗胜强，姜嬿. 管理学问卷调查研究方法 ［M］. 重庆：重庆大学出版社，2018.

二、科学研究的类型

科学研究根据不同的标准分为不同的类型。

一般来说，按照科学研究的过程，将科学研究分为基础研究、应用研究和开发研究三大类。基础研究、应用研究和开发研究是完整科学研究体系的三个相互关联的部分，在一个国家和某一特定领域内协同发展。在进行科学研究工作时，需要配备一支比较合理的科研队伍，有足够的科研经费和先进的科研设备以及实验场所等。基础研究是对新原理和新理论的探索，旨在揭示新的学科领域，为新的科技创新奠定理论基础。基础研究往往需要投入大量的人力、物力和时间，同时也是科学研究最基础的部分。基础研究往往没有特定的目的，主要是分析和研究自然界中客观事物，其研究结果不一定会带来商业价值。例如，牛顿发现牛顿运动定律、詹姆斯·沃森和弗朗西斯·克里克发现 DNA 的双螺旋结构等。应用研究是将从科学研究中获得的新原理运用到某一领域中去，是对其进行深入研究的延续，旨在为基础研究的成果开辟具体的应用途径，使之转化为实用技术。应用研究一般介于基础研究和开发研究之间，目的性较强。开发研究，也叫发展研究，是把基础研究和应用研究运用到生产实践中去，是科技成果向社会生产力转化的重要一步，也是距离我们日常所用的产品最近的一步。

根据研究目的的不同，还有一些学者将科学研究分成探索性研究、描述性研究和解释性研究。探索性研究通过对所要研究的事物或问题给予一个基本的理解，从而得到一个初步的印象和感性的认识，为以后的细致、深刻的研究提供依据和指导。描述性研究对一类事物的特点或全景进行准确的描写，其工作就是搜集资料、发现情况、提供信息、描述其基本规律及主要特点，目的在于加深对事物的理解和发展现有知识。解释性研究致力于探究假定和条件要素间的因果联系，探究其产生和改变的本质，目的在于揭示事物发展的内在规律。

三、科研工作者需要具备的基本素质

科学研究是一项持久的、系统的、艰辛的脑力劳动，科研工作者就是从事科学研究的人员。对于科研工作者来说，需要具备必要的科研素养和能力，主要体现在以下几个方面：

（一）渊博扎实的专业知识

一方面，科研工作者除了需要系统学习和掌握该研究领域的基础知识外，还需要对其他相关学科知识有所涉猎，知识面广博。另一方面，科研工作者需要精通自己研究领域的内容并能熟练运用，在此基础上提出自己的新见解、新论点。渊博的知识是根基，扎实的知识积累是根本，渊博才能枝繁叶茂，扎实才能根深蒂固，两者在科学研究中相辅相成，相互促进，这是科研工作者必备的基本素质。

（二）行文流畅的文字功底

科研工作者需要将科研成果通过学术论文或专著等形式发表，需要具备较强的语言表达能力和表达技巧，具备语法、逻辑等基本的语言文字知识，掌握学术语言特点，丰富学术思维和学术表达方式，规范又有条理地展现学术成果。

（三）严谨求实的科学态度

科研工作者需要具备严谨的科学态度和一丝不苟的精神，要有执着坚韧的精神，求真求实，注重结构、思路，更加注重细节，尽善尽美。不能似是而非，更不能弄虚作假。

（四）善于思考、勇于创新的科学意识

优秀的科研工作者一定要具备善于思考、敢于创新的特质。只有善于思考，才能发现问题；只有善于思考，才能解密问题的本质。学术问题来源于现实，更来源于思考，深度思考可以开启智慧的大门。勇于创新则是对问题深思熟虑后敢于批判和质疑的源泉。科研工作者只有创新思维模式，才能更好地开展创新活动和创新实践。

第三节　科学研究的创新能力

现代社会，科学研究创新能力是学生需要培养的关键能力之一，尤其是在高校，高等教育不仅仅传递知识，更多的是启发学生的发散思维能力，让学生能够自主创新，为科技发展做出贡献。

一、科学研究对大学生创新能力培养的作用

科学研究是现代大学的主要职能之一，是社会创新的主要来源，是培养高校学生创新能力的关键。科学合理地组织大学生进行科学研究活动，对培养其创新能力、提高培养质量等皆具有重要意义。

一是科学研究活动有利于启发学生的创新意识。大学生参与相关的科学研究活动，必然会培养其逻辑思维能力。而科学的思维方法在科学研究活动中至关重要。科学思维的训练、实践是正确认识世界和改造世界的经验积累和能力提高的必然过程。"需要、动机、意向、理想"是进行科学研究和创造的前提，大学生创新意识的培养是其进行科学研究活动的基础，良好的创新意识，就能减少迷误、少走弯路。高校可以通过促进大学生阅读大量科学知识和科学家传记等方式，培养他们对当代科学技术的浓厚兴趣和探求心理，结合各项科学研究发明活动的开展，激发学生的创新意识。

二是科学研究活动有利于增长学生的创新才干。"知识、智能、方法"是从事创新的坚实基础，大学生在掌握了一定的科学知识以后，通过思维、思考、联想、想象等科学研究活动，促使他们的观察能力、动手操作能力、思维能力得到显著的提高，尤其是创新能力和表达能力。

三是科学研究活动有益于陶冶学术的创新个性。科学研究活动不仅仅使学生在应用所学知识解决科学问题的技能方面得到提升，更重要的是能够培养学生成为拥有科学的世界观、具有科学精神和科学态度、掌握科学方法的有用之才。科学发展日新月异，科学研究逐渐从分门别类探索走向辩证综合研究，现代科学技术发展和科学研究需要团结协作的集体主义精神，需要集体智慧的能量，科学研究活动有利于培养学生的这种集体团队精神。

二、创新能力培养的影响因素

科学研究创新能力的培养受学生、导师、环境等多方面的因素影响。学生自身要有培养科学研究创新能力的认知和意识，增强自己的内生能动力。而指导老师的有效引导和指引也至关重要，能达到事半功倍的效果。除此之外，良好的学术氛围、科研环境则是提升学生科学研究的创新能力的关键所在。

（一）学生自身方面的因素

学生自身的因素是影响大学生创造力发展的最根本内部因素。大学生对于科学研究的认识水平和知识储备有限，并有惯性思维，容易形成一定的思维模式和行为方式的路径依赖，不喜欢改变和尝试。所以，要提高学生科学研究的创新能力，提高大学生对于科学与科学研究的认知，增强主动学习的意愿，培养创新思维，敢于质疑和突破，增加社会实践的机会，善于发现科学问题，善于观察和思考，通过自我学习获取实用的知识，提高学习的兴趣和科学研究的乐趣。同时，积极参与各种大学生学习竞赛、创新创业大赛等活动，通过主动选题，建立自己的团队，寻找现存问题痛点，给出解决问题的思路和路径，全方位提升自己的逻辑思维能力、创新能力、语言表达能力和团队沟通能力。这些都能有效地强化学生科研创新的主体意识，增强自信。

（二）指导教师方面的因素

导师的指导对大学生科研创新能力的提升有着至关重要的影响。科学研究的创造力是指导教师发现、引导、发展和训练学生的科学研究潜能的一个长远系统工程。由于学生对于科学研究内容理解的层次有限，对系统性的研究方法掌握有限，这都需要老师的引导与协助。在教学实践中，鼓励教师"科教融合"，把适合的科学研究项目内容转化为一个个生动有趣的教学案例，将学科的最新发展趋势与研究方向相融合，提升同学们对该领域的兴趣，进而增强学生的科研探索意识。在传授知识经验、指导科学研究方向、拓宽科学研究思路以及检验创新性科研结果方面，指导教师本身的价值观和研究方式都会对学生的科研进程起到一定的作用。

（三）科学研究环境方面

学生所处的外界科学研究环境对于其科学研究创新能力的培养至关重要。长期以来，在高校的"以老师为主体""唯分数论"的教学理念下，学生在很长一段时间内都是在被动地接收知识，而教师对学生的接受程度和理解程度却知之甚少。这样的教育方式可以很好地适应高考、考研的需求，但不能很好地提升大学生的创新精神，令其缺少对科学的质疑，也没法培养积极的思考能力。若学校能为学生提供学科交叉实验基础平台，制定学科竞赛、科研团队建设、科教协同育人等政策，将科研软硬件条件相结合，把科研能力与学生综合考评挂钩，不仅能帮助学生跳出专业知识领域的限制拓宽其研究的视野，也能显著提升学生的科研创新能力。

三、创新能力培养的途径

学生创新能力的培养可以在课堂上或课外有计划、有目的地展开。通过导师的有效引导，构建起浓厚的学术氛围，激发学生科学研究的内生动力。

（一）深化教学改革，将科研融入课堂

以"深化本科教育教学改革"为契机，将培养学生的科研兴趣作为切入口，着力培育学生的科研兴趣，激发学生的科研热情。将科研融入课堂，鼓励教师将课堂理论讲授模式向研讨式、启发式等的教学模式倾斜，有利于提升大学生自主学习能力。全方位多渠道地创造条件，将科研训练前移，拓宽科研介入面，让学生尽早地接触科研，培养科研思维，夯实科研基础。

（二）强化导师赋能，完善教师激励机制

强化科研育人功能，关键在于组建一支较高水平的师资队伍。首先，在指导教师的引导上，要从普通学科入手，逐渐拓展到科学研究的范畴，加强科学研究的育人作用。指导教师要引导学生积极参加课题研究，以开放的方式让他们尽早进入课题，尽早进入实验室，尽早进入团队，用高层次的研究提高他们的创造和应用能力。其次，交叉学科和跨领域的人才培养往往是提升本科生科研创新能力和拔尖人才培养的一条有效路径。在跨领域的研究中，教师的引导是必不可少的。学院可以通过多个学科组成一支教师队伍，通过网络、竞赛、会议等多种形式对各领域的学生进行辅导。最后，高校要不断改进教师的奖励制度，把指导教师的教学任务和教学成绩都列入教师的业绩评价之中，以此来激发教师的引导热情。同时，加强导师对本科生和研究生的引导工作，以提高辅导的质量与成效。

（三）构建良好的学术交流和科研氛围

科研素养的培育离不开浓厚的校园科研氛围，浓厚的科研氛围对大学生的行为习惯、思维方式乃至创新能力都会产生潜移默化的影响。首先，学校应积极引进新的实验设备，为学生的科研创新提供优质的基础硬件条件。其次，高校统筹协调好本科生投入科研项目的经费、评价机制等，将科研活动的宣传、协调、指导及评价等工作制度化。最后，鼓励学生积极参与各类科技活动、学术讲座、课题研究等形式丰富、内容生动的科研活动，大大激发他们的积极性，满足其探索的求知欲，进而提升科研创新意识及科研综合素养。

参考文献：

［1］毕润成．科学研究方法与论文写作［M］．北京：科学出版社，2008.

［2］周新年．科学研究方法与学术论文写作（第二版）［M］．北京：科学出版社，2019.

第二章　学术论文选题

【引言】"文好题一半"。好的学术论文选题意味着智慧、打磨和创新的有机结合，会让人眼前一亮，引人入胜。要想选好题目，要清楚什么是好的选题，有哪些选题原则和步骤。好的选题有时需要"灵感"，这是一种"创造性直觉"，而"灵感"的培养则是需要长年累月的知识储备和对知识的消化吸收。

【思政小案例】提出一个问题和解决一个问题哪个更重要？

许多科学家把科学问题的提出看作是科学进步的灵魂，科学史不过是一部科学问题不断提出和演化的历史。如果提出一个问题就像推开了一扇未知的门，那么解决一个问题就是铺就走向未来的路。而提出一个问题和解决一个问题哪个更重要呢？

爱因斯坦在《物理学的进化》中说："提出一个问题往往比解决一个问题更重要，因为解决一个问题也许是一个数学上或实验上的技巧问题。而提出新的问题、新的可能性，从新的角度看旧问题，却需要创新性的想象力，而且标志着科学的真正进步。"

参考资料：

[1] "提出问题比解决问题更重要"——《21世纪100个交叉科学难题》出版 [N]．中华读书报，2005-02-16．

［2］何永江. 经济学方法论与学术论文写作［M］. 北京：中国经济出版社，2011.

第一节　学术问题

一个科学的学术问题的提出是选题的落脚点。学术问题不同于一般的现实问题，来源于现实生活，却又是这些现实问题的高度凝练和提升。不同的学科对于同一个社会问题可能给出不同的思考和答案。

小案例：为什么要思考？

譬如我们睡到半夜醒来，听见贼来偷东西，那我就将他捉住，送县法办。假如我们没有哲学，就这么了事，再想不到"人为什么要做贼"等问题，或者那贼竟然苦苦哀求起来，说他所以做贼的缘故，因为母老、妻病、子女待哺，无处谋生，迫于生计不得已而为之，假如没有哲性的人，对于这种呼求，也不见有甚良心上的触动。至于富有哲性的人就要问了，为什么不得已而为之？天下不得已而为之的事有多少？为什么社会没得给他做工？为什么子女这样多？为什么老病死？这种偷窃的行为，是由于社会的驱策，还是由于个人的堕落？为什么他没有我有？他没有我有是否应该？拿这种问题，逐一推思下去，就成为哲学。由此看来，哲学是由小事放大，从意义着想而得来的，并非空说高谈能够了解的。推论到宗教哲学、政治哲学、社会哲学等，也无非多从活的人生问题推衍阐明出来的。

参考资料：

［1］胡适. 人生有何意义［M］. 北京：民主与建设出版社，2015.

一、学术问题的界定

什么是学术问题？怎样的问题是好的学术问题？这都是我们选择学术问题的时候需要优先考虑的问题。学术是对研究对象及其规律进行科学化的论证；而问题是指需要研究、讨论并加以解决的矛盾、疑难。学术问题就是针对研究目标，利用研究条件，对研究对象的矛盾、疑难进行规律性探讨的问题（王来贵和朱旺喜，2015）。何永红（2011）将成为学术问题必须具备的条件总结为一般性、科学知识或者理论的前沿性、可靠性和系统性。

好的学术问题是那些具有代表性、典型性和基础性的问题，解决"是什么""为什么""怎么样"等不同类型的问题。这样的基础性问题，从概率统计角度来看，具有更高的稳定性和可靠性。研究学术问题的目的是解释现实问题的本质、规律，这些问题不单指个别现象（具有不可逆性、不可重复的事件等），而是对这些问题进行研究后，最终的研究结论和结果具有普遍适用性，理论才能得以提升。因此，"恰当"或者"确切"问题的提出，需要我们对学术问题进行理性的分析。

二、现实问题到学术问题的转化路径

《礼记·中庸》云："博学之，审问之，慎思之，明辨之，笃行之。"学术问题是科学工作者对现实生活问题进行深入思考的基础上，进行系统分析提炼出来的问题。怎么把现实中复杂多样的现实问题转化为科学系统的学术问题，就需要在平时多观察、多思考、用理性思维解决感性问题。

（一）善于观察

有人曾指出，只有善于观察的人才能从中寻找奥秘。选题往往始于观察，发现存在的问题。观察社会现象、社会事实以及人们的社会行为所表现出的外在事实或争议，这个阶段往往以人的主观的感性思维为主。例如：在农作物丰收的年份，会出现农民的收入不增反降的现象；2023 年，野猪从《有重要生态、科学、社会价值的陆生野生动物名录》（"三有"

保护动物名录）中调出；近年来，人们对于新能源车的接受程度逐步提高，但对于新能源汽车的购买者却存在买得起车，却换不起电池等现实问题。

（二）勤于思考

胡适曾说过，一切科学的成就都是由于一个疑难的问题碰巧激起某一个观察者的好奇心和想象力所促成的。歌德也曾说，所谓真正的智慧，都是曾经被人思考过千百次的；但要想使它们真正成为我们自己的，一定要经过我自己的再三思考，直至它们在我个人经验中生根为止。论文选题更是如此，要把普通的现实问题上升到学术问题，善于思考，精于表达是必经之路。

对于同一个问题善于从不同的视角思考，要多问几个为什么。例如，事情的前因后果是什么？两个事物或对象之间是否存在因果关系？为什么产生这样的结果？对于有争议的问题更是要有自己的思考和思维，提出质疑，敢于质疑。

（三）成于变通

《周易·系辞下》云："穷则变，变则通，通则久。"变通可以使事物更好地发展，论文选题、写作也不例外。选题构思不是一成不变的，新题可以新做，新题也可以旧做；旧题可以旧做，旧题更可以新做。当思考某个问题受阻时，不妨换个思路，灵活变通，就可能会达到"山重水复疑无路，柳暗花明又一村"的效果。

第二节　选题的目的与意义

在我们写作学术论文的过程中，第一步就是选题，选题是选择科学的论题，选题往往比题目的范围更大，一个选题可以从不同研究视角给出不同的论文题目。一篇优秀的学术论文往往具有较高的学术价值和实践价值。

一、选题的目的

选题是确定论文的研究目标、写作范围以及要表达的主要观点或主题的过程。它是学术论文写作的开端。没有合适的选题，就无法确定研究的目标和范围，进而无法进行科学研究。

（一）选题是一个提炼学术问题的过程

选题是一个从大量的现实问题中提炼学术问题的过程。通过大量阅读文献，结合社会调查，将现实生活中亟须解决且极具科研价值的问题筛选出来，开始科学研究。

（二）选题是紧跟当前领域的研究动态和热点问题的过程

选题不是一蹴而就的，选题的过程需要广泛地阅读和调研，以了解当前领域的最新研究动态和热点问题。作为一个大学生，可以通过查阅相关文献、参加学术会议、与导师和同行交流等方式获取信息。在确定选题时，应综合考虑自己的研究背景、实际条件和导师的建议，选择一个既符合个人兴趣又具备研究潜力的课题。

（三）选题是帮助科研工作者找到研究方向和内容的过程

选题是一个动态的过程，也是科研工作者不断调整研究方向和内容的过程。在选题过程中，结合本专业和学科知识，选择有研究价值和潜力的课题，在巩固、深化和应用所学知识理论的基础上培养科研思维能力和判断力。合适的选题要符合个人的兴趣和研究能力，以确保研究的深入和质量。

综上所述，选题是科研工作的基础，它有助于提炼学术问题、决定研究的方向和内容，为后续的论文写作提供指导。因此，选题工作应该认真对待，经过充分的调研和思考，确保选择一个有价值且可行的研究课题。

二、选题的意义

选题是论文写作的第一步，也是关键的一步。每个人的专业背景、技能水平、研究方向等方面存在差异，所以选题要根据实际情况"量体裁衣"，而合适的选题对后续科学研究的顺利开展和论文的写作有十分重要的意义。

（一）好的选题有利于科研工作的顺利开展

确定课题是科学工作的起点，合适的选题会给科研工作者指明方向和目标，是解决论文"写什么"的问题。好的选题是在扎实的研究基础上，经过翔实充分的论证得出的，有详细的目标、路径和方法的支撑，这为今后开展科学工作提供了十分有力的保障和基础。选题要避免选题太大、太空或无研究价值。选题太大往往会造成研究内容面面俱到，但又不聚焦，什么都做了，但每样都不深入，很难把控。选题太空或无研究价值往往会让研究无疾而终，浪费了很多时间和精力。

（二）好的选题有利于科研成果价值的体现

好的选题能激发科研工作者的想象力和创造力，有利于提高科研成果的质量，比如论文、研究报告等。选题在一定程度上决定使用什么样的研究方法，实现什么目标。很多论文从题目上可以初步判断适用哪种类型的研究方法。培根曾说，如果目标本身没有摆对，就不可能把路跑对。科研成果无一不体现着科学研究者的智慧结晶。选题的质量本身也是对科学研究者学识水平和科研能力的考验，好的选题会助力科研成果完成的质量，有利于科研成果价值更好地体现。

（三）好的选题有利于学位论文的顺利完成

学位论文不仅是学生获得学位的文献，更是多年所学专业知识的集中体现。学士、硕士和博士学位论文对于专业理论基础知识的掌握程度、整体的创新程度、研究方法的难易程度等都有所不同，所以选题时要求各有侧重。学士学位论文的选题大都是自主选题，小部分是导师建议。鉴于此，要选择自己感兴趣且有实际研究价值的题目，选题不宜过大。硕士学位论文的选题则要突出一定的科研创新性和理论性，更多参与导师的研究课题。选题时多征求导师的建议和指导。博士学位论文对于创新性的要求是最高的，所以选题则显得尤为重要。

合适的选题既要满足学位论文的基础要求，更要结合最新研究进展，站在理论的前沿阵地，找到适合自己的研究方向和内容，这样才能有利于学位论文的顺利完成。

第三节　选题原则与步骤

选题的关键在于"选"上，如何选题？怎样选题？是我们需要解决的问题。有效地解决这些问题可以让我们在科学研究中避免一些误区，少走弯路。

一、选题的原则

选题的原则可以帮助我们从浩瀚的知识海洋里遴选适合自己的课题，选题的原则强调的是实用性和指导性，有助于确保选题的合理性和完成度。选题的原则应遵循价值导向（理论价值、现实价值）、可行性（主客观条件）、创新性、科学性等原则。

（一）价值导向原则

价值导向原则是选题的价值实现保障。选题首先要解决的是课题研究要有价值、有意义。这是选题最基本的要求，这也是在论文开题或论文前言部分必须要阐述的关键内容。一般而言，我们将课题的研究价值分为理论价值（学术价值）和应用价值（或现实价值）。

1. 理论价值

课题研究的理论价值是解决科学问题的学术层面的体现。部分学生会将理论价值和应用价值混淆，理论价值和应用价值对于一个课题或一篇论文而言实则是一体的，因为科研课题的研究始于学术问题，目的是解决生产、生活中的现实问题，满足社会需求和学科自身发展的需要。如果要进行区别的话，理论价值则是从课题研究对学科发展、理论完善与提升、研究分析框架的完善、分析和解决问题的思路与方法等方面的贡献入手，深入阐释该研究课题的价值。

◎思考题2-1：什么是理论?

他山之石，可以攻玉：

理论是指：第一，能阐释事物深层的因果机理的有效叙述；第二，能解释相当一部分的客观事实。

理论不仅就事论事，而且能够"事不同理同"，能洞穿时空的限制，在不同情境中都能适用，都具有解释力。

参考资料：

［1］熊浩．论文写作指南：从观点初现到研究完成［M］．上海：复旦大学出版社，2019.

2. 应用价值

课题研究的应用价值是解决科学问题的现实应用层面的体现。科研课题的应用价值是从课题研究对国家需要、社会发展、人民生活生产需要等方面的贡献入手，体现研究结论结果的政府参考价值、技术应用价值、产业转型升级价值、社会环境高质量发展价值等。例如，从国家现实重大需求、产业发展需求、生态环境保护需求、"三农"发展需求、人民基本生活需求等方面入手。

（二）可行性原则

可行性原则是选题的基本条件和保障，是选题的必要条件。对于可行性的最通俗易懂的解释就是行得通，做得下去。研究课题的申请书里基本都会涉及可行性分析，一般而言，可行性可以从主观和客观两个方面进行分析。在主观方面，主要是指科研工作者本身具备的条件，比如科研工作者的知识储备、专业技能、兴趣爱好、心理素质、逻辑思维等。选题要选择适合自己的，自己有能力驾驭进而完成的课题。所以，选题范围如果太大，较难把握；如果太小，二手数据相对缺乏，很多数据收集等存在一定的困难。科研新手或学生在选题时，尽量选择自己熟悉的领域，不要选难度系数太大的题目。难度系数体现在研究方法的难易程度、创新性的难易程度、理论水平要求的难易程度、数据获取的难易程度等方面。选择自己擅长的方面，有自己的理解和见解，不要盲目追求一步到位。选题时选择难度系数适中的课题，适当的难度可以发掘自己的潜力和创造力，不建议选择难度太大的课题，"踮踮脚可以够得到"可能更能发挥自己的主观能动性。

在客观方面，是指除了科研工作者本身之外的其他一切外部条件。例如，科研团队的合理配置、所在单位所能够提供的设备条件、文献资源、科研平台、学术交流机会等。概括起来就是人、财、物、潜在的机会、时间等。选题时一定要考虑外界的客观因素，善于发掘自身外部的优势条件，这样才能有利于课题的顺利展开。

（三）创新性原则

创新性是选题的目标实现保障。顾炎武曾说："必古人之所未及就，后世之所不可无，而后为之。"创新意味着前人未做的或有待解决的问题，具有前沿性、前瞻性和先进性，而科学研究就是研究那些未解决的问题。这些问题往往会引起学科空间的扩大和知识构架的改变，是前人学者尚未展开或已经展开但尚无理想结果，或是目前尚存争议，有必要深入研究的问题。

创新包括理论创新、实践创新、技术创新等方面。选题的创新性往往存在"知易行难"的困境。创新一直是社会所倡导的，选题也不例外。创新的难点在于知道需要创新，却不知如何创新；想要创新，却找不到突破口。特别是科研新手，虽然阅读了大量的相关文献，却找不到创新的落脚点。

创新不是口头说说那么简单，需要大量的阅读与思考，梳理研究对象与研究目标之间的关系，找到矛盾冲突点，从研究方法、研究思路、研究理论等方面进行有效创新。在研究方法方面，可以用新方法解决新问题、用新方法解决旧问题、用老方法解决新问题等；在研究思路方面，可以试图用交叉学科思维找到新的研究框架和思维方式，打破固有的一些思维依赖，大胆创新；在研究理论方面，可以结合研究最新进展，丰富已有相关理论。

要实现选题的创新，平时要多积累、多思考。下载查阅文献，梳理已有研究进展，对文献的综述不是流于形式，而是用心把握。对于相关知识活学活用，跨学科应用相关理论时需要界定原有理论的适用范围、适用条件，在论据充分有效的条件下，探讨学科交叉创新，逐步形成自己的见解和思维模式。在选题创新时要注意，不要为了创新而创新，创新的目的是为了更好地解决问题，是在大量实践探索基础上的"水到渠成"。

小案例：如何在实践中创新？

人就要天天同自然界接触，天天动手动脚的，抓住实物，把实物来玩，或者打碎它、煮它、烧它。玩来玩去，就可以发现新的东西，走上科学工业的一条路。比方"豆腐"，就是把豆子磨细，用其他的东西来点、来试验；一次、二次……经过许多次的试验，结果点成浆，做成功豆腐；做成功豆腐还不够，还要做豆腐干、豆腐乳。

参考资料：

[1] 胡适. 人生有何意义［M］. 北京：民主与建设出版社，2015.

（四）科学性原则

科学性原则是选题的根本保障。科研是对科学问题的研究，选题要具备科学理论依据，尊重事实和科学理论。某些人对"永动机"等的追求违反了最基本的科学原理和客观规律，因此不可能成功。选题要"顶天立地"，"顶天"是要熟悉掌握最新的研究进展，站在科学研究的前沿领域；"立地"是要基于科学问题，尊重客观规律，通过"提出问题—分析问题—解决问题"的思路，为解决现实问题提供思路和对策。

在实际选题的过程中，除了考虑以上的基本原则之外，还要考虑一些其他因素，比如课题研究时间、经费来源、调研或实验的条件和平台保障等。

二、选题的步骤

从选题开始到论文题目的确定是一个动态变化的过程，需要深入思考和综合考虑多个因素，这些因素就是选题原则在选题过程中的具体体现。选题步骤具体如图 2-1 所示。

图 2-1 选题步骤

(一) 确定选题方向

选题方向是根据科研工作者在自己的研究方向下，根据最新的研究进展，确定研究的对象和范围。在确定研究方向时要解决以下几个问题：一是该选题具有研究的理论价值和现实价值，也就是解决"必要性"问题。没有研究的价值或前人已经大量研究过的，就不要再做重复性研究工作。二是选题范围是否合适，自己是否可以驾驭，也就是"可行性"问题。大学生初写论文时选题尽量具体，选题范围不要过大，学会"以小见大""小题大做"。胡适曾说，我们要"小题大做"，切忌"大题小做"。

对于科研新手而言，要结合自身积累和优势，才能更快地从学科浩瀚的知识海洋中确定一个合适的选题方向。对于毕业论文的选题来说，选题要与专业培养目标相一致，例如农林经济管理专业的学生，选题方向为农作物病虫害防治，这就与专业要求不相符。

(二) 查阅文献资料

程千帆（1986）在《治学小言》中说："科研得有个命题。有了命题，但是这个命题有没有价值，别人做过没有，基本上可以得出一个什么结果来，这也许自己很不清楚，就要同师友商量，也要检查文献。"选题方向确定后还要考虑是否有参考资料或资料来源，特别是需要大量数据为基础的选题，数据的可得性是需要考虑的重要因素。俗话说，"巧妇难为无米之炊"，如果可供参考的资料文献缺乏或数据很难获取，则选题将很难进行下去。进一步明确所需数据的来源和类型，是一手数据，需要自己实地调查，还是需要二手数据，比如统计年鉴等。在毕业论文选题的时候，不少学生设想很好，却没有考虑参考资料和数据获取情况，写到中途发现问题后，不得不更换选题，十分被动。

查阅文献资料的另一个作用就是进一步验证自己选题有没有创新之处。全面系统查阅前人对于选题研究的进展情况，有没有重复选题的情况。所以，查阅文献资料的时候尽量查阅全面，相关的论著、期刊论文、学位论文、会议论文等都要进行大量的收集整理查阅。

（三）梳理、分解问题（现实问题提炼为学术问题）

查阅文献资料后，需要将选题方向进行系统梳理，分解问题，最后将现实问题提炼为学术问题。这个过程是科研工作者进行思维和思考的过程，更是批判性思维和理性思维结合的智慧碰撞。

（四）系统论证

确定学术问题后，需要进行系统论证，包括研究目标、研究路线或技术路线图、主要研究方法、研究主要内容（以提纲的方式体现）、研究的基本保障等。

1. 研究目标要清楚明确

学术问题提出后，要有明确清楚的研究目标，研究目标可以根据需要细化为总目标和分目标等。研究目标的设置要突出一定的现实价值和理论价值，并且要与时俱进，解决现实中需要解决的实际问题。研究目标设计要尽量清楚细化，尽量具体，如果目标过于宏大，可能难以实现。

2. 研究路线（技术路线图）要思路清晰，逻辑性强

根据研究目标给出研究路线，也就是我们常说的技术路线图，技术路

线图的作用就是系统全面地体现选题如何进行，一种常见的研究思路是"提出问题—分析问题—解决问题"。选题要根据情况体现出科学的逻辑思维和分析问题、解决问题的能力。

3. 主要研究方法要适用

研究方法是解决学术问题的核心内容，选用研究方法要"因题制宜"，并不是越复杂、越难就越好。选用研究方法要考虑一定的创新性，但适用性同样十分重要。研究方法的创新性可以避免与前人的大量研究重合，做一些重复性工作，但不一定方法越新越好，还要看是否适用。除此之外，还要考虑自己的研究能力，选用能用会用的方法，特别是科研新手。一些学生在选题时首选实证分析，应用复杂的计量模型，但到后面发现写不出来，最后"竹篮打水一场空"。

4. 研究主要内容安排要合理

研究主要内容就是根据研究目标细化出研究部分，一个选题一般有3~4个主要部分，主要部分数量要适当，研究部分太少，在一定程度上说明研究内容不够充分。研究部分太多，就会容易被质疑研究思路较分散，不聚焦，研究内容重点不突出等问题。合理安排研究内容及研究内容间的逻辑关系是选题能否顺利进行的关键之一。

5. 研究的基本保障要充分可行

可行性是选题的原则之一。在选题过程中，研究的基本保障要充分可行。前面的研究设计要给予充足的主客观条件保障，确保有条件、有基础、有能力、有环境、有技术、有时间完成相关研究。

（五）确定论文题目

选题最终要实现论文题目的确定。选题过程中可以给出2~3个相关的论文题目。在不断论证的过程中，来确定哪个题目更合适，更能突出重点，或者在以前的基础上进一步完善调整，最终确定一个满意的论文题目。好的论文题目会吸引人的眼球，让人眼前一亮。题目如何写，注意什么问题，会在第五章详细展开介绍。论文题目确定后再反过来检查是否可以实现既定的研究目标，能否达到预期效果。

第四节　选题的来源

好的选题不是凭空想象出来的，而是从大量生活实践、文献资料、兴趣爱好、交叉学科、反常现象、导师意见等途径获取而来的。

◎思考题2-2：大学生与众不同的这个标志是什么呢？

多数教育家都很可能会同意地说，那是一个多少受过训练的脑筋、一个多少有规律的思想方式——这会使得，也应当使得，受大学教育的人显出有些与众不同的地方。

一个头脑受过训练的人在看一件事时是用批判和客观的态度，而且也用适当的知识学问为凭依。他不容许偏见和个人的利益来影响他的判断和左右他的观点。他一直都是好奇的，但是他绝对不会轻易相信人。他并不仓促地下结论，也不轻易地附和他人的意见，他宁愿耽搁一段时间，一直等到他有充分的时间来查考事实和证据后，才下结论。

总而言之，一个受过训练的头脑，就是对易陷入偏见、武断和盲目接受传统与权威的陷阱，存有戒心和疑惧。同时，一个受过训练的脑筋绝不是消极或是毁灭性的。他怀疑人并不是喜欢怀疑的缘故；也并不是认为"所有的话都有可疑之处，所有的判断都有虚假之处"。他之所以怀疑是为了想确切相信一件事。以更坚固的证据和更健全的推理为基础，来建立或重新建立信仰。

参考资料：

[1] 胡适. 人生有何意义［M］. 北京：民主与建设出版社，2015.

一、从生活实践中发现问题

茅盾曾说过，书本上的知识而外，尚须从生活的人生中获得知识。而生活实践为论文选题提供源源不断的素材，是我们发现问题、提出问题的"沃土"。要从生活中发现问题需要做到以下几点：

一是需要扎实的理论知识和基础。根据所学知识，专业看待生活中看似琐碎的小事。例如，肯德基的第二杯为什么会半价？旅游景点为什么会对儿童或老人有价格优惠？这两个看似"八竿子打不着"的事情，却都在说明一个经济学的问题，这就是"价格歧视"。

二是结合社会发展需求，多进行社会实践调研活动。"纸上得来终觉浅，绝知此事要躬行"，课本所学知识还是要应用到社会实践活动中。社会实践的方式很多，例如，大学生的课程实习、假期"三下乡"活动、参与导师相关课题的实地调研等。不管哪种方式的社会实践，都要"用心"去体会观察，而不是用"眼"看得"走马观花"。

三是时刻关注学科发展相关的最新政策文件和时政要闻。科学研究不能"闭门造车"，更不能"两耳不闻窗外事，一心只读圣贤书"。在生活学习中，要时刻关注学科发展的最新动态，最新政策文件和时政要闻。例如，研究"三农"方面的同学，对于每年发布的中央一号文件内容要熟悉，对于文件中每年聚焦的重点问题要详细解读，注意与自己学科知识的体现和应用。

二、从文献资料中获得启发

文献资料是获取选题的重要途径之一。选题的文献资料包括文献综述、期刊论文、会议论文、专著等。要从大量的文献资料中高效地获取好的选题，要做到以下几点：

一是要会读。张之洞曾说："读书不知要领，劳而无功。"文献资料可以说是"汗牛充栋"，阅读文献要精读和泛读相结合。高质量的文献要精读，特别是这个研究方向的学术权威专家所写的文章或专著。高效利用有限的时间，泛读是不可避免的。对于一篇论文，重点看题目、摘要和结论，这篇论文主要写的是什么，用什么方法写，结果是什么基本都可以掌握。如果看完后，觉得对自己的选题帮助很大，则进一步精读，读懂、读透。一篇论文的参考文献也要浏览，找到经典、最新、有参考价值的文献，下载其原文，重点阅读，可能会达到事半功倍的效果。

二是要会思。孔子曰："学而不思则罔，思而不学则殆。"阅读文献资料要边阅读边思考，不是为了阅读而阅读，而是从阅读中找到自己所需要的内容，拓展思路。徐有富（2019）指出："读书时思考与否的一个重要标志是看你能否提出问题。"选题就是要能提出学术问题。

阅读文献的时候可以重点选读高质量的文献综述。文献综述是一种较为特殊的文体，是对某一主题的文献进行系统全面的概括和评论，也就是"综"和"述"。一般而言，文献综述会通过一定的方法或思路将大量的相关文献进行整理和归纳，得出相关问题的起源背景、前人工作、争议热点、未来展望等内容，有利于对该问题进行较为全面的了解和掌握。近年来应用 CiteSpace 工具进行文献研究的论文较多，通过可视化的方式加以呈现相关研究进展领域的热点话题、重要学者、研究机构等。

除此之外，要经常阅读所研究领域主流期刊上的论文，特别是权威性作者发表的论文，了解该领域最新的突破性研究进展，结合自己的研究方向，找到新的研究论题，启发新的研究思路。

三是要会串。思考的意义在于通过自己的逻辑思维，把相应的知识点和理论融会贯通，可以找到一条主线，将需要的知识点、理论基础、研究方法串起来，形成相对系统的研究体系。

三、寻找兴趣和专业结合点

孔子曰："知之者不如好之者，好之者不如乐之者。"兴趣是科学研究最有效的助推力。选题要选择有一定认知基础，并且有继续研究意愿的课题。找到兴趣和专业的结合点，可能就是选题的一个突破口。只有兴趣，没有相关专业知识作为基础，相关研究就是"空中楼阁""无本之木"，很难实施。只有专业知识，没有兴趣的研究，就失去了做下去的动力，遇到一点挫折，可能中途就夭折了。科学研究是一项艰巨而辛苦的劳动，需要投入大量的时间和精力，粗糙感、乏味感可能会一拥而上。只有具备了浓厚的兴趣和牢固的基础，科研工作者才能坚持不懈地工作，产出高质量的科研成果。

四、从交叉学科中找到突破口

党的二十大报告也深刻指出，要"加强基础学科、新兴学科、交叉学科建设"。学科与学科之间交叉的部分就是交叉学科。《人民日报》在《聚焦 21 世纪交叉科学难题》中指出，交叉科学是自然科学、社会科学、人文科学、数学科学和哲学等大门类科学之间发生的外部交叉以及本门类科学内部众多学科之间发生的内部交叉所形成的综合性、系统性的知识体系，因而有利于有效地解决人类社会面临的重大科学问题和社会问题，尤其是全球性的复杂问题。

随着社会的发展和科学技术水平的提高，学科之间的交叉和渗透更加频繁和深入。越来越多的问题不能仅仅依靠某个学科来解决，而是需要各个学科进行协同配合。正是这种现实需求，慢慢演化出新的交叉学科。例如，生态经济学。生态经济学缘起于社会现实问题，发展于经济发展与资源环境的权衡，最终目标是要解决当下及未来困扰人类经济发展的效率与公平、人类需求的无限性与资源的有限性之间的矛盾。生态经济学跨越学科边界，是一个集大成者，不单纯是生态学与经济学的交叉学科，更涉及气象学、土壤学、地理学、社会学、人口学、伦理学、哲学等学科（罗明灿和付伟，2022）。

交叉学科往往涉及多学科之间的交叉，有自然科学和人文社会科学的交叉，也有自然科学和人文社会科学各自内部的交叉，不管是哪种形式的交叉，其知识点或多或少都涉及前沿领域极具创新性的论题，这为选题提供了更为宽泛的视野和条件。交叉学科的涉猎学习往往需要较为广泛的知识面和阅读量，平时的日积月累十分重要。

小案例：最好的医学是中西医结合

如果你牙疼，西医解释为细菌感染，用杀菌的消炎药治疗；中医却解释为上火，用清热的草药治疗。无数次实践证明两种方法都有效，但哪种解释有道理？我们大部分人对中西医的理解通常较为感性，比如中医是标本兼治，疗效较慢。相比中医而言，西医更加精准，疗效快。

中医把人体这个复杂系统作为一个整体来观察和治疗，西医则从微观结构来观察和治疗人体。按照物理学中的说法，这两种观点是互补的，每一种都是对另一种的补充，每一种都没有包含全部真理。因此，最好的医学应该是中西医相结合的医学。

参考资料：

[1] 聚焦 21 世纪交叉科学难题 [N]．人民日报，2005-01-20.

五、从偶发事件中找到"反常"

偶发事件或实验中的"反常"问题也许会成为发现新的研究课题的"导火索"。在科学研究中，遇到偶发事件时，要判断是由实验操作导致，还是设计本身的问题。如果反复多次实验都会出现这个"反常"，就要捕捉到意外中蕴含的规律性问题。这就需要科研工作者的敏锐的洞察力，积极捕捉、思索和发掘。要发掘"反常"背后隐藏的规律，探索新的选题方向。

小案例：偶发事件的选题

弗莱明（青霉素的发现者）是研究细菌学的。1928 年 9 月的一天，他走进实验室偶然发现培养葡萄球菌的器皿里长满了绿霉，就是说培养基被污染了。通常认为这是实验中小小的失败，要求做重新处理。但弗莱明发现，在绿霉的周围，培养基清澈明净，而在正常的葡萄球菌的繁殖区本来应当是呈现一种黄色。他感到很奇怪：这是怎么回事呢？进一步他提出疑问：是不是绿霉有某种作用把它周围的葡萄球菌杀死了呢？于是，带着这个问题，他开始了研究，不到一年就作出了重大成果（1929 年 6 月），最后还因此获得了诺贝尔科学奖（1945 年）。

参考资料：

[1] 林定夷．问题与科学研究——问题学之探究［M］．广州：中山大学出版社，2006.

六、参考导师意见

导师的意见对于大学生、研究生来说也是重要的选题来源之一，可以根据导师的科研课题进行相关的选题。不少学生在选题的时候十分茫然，无从下手。即使查阅了不少文献，还是找不到研究方向和思路。如果导师可以给出建议或合适的选题，可以少走弯路。

选题是一个熟能生巧的过程，就像写论文一样，看得越多，思考得越多，练习得越多，也越能轻车熟路，找到适合自己的范式和准则。

参考文献：

[1] 程千帆．治学小言［M］．济南：齐鲁书社，1986.

[2] 罗明灿，付伟．生态经济学概论［M］．北京：中国农业出版社，2022.

[3] 何永江．经济学方法论与学术论文写作［M］．北京：中国经济出版社，2011.

[4] 聚焦 21 世纪交叉科学难题［N］．人民日报，2005-01-20.

[5] 王来贵，朱旺喜．科学研究工作要围绕关键学术问题展开［J］．中国基础科学，2015，17（06）：61-62.

[6] 徐有富．学术论文写作十讲［M］．北京：北京大学出版社，2019.

第三章 科学研究方法

【引言】《鬼谷子》讲："智者事易，而不智者事难。"这句话是说，有智慧的人容易成事，而没有智慧的人则很难成事。对于论文写作来说，掌握科学的研究方法则会事半功倍。

【思政小案例】方法论与方法的辨析

凯恩斯说："经济学与其说是一种学说，不如说是一种方法，一种思维工具，一种构思技术。"思考方法（Approach），即怎样去看这个问题，从何入手，头脑中形成什么样的架构。

"方法论"这一术语的提出和系统阐述是由法国哲学家笛卡尔于1637年在《方法论》一书中完成的。笛卡尔方法论的第一步体现了科学研究的客观性，属于科学研究的指导思想；第二步体现了科学研究的指导方法，即将大问题切分为具体的小问题，一一展开，逐个击破；第三步体现了科学研究的步骤或程序，即从简单至复杂，从普遍到个性；第四步得出了科学结论的指导方法，即综合前面的分析结果，用事实加以验证，以确定真伪。

方法论的作用在于宏观上指导科学研究。方法论与方法有所不同，前者是形而上的，是为研究某一特定学科所使用的指导原则。而方法是形而下的，是为解决特定问题而采用的具体方法或做法。方法论是宏观的、抽象的、具有哲学性意义的指导原则，方法是微观的、具体的、具有学科针对性。而方法论与方法并非总是界限分明的。譬如，分析与综合、归纳与演绎、描写与解释，既是方法论，又是研究方法。

参考资料：

［1］贾洪伟，耿芳. 方法论：学术论文写作［M］. 北京：中国传媒大学出版社，2016.

［2］吴承明. 经济史：历史观与方法论［J］. 中国经济史研究，2001（03）：5-24.

第一节　科学研究方法概述

科学研究成果是科研工作者的主观能动性和科学研究方法灵活运用的集合体。"授人以鱼，不如授之以渔"，掌握科学研究方法对科学研究来说十分重要，科学研究方法在科学研究成果的创造、转化、实现过程中有着重要的途径传递作用。

一、科学研究方法的内涵

方法是指用于完成一个既定目标的具体技术与工具，而方法论则是探索方法的一般规律，高于方法，是方法使用的指导（吴智慧，2012）。贾洪伟和耿芳（2016）指出方法具有个体性，不同的学科、不同的本体、不同的目的采用不同的方法，而方法论则具有普适性，不论什么学科都适用，因而，方法论需要哲学和逻辑思维。不管是方法还是方法论，都是指导科学研究的有效工具，有助于科学思维的养成。

科学研究方法涵盖了一切用来获得、分析、解释和验证知识的一套科学性强、系统性高的方法与技术，在科学研究中充当着程序、途径和手段的作用，是科学研究的基石，是科学认识主体所必须掌握和运用的重要技能和方法。

二、科学研究方法的特征

科学研究方法为科学研究提供严谨有序的科研步骤，具有客观性与有效性兼具、主体性与多元化融合和与时俱进等特点。

（一）兼具客观性与有效性

科学研究方法具有客观性，不是人为虚构的，不以人的意志为转移。科学研究源于研究实践，其客体是现实存在的社会实践，科学研究方法是实践过程的总结，是在人类认识、改造世界的具体实践活动中创造的。科学研究归于实践，借助于科学研究方法所创造的科学研究成果，最终以实践活动运用到客观世界中。

科学研究方法同时兼具有效性，可以有效解决科学问题。科学研究方法的客观价值体现在其自身的工具有效性，帮助人们获得正确的信息、实现预定的目标，正是方法有效性的存在，使得人类的智慧转移到客观对象。因此，科学研究方法既是实践活动的客观总结，又是对有效实践活动的合理规范，兼具客观性和有效性。

（二）融合主体性与多元化

科学研究方法的发展逐步实现科研主体的主体性和学科运用的多元化的融合。科学研究方法是科学认识主体在认识客体的实践活动中的智慧凝结，具有鲜明的主体性，既有认识主体的内部思维差异性，也有客体环境的外部差异性。科研主体的主体性并不妨碍科学研究方法的学科间多元化发展，跨学科方法的运用已成为科学研究的新常态，移植、渗透、多元互补已成为科学研究方法的新趋势。

（三）与时俱进性

科学研究方法是科学理性精神的集中体现，不是一成不变的，而是随着科学实践活动的发展不断完善，科学研究是发现新现象、总结新结论、预见新事物、验证新理论的过程，科学研究方法的演进不是完成时，而是进行时。科学研究方法贯穿于科学研究的全过程，与时俱进是科学研究的特性，更是科学研究方法的属性。

第二节　科学研究的方法论

方法论是方法的总和，科学研究的方法论是科学研究方法的系统化研究和总结。贾洪伟和耿芳（2016）指出，方法论本质上属于认识论的分支学科，方法论在哲学层面上就是世界观和认识论，在科学层面上就是科学研究的最高层级的理性概括，等同于科学之科学。方法论从宏观上指导科学研究，具有宏观、抽象、指导性的特性；而方法从具体实操上解决实际问题，具有微观、具体、学科针对性的特性。本节主要介绍归纳与演绎、定量与定性两种较为典型的科学研究方法论。

一、归纳与演绎

归纳与演绎的过程遵循"观察—假设—再观察"的原则，归纳是演绎的基础，演绎是归纳的指导，归纳与演绎本就是相辅相成、不可分离的科学推理认识思维，也是人文社会科学极为重要的科学研究方法论。

（一）归纳

归纳是从大量一般的事实中概括出普遍性特点的思维模式，是从观察个体事物到形成普遍规律之间的"桥梁"。归纳是基于观察或实验的特定实例，将若干个具有共性的不同事物（思想、事实等）归类，总结推理出一般的结论，是从个别到一般的推理方式。根据某类事物包含是否完整，分为完全归纳和部分归纳，从观察某类事物的全部的某种属性，归纳出一般的结论是完全归纳，数学证明中的穷举法就是典型的完全归纳；而依据某类事物的部分对象具有的某一属性归纳出一般结论的方法，称之为部分归纳，例如，简单枚举与类比归纳。这种归纳方法的结论是不可靠的，只要有一个反例，就可以推翻结论。例如，一直以来人们看到的天鹅都是白色的，就归纳出天鹅都是白色的这样的结论，但随着黑天鹅的发现，就轻而易举地推翻这个结论。

小案例：进行哲学思考的小鸡

有一只小公鸡，生下来的第 1 天有米吃，第 2 天有米吃……，到第 99 天还有米吃。到了第 100 天，这只小公鸡大清早就在想我第 1 天有米吃，第 2 天有米吃……，到第 99 天还有米吃，今天肯定有米吃。这时家里来了客人，主人要请客人吃饭，看到了这只正在进行哲学思考的小鸡，担心它得病，于是就抓了这只小公鸡，做了一盘辣子鸡丁。这就是简单枚举法的弊端。

参考资料：

[1] 杨建军. 科学研究方法概论 [M]. 北京：国防工业出版社，2006.

归纳的方法在整理事实、发现科学事实、将经验事实上升到一般原理等方面有着创造性的作用，但也有非常明显的欠缺：一是归纳法所归纳的内容停留在现象表层，不能阐释其内在必然性；二是归纳出的一般结论，是过去存在的一般结论，未必是未来的必然真理。

（二）演绎

演绎是归纳的反向逻辑，以归纳出的一般性知识、原则为大前提，推演到个别性、特殊性的结论的思维过程，是从一般到个别的推理方式。杨建军（2006）将演绎推理的主要形式分为三段论：大前提、小前提和结论，大前提是已知的有关事物的一般原理或共性，小前提是研究的特殊对象，结论是将特殊对象归到一般原理之下所得出的新知识（见表3-1）。

表3-1　演绎推理的主要形式举例

大前提	绿色植物可以进行光合作用
小前提	绿萝是绿色植物
结论	绿萝可以进行光合作用

演绎法借助于严密的逻辑证明和科学地提出假设、检验假设，印证现有科学知识的合理性，拓宽原有知识的边界，探索出科学发展的新线索。但是，演绎并非是直接的、可靠的，演绎的可靠性主要取决于其前提的正确性，如果不对前提进行检验，则得到结论的可靠性欠佳。同时，演绎法较难有创新性，得出的结论很难导致新的科学发现。

在科学研究过程中，归纳与演绎往往是结合在一起使用，通过大量的事实得到一般性规律，然后再将这个一般性的规律演绎到个体中去证实或证伪理论，在一定条件下两者还可以相互转化，相互补充。

二、定量与定性

定量研究是一种以数据为基础，通过数学、统计学等量化手段对现象进行分析的研究方法。它强调对事物进行量化的测量和描述，注重数据的精确性和可度量性。定量研究注重客观性、精确性和科学性，它通过收集大量的数字化数据，经过统计分析和数学模型建立，从而得出客观、可重复的结论。定性研究是一种探索性的研究方法，其主要目的是通过深入了解研究对象的主观经验和感受，以揭示其背后的意义、结构和行为模式，这种方法通常用于对复杂的社会现象进行深入的理解和解释。定量的最终归宿是定性，定性的辅助工具是定量，定量与定性的两种科研方法凭借其独特性，普遍使用于各门类学科。

（一）定量研究

定量研究是对可以测量或部分测量的研究目标进行评估和解析，以便验证研究者对研究目标的某些理论假设的方式。定量研究注重对研究对象的测量和计算，以研究对象的性质为基础，以认识其性质的量化方法开展研究。定量研究尽量回避主体参与，减少主观判断和意识干扰。

定量研究强调通过量化分析，揭示研究对象各要素之间的数量关系，从而对其性质的不同有更好的认识。该研究通常以数学方法为基础，对社会现象的数量变化等进行深入的探讨，对社会现象的发展提出趋势预测。通常定量研究的分析手段是数据解读或统计分析。这种方法会将各个变量之间的联系进行整理、汇总和分析，从而揭示出规律性。

（二）定性研究

定性研究旨在通过对事物性质、特征的考察和观察，揭示事物发展的基本规律。定性研究侧重研究对象的特征、内涵、象征的描述，关注个体的经验、感受和主观理解，强调研究主体的参与及经验。在定性研究过程中，往往以研究本人作为研究工具，在自然情境下采用多种实地体验、无结构访谈、参与性与非参与性观察、文献研究、个案调查等方法（陈卫和刘金菊，2015）。

定性研究通常用于探索新的概念、理论和现象，或者用于补充定量研究的结果。该方法是基于社会事件或者事物所展现出的特性，以及它们在运行过程中产生的矛盾变化，从它们的矛盾性入手，利用公众认可的基本原理、演绎逻辑及丰富的事例作为依据，经过对社会事件发展的历程与特性的深度剖析，揭示出其本质和发展规律，以此来描绘并解释被研究事物的内部规律。定性研究更加致力于解析社会历史现象的具体意义，透过对个别行为或者事件的全面评估，推导和解读有关某种行为或事件的意义，进而说明人们如何利用它们独特的行动方式构建并维护社会现实。

定量与定性研究在哲学基础、研究范式等方面存在差异，如表3-2所示。在科学研究过程中，定量与定性研究是结合运用的，两者相互补充、相互完善。

表3-2 定量研究与定性研究的差异比较

	定量研究	定性研究
哲学基础	实证主义	人文主义
研究范式	科学范式	自然范式
逻辑过程	演绎推理	归纳推理
理论模式	理论检验	理论建构
主要目标	确定相关关系和因果联系	深入理解社会现象
分析方法	统计分析	文字描述与阐释
主要方式	实验、调查	实地研究、个案研究

续表

	定量研究	定性研究
资料收集技术	量表、问卷、结构观察等	参与观察、深度访问等
研究特征	客观	主观

资料来源：风笑天.社会研究方法：数字教材版（第6版）［M］.北京：中国人民大学出版社，2022.

第三节　科学研究方法之调查研究

调查研究是科学研究资料收集的主要手段，也是科学研究方法的构成之一。"没有调查，就没有发言权"。调查研究是用于了解和探索社会现象和问题，为实际问题的解决和政策的制定提供科学依据和参考，是社会科学研究的重要手段。

小案例：没有调查，没有发言权——毛泽东

毛泽东一生对调查研究极其重视，认为"调查研究极为重要"，并给我们留下了许多影响深远的著名论断，例如，"没有调查，没有发言权""做领导工作的人要依靠自己亲身的调查研究去解决问题""调查就像'十月怀胎'，解决问题就像'一朝分娩'"。调查研究是中国共产党重要的思想方法和工作方法。可以说，我们党的调查研究传统和作风，是在毛泽东的倡导下形成和发展起来的。毛泽东调查研究思想具有十分丰富的内涵，科学回答了为什么要开展调查研究、调查研究什么、怎样开展调查研究等重大理论和实践问题。

参考资料：

［1］郭戈.新时代毛泽东调查研究思想研究述要［J］.毛泽东研究，

2023（06）：96-107.

　　［2］杨明伟. 毛泽东与调查研究［J］. 党史文苑，2023（05）：59-61.

一、调查研究概述

调查研究，又称"社会调查研究"或"社会调查"，是调查人员或机构通过科学考察社会系统、社会现象，搜集处理社会信息，进而把握现实社会状态及其发展变化趋势的一种科学认识活动。调查研究的过程既是归纳演绎的科学逻辑过程，又是实际运作的科学实践过程。

（一）调查研究的特征与作用

调查研究是一种科学的认识活动，也是一种科学的实践活动，从选题到撰写研究报告整个过程表现出研究目的的社会服务性、运作过程的科学系统性以及研究方法的相对独立性三方面的特征。

1. 研究目的的社会服务性

调查研究以某一现实的社会问题或社会现象作为出发点，以预测走势、评估政策作为结束点，整个过程围绕解决社会问题开展相关活动。通过对具体个人的调查，了解并解释多个个体的行为意愿及所构成的社会现象，及时掌握充足的社会信息，准确把握现实的社会状态，才能有效地发现社会问题、预测社会趋势、制定社会政策、开展宏观调控，促进和实现社会的良性运作和协调发展。调查研究作为了解社会、研究社会、认识社会的一项基本工具，决定了其研究目的具有社会服务性。

2. 运作过程的科学系统性

调查研究过程是一个完整、系统的研究体系，研究主体凭借调查研究方法来深入了解和正确认识研究客体，社会是调查研究的客体，社会构成的复杂性以及社会现象的丰富性决定了必须采用综合的科学方法，达到有效地考察、了解、认识社会的效果。方法是一种具有科学性的知识体系，尤其是调查研究方法是透过现象揭示本质的有效途径，这也要求调查研究必须按照系统有序而非零散独立的操作步骤，特定的程序和结构开展相关研究。

3. 研究方法的相对独立性

调查研究的方法体系在构建依据和适用领域两方面表现出相对独立性。一是方法体系构建依据的相对独立性，这取决于人类社会实践活动的多样性，社会本身就是一个复杂的整体，调查研究方法必须针对性地解决实际问题，进而做到具体问题具体分析；二是调查研究的应用在行政统计调查、学术性调查、民意调查与市场调查等领域，集中在社会科学方向的研究，使得其研究方法区别于自然科学的研究方法。

(二) 调查研究的作用

调查研究作为一种科学方法，是提出问题、分析问题，解决问题的典型研究方法，也是分析应然和实然之间矛盾的有效工具，依照调查研究的分析过程，其作用概括为以下几个方面：

1. 描述状况，回答"是什么"的问题

社会现象是调查研究的出发点，现状分析是透过现象看本质的第一步。从观察入手，调查研究具有描述现状的基本功能，兼具准确性与概括性的描述可以系统地了解某一社会现象的发展状况，是解释性调查研究的前提与基础。人口普查、满意度调查、民意调查等都是调查研究描述状况的具体表现形式。

2. 解释原因，回答"为什么"的问题

观察某种社会现象之后，必然会探究造成这种社会现象的原因，也就是调查研究的第二个作用，即解释原因。在对收集数据资料进行特征分析的基础上，深层次地研究其影响因素以及它们之间的相关关系和因果关系。

3. 评估预测，回答"怎么做"的问题

观察与解释某种社会现象之后，调查研究的参考价值既表现在对现有政策措施的评估，又表现在对未来趋势的预测，两者都是在为干预或控制做准备。预测评估是调查研究现实意义的集中体现，也是调查研究的落脚点。

（三）调查研究的运作过程

调查研究是一种搜集和处理社会信息的基本程序，这一基本程序涵盖了调查研究的内在逻辑结构，我们可以将调查研究的程序划分为四个基本阶段，四个阶段相互关联，共同构成调查研究的运作过程。

1. 筹划准备阶段

该阶段主要完成确立研究课题、构建研究方案与准备研究条件的任务。选题是调查研究的开端，确立研究课题要在感知现象的基础上，找到有新意的、可行的、明确的题目，是将含糊的调查主题具象化的过程。该过程看似简单，但决定着调查工作的成败与调查结果的优劣，需要调查主体的科学判断。构建研究方案与准备研究条件都是围绕课题开展的准备工作，目的是宏观把控调查研究的运作过程，保证调查工作的顺利进行、调查目标的顺利实现，进而提高整个调查的质量。

2. 资料收集阶段

该阶段是调查的实施阶段。调查研究的资料收集既可以采用问卷调查法、访谈调查法与实地调研法来获取课题研究的一手资料，也可以采用文献调查法来获取课题研究的二手资料，实际搜集资料的过程会受到调查客体的不配合、语言障碍等各种外部环境的制约，造成"计划赶不上变化"的状况，调查主体要主动协调好与被调查者、被调查者有关的组织及相关人员的关系，发挥自身的灵活性与主动性，及时修正弥补实际情况中的问题。

3. 整理分析阶段

该阶段是对收集到的资料进行录入、审核、整理、统计与分析，也称为研究阶段。调查资料的整理分析是实现从感性认识到理性认识飞跃的关键，是提炼调查结论与回答研究课题的重要阶段，此阶段运用的分析方法概括为定性分析方法与定量分析方法。

4. 总结评估阶段

该阶段主要完成撰写研究报告、评估研究成果以及总结研究工作的任务。调查研究目的是在深度解释社会现象的基础上，真正发挥调查研究在认识社会规律和指导实践中的作用。总结评估是要系统、完整、规范地呈现调查过程，更是要制定解决社会问题的方针、政策和措施，实现将社会现有实践中获取的研究成果以不同形式运用到社会未来实践中的最后一步。总结评估的结果也会为后期的选题提供参考和借鉴。

（四）调查研究的基本原则

在具体的调查研究运作过程中，遵循以下基本原则：

1. 客观性原则

客观性是调查研究最基本的原则之一，贯穿于调查研究的各个方面。一是从调查的主体来看，要坚持客观态度，力排各种主观因素的干扰，才能有效识别各种虚假现象，提高认知水平；二是从调查的客体来看，要以客观事实为依据，把社会现象、社会系统看作是客观事物处理分析，才能真正做到实事求是，让数据和事实说话；三是从调查的中介来看，要采用科学系统的收集资料与分析资料的方法，科学地发挥调查研究在实施过程中的功能性地位与研究过程中的桥梁作用。

2. 科学性原则

调查研究是逻辑推理与实证研究的结合物，在思想认知和具体操作上都秉承科学性原则。调查研究与研究结论以真实可行的资料数据作为支持，不能主观臆想提出观点、意见、结论，也不能以偏概全，以局部的、零散的材料解释总体全面的情况，应从系统整体出发，坚持定性和定量相结合的方法研究和分析社会事实。

3. 时效性原则

任何一项研究都必须保证效率与效果，调查研究也是这样。在事实处于不断变化的状态前提下，围绕事实问题开展的调查研究，如果缺乏时效性，就会延迟调查研究结果的生效时间，使其失去现实的参考价值。

4. 适用性原则

沿着方法论层次过渡到具体方式层次的纵贯式研究思想开展调查研究，必须遵循适用性原则。对于研究方法的选用不能"生搬硬套"，把握理论到实践的推理思维，精准适用，"量体裁衣"地解决实际社会问题。

（五）调查研究的具体方法

调查研究是一种复杂的认识活动，既要充分了解研究过程的总体框架体系，也要熟悉各种社会调查方法。因此，调查研究又称为研究方法性科学，回答了通过何种具体途径得出研究结论。从抽象层次来看，调查研究是一种实践活动；从具体层次来看，调查研究可以简单地看作一种资料收集方法，本章以实用性为前提，突出收集资料阶段的关键作用，细分社会调查通常使用的研究方法（见表3-3）。

表3-3　常用的调查研究具体方法

研究方法	资料收集方法	研究的性质
问卷调查法	自填式问卷	定量
	访问式问卷	定性
访谈调查法	结构式访问	定量
	无结构访问	定性
观察法	实验室观察	定量
	实地观察	定性
文献调查法	目录索引	定量/定性

资料来源：①风笑天.社会调查方法（第3版）[M].北京：中国人民大学出版社，2019. ②风笑天.社会调查原理与方法[M].北京：首都经济贸易大学出版社，2008.③吴智慧.科学研究方法[M].北京：中国林业出版社，2012.

二、问卷调查法

现代社会调查依赖于定量化的数据资源，问卷作为一种关键工具来收集反映社会现象的量化资料，越来越受到人文社会科学研究者的青睐。问卷调查法，也称为问卷法，是调查者以问卷为中介量化收集资料，调查者事先设计好问卷作为工具，通过被调查者对问卷的回答来了解情况、征询意见的调查方法。问卷在形式上是以设问的方式表述问题，目的是测度社会中人的行为、态度与社会特征，是社会科学从定性走向定量，从思辨走向实证的关键工具。

（一）问卷调查法的优缺点

问卷法作为一种被广泛使用的资料收集方式，受到适用性与不确定性的影响，其表现出以下主要优缺点：

1. 问卷调查法的优点

①操作简单，经济性强。相比其他调查研究方法，问卷形式简单，可操作性较强，能在短时间内同时调查多人，获得大量数据资料，信息量大，成本低。②调查实施的时空限制性较低。调查者精心设计的问卷涵盖了研究所需要的所有信息，适用于大规模的调查任务，且问卷调查可以跨越时间和空间的限制，适用性较强。③被调查者的隐私保护性较强。在问卷实施过程中通常采用匿名调查，在处理分析过程中，不对单个个体信息过度解读，而是将被调查者看作整体来研究社会群体的共性特征。

2. 问卷调查法的缺点

①对调查者和被调查者的要求较高。对于调查者要有较强的理论素养与实践经验，设计问卷要把研究主题的拟合性、调查者的个人情况等纳入考虑范围，兼具合理性与实用性，进而设计出能够实现且有效测量的问题及答案。对于被调查者，要有一定的理解能力，能够准确地理解问题、回答问题，且要有独立判断的能力，避免无效问卷。②问卷质量无法预测。问卷调查受到被调查者的心理因素与某些环境因素的共同作用，问卷质量参差不齐。被调查者可能存在兴趣不高、有排斥心理、对问卷不够重视、责任心不强等个人心理因素，会出现问题填写不全或者放弃整个问卷的状况。尤其线上自填式问卷，被调查者受到他人或者环境影响，影响整体的问卷作答质量。线上问卷还存在调查者和被调查者之间很难进行有效深入沟通的状况，问卷的有效率难以保证。③敏感问题的不适宜性。问卷法适用性较强，但是有些领域中不太适合的敏感细节问题需注意，如果强行使用，会受到被调查者的排斥。

（二）问卷调查法的种类

问卷调查法可以按照不同角度分为不同类型。

按问卷中问题与答案的结构关系划分为结构式问卷、开放式问卷与半结构式问卷。结构式问卷又称封闭式问卷，即调查者在设计问卷题目时，提前准备好备选答案，方便被调查者作答。开放式问卷又称无结构问卷，即调查者给出问卷问题，由被调查者自行回答，没有提前设计备选答案。结构式问卷与开放式问卷的主要区别在于是否提供具体答案，这也是两者的优缺点所在。结构式问卷问题的简洁性便于调查对象填写，提高了调查的效率，易于做定量的统计分析，但同时被调查者的自发性有所丧失。相反，开放式问卷的问题给被调查者足够的自由度，提高了调查内容的丰富性，但同时也增加了调查员后续整理分析资料的难度，更适合作定性分析。为了充分发挥结构式问卷与开放式问卷的优点，规避其缺点，调查者经常会使用半结构式问卷。半结构式问卷，又称综合式问卷，是将结构式问卷和开放式问卷结合在一起使用的问卷，问题形式多样，增加问卷设计的灵活度。

按资料收集方式划分为自填式问卷和访问式问卷。自填式问卷是调查问卷完全由被调查者自己来填写的方法，也就是调查者将事先设计好的问卷发送给（或邮寄给）被调查者（或者将问卷制作成网页，发布在某网站上），由被调查者自己阅读和填答，再由调查者收回的资料收集方法，通常采用个别发送法、邮寄填答法、网络填答法、集中填答法等具体方式（风笑天，2008）。访问式问卷是根据被调查者的口头语言或手势信号由调查者来填写的问卷。由于调查过程中的主动权不同，决定了两者最主要的区别在于针对对象不同，前者调查过程中的主动权掌握在调查对象手中，而后者的主动权是调查者。问卷是联系被调查者的主要手段，要避免结构凌乱、不整齐的问题，降低问卷实施的难度。

（三）问卷的结构

问卷的结构通常包括标题、封面信、指导语、问题及答案、编码及其他资料，把握这些内容能为问卷设计提供便利。

1. 标题

问卷的标题既是调查者的研究重点，也是被调查者最直接的认识。因此，设计标题要反映研究主题，清楚陈述主题，避免标题内容过于宽泛、文不对题、过于专业等问题。贴近现实又准确清晰的标题便于被调查者迅速判断其是否接受调查，提高调查的效率。

2. 封面信

问卷的封面信可以理解为调查者致被调查者的一封简短书面信，是联系调查对象的桥梁。封面信的内容既要展示调查者的身份及态度，调查的内容及目的，又要保障被调查者的利益，打消被调查者的顾虑，根据访问方式可以适当调整封面信的详略程度。

3. 指导语

指导语要紧跟封面信，强调填写问卷的各种注意事项。指导语的作用体现在指导回答的方法（选项作答是画圈还是打钩）、回答范围（单选还是多选）、步骤（是否有跳答）和注意事项上，要根据问卷的复杂程度与被调查者的情况来具体安排指导语的形式。

4. 问题及答案

问题与答案是问卷中最重要的主体部分，问题与答案的设计直接影响着问卷回收的质量以及问卷与研究主题的契合程度。问卷法本身就是以问题及答案为工具来测度人的社会行为、态度与社会系统内表现出的现象与问题。

5. 编码及其他资料

问卷的编码是给问题和答案统一地编上数码，编码工作可以理解为信息代换的过程，将问卷中的数据信息，转换为统计工具所能识别并分析的数字信息。编码要完全覆盖每一个问题及答案，一个编码只能单一地代表一个答案，既可在问卷设计时进行预编码，也可在问卷收回后进行后编码。

（四）问卷设计

问卷设计是调查实施的前奏，直接影响调查结果的信度与效度，必须细心准备、反复推敲，才能设计出行之有效的问卷。问卷设计必须遵循一定的原则和步骤，因此将依次从问卷设计的原则、问卷设计的步骤、问题与答案的设计类型和问卷答案的设计原则四个方面展开阐述。

1. 问卷设计的原则

（1）明确问卷设计的出发点。

调查者设计问卷应多从被调查者角度出发考虑。问卷是联系调查者和被调查者的"桥梁"，应用问卷法的过程是调查者向被调查者收集所需信息的过程，简单表示为"调查者—问卷—被调查者"。"调查者—问卷"的环节是调查者按照研究目的和意图设计出问卷；"问卷—被调查者"的环节是被调查者依据问卷做出答复。调查者在整个过程占据主动权，问卷质量的高低与被调查者配合程度的高低有着正向依存关系，因此要牢牢记住问卷设计的出发点在于为被调查者着想，从而获得被调查者的配合、了解真实情况、获得高质量的资料。

（2）明确问卷设计的适应性。

调查者设计问卷要匹配调查目的、调查内容、样本性质以及问卷使用方式等相关因素，这些因素的有效兼顾才是问卷质量的有效保证。一是调查目的。对于问卷设计的工作，调查目的是灵魂，决定一份问卷的内容和形式，调查目的是否实现是衡量问卷质量优良与否的关键因素，因此设计问卷要适应调查目的。二是调查内容。不同的调查内容对于被调查者会有着不同的敏感度、熟悉度、重视度，当属于被调查者敏感且熟悉的话题时，可以将问卷设计得深入详细些。当被调查者面临不太熟悉的内容时，问卷就要设计得浅显易懂，注重封面信和指导语的作用。当面临一些敏感性问题时，就一定要注意语言的使用，设计问卷也要适应调查内容的需要。三是样本性质。样本性质是被调查者个体差异的体现，也是设计问卷需要关注的部分，高估或低估样本质量都会最终反映在问卷质量上。四是问卷使用方式。根据问卷的使用方式与资料的分析方式有所侧重地设计不同的问题形式，开放式问题易于定性分析，封闭式问题易于定量分析。问卷是社会调查的一种工具，在设计时必须考虑到整个调查各个环节的相关因素，适合样本性质与问卷使用方式，符合调查目的，适应调查要求。

（3）明确问卷设计的阻碍。

调查者设计问卷要充分考虑被调查者主观上的抗拒和客观上的限制。主观上的抗拒是由被调查者心理或思想因素产生的，而客观上的限制是由被调查者自身能力或条件产生的，包括阅读能力的限制，理解能力限制、记忆能力限制等。因此，在设计问卷时，就必须清楚认识问卷调查过程可能出现的障碍因素。

2. 问卷设计的步骤

合理的问卷设计过程是由精心计划的一系列步骤组成的，不是简单地罗列出一系列问题，这组步骤的构建能确保问卷设计过程中不会遗漏任何重要环节，接下来将详细介绍问卷设计几个必须经历的步骤：

（1）准备工作。

准备工作需要调查者深入社会实践，熟悉和了解有关调查课题、调查对象等基本情况，对问题的形式和可能的回答形成一个初步的认识，避免给出一些不切实际的问题。可以做一些试探性的访谈工作，在访谈的过程中，调查者围绕研究主题、所调查的课题，与被调查者进行自然的交谈，留心他们的表现、行为、态度，思考各方面问题的提法、实际语言、回答问题的类型设计等。这一过程是对问题及答案的预设准备，可以使问卷的设计符合实际情况，提高被调查者的接受度与认可度。

（2）问卷初稿制作。

问卷初稿的制作要有统筹兼顾的眼光，完成各种问题的具体表述、答案的安排、各种问题的前后顺序、整个问卷的逻辑结构等初稿的各个细节。在实际制作中，通常采用卡片法与框图法两种方法（风笑天，2019）。卡片法是先分后总的思路，先列出全部问题再归类处理，形成完整的问卷。该方法思路自然，修改便捷，但缺乏整体把握，容易遗漏问题。而框图法是先总后分的思路，先以图解的方式列出总体结构，再填充各个部分的细节问题，从而形成问卷的整体。该方法逻辑线清晰，便于通盘考虑，但后续调整的灵活性不足。

在实际问卷设计过程中，可以将这两种方法进行结合，发挥两者的优势，克服其不足之处。具体的操作步骤如下：第一步，依据研究假设与问题的逻辑结构，利用框图法列出问卷的各大部分内容，并合理安排先后顺序；第二步，利用卡片法，将准备工作中获得的问题及答案写在单个卡片上，归类到各大部分；第三步，给各大部分的卡片细致排序，并按照总体框架将各部分的卡片首尾相接；第四步，反复推敲、整理、检查各个卡片，达到便于回答，减少心理压力等方面的效果；第五步，填充封面信、指导语、编码等内容，完整呈现问卷初稿。

（3）试调查。

问卷初稿设计完成之后，不能直接落地实施，必须对问卷进行试调查和修改。问卷的试调查是一组测试程序，它是在态度、行为和特征的量度有效和可信的前提下，确定问卷是否能够以调查者设想的方式运行。试调查在问卷设计中是关键的一环。

试调查通常有两种具体方法，即客观检查法与主观评价法。客观检查法是直接将设计好的问卷初稿在小范围内对被调查者试行。在这个过程中就会发现问卷初稿中没有注意的一些问题或有待完善的细节。例如，问卷问题的某些表述存在歧义、发现遗漏问题或多余问题等。主观评价法是听取专业人士或者典型被调查者的评判与建议。这个方法选取合适的专家是关键。在条件允许的情况下，两种方法都试行是最好的，重复进行"试行—修改"的步骤，直至试调查结果显示出问卷基本不存在问题的状态，才可以进行下一步的编排问卷。

（4）编排问卷。

问题及答案是问卷的主体内容，问卷设计还要把控问卷的整体结构，即问卷的编排，包括编排整体结构与问题的顺序。一个标准化问卷应该包括题目、封面信、指导语、问题及答案、编码及其他资料，在确保不遗漏重要内容的前提下，需要关注每个部分的平衡度是否合适，尽力使问卷的版面整洁美观。此外，问题的顺序要按照一定的逻辑结构关系进行排列，注意不同部分之间转换的自然和流畅。谭祖雪和周炎炎（2020）归纳的编排规则主要有以下几个方面：一是简单易答的问题在前，复杂难答的问题在后；二是能引起被调查者兴趣的问题在前，容易引起被调查者紧张或产生鼓励的问题在后；三是被调查者熟悉的问题在前，陌生的问题在后；四是行为方面的问题在前，表达态度、意见、看法的问题在后；五是个人背景资料一般放在结尾，但有时可以放在开头；六是封闭式问题在前，开放式问题在后。还要注意在封面信中应重点强调被调查者个人信息的匿名性和保密性。合理地安排问卷的题目顺序能够有效提高回答率和降低回答的偏差。

（5）问卷定稿。

按照以上步骤完成问卷初稿设计，反复"试调查—修改"，调整问卷的结构和排版后，呈现出一份版面整齐美观、内容具体合理的问卷，最终形成正式的调查问卷。

3. 问题与答案的设计类型

问题与答案是问卷最直观的感受，也是问卷设计中最为重要的部分。在封闭式问题中，问题与答案是不可分离的，问题的设计要遵循内容合适、措辞清楚、一次只问一件事、客观公正的准则。

在实际设计问卷中，封闭式问题主要包含以下几种类型：填空式、二项选择式、多项选择式、多项排序式、表格式等，同时要注意避免概念抽象化、问题含糊不清或存在多重含义、问题或答案带有倾向性与不协调等常见的问题及答案设计错误。

（1）填空式：被调查者需自行填写数值或文字的提问方式。

如：请问您的家里有几个孩子？_____个

（2）二项选择式：选项是非此即彼的，被调查者只能从两个答案中选择一个进行回答的提问方式。通常是关于"是与否""有与无""同意或不同意""满意或不满意"等的选择。

如：请问您购买汽车时，是否考虑"新能源汽车"？

A. 是　　　　B. 否

（3）多项选择式：被调查者根据实际情况选择认为合理的所有选项，选择不唯一。

如：请问您家庭购买汽车的偏好是什么？（可多选）

A. 体面　　　　B. 性价比高　　C. 节能

D. 款式　　　　E. 品牌　　　　F. 其他（请注明）＿＿＿＿＿＿

（4）多项排序式：被调查者按照给定的标准对一组选项进行排序，判断其优先级或偏好。

如：您在节假日里最想做的事情是什么？

第一，＿＿＿＿＿＿；第二，＿＿＿＿＿＿；第三，＿＿＿＿＿＿。

A. 娱乐休息　　B. 旅游　　　　C. 在家陪伴家人

D. 学习提高职业技能　　　　E. 其他（请注明）＿＿＿＿＿＿

（5）表格式：借助表格设定问题，适合大量同类型问题汇总提问。

如：请根据您在××××品牌的购物体验，在相应的满意程度上打"√"。

项目	题项	满意程度				
		非常满意	满意	一般	不满意	非常不满意
产品	质量					
	种类					
价格	定价					
	价格涨跌					
促销	促销方式					
	会员福利					
	互动体验					

4. 问卷答案的设计原则

在设计问卷答案时，需要兼具相关性、同层性、互斥性、合适性和完整性等原则，保证答案的合理性与有效性。

（1）相关性原则：答案必须与问题有相关关系。

如：请问您认为单位的领导干部需要具备哪些能力？

A. 调查研究　　B. 协调服务　　C. 领导指引

D. 社交沟通

（2）同层性原则：答案之间必须保持相同的层次关系。

如：请问您的户口属于？

A. 城市户口　　　B. 农村户口

（3）互斥性原则：答案必须相互排斥。

如：请问您的职称是？

A. 初级　　　　　B. 中级　　　　　C. 高级

（4）合适性原则：答案的设计比较恰当，基本可以反映被调查者的真实情况。

（5）完整性原则：答案应穷尽一切可能，起码是一切主要的答案。

如：请问您的学历是？

A. 小学及以下　B. 初中　　　　　C. 高中

D. 专科　　　　　E. 本科　　　　　F. 硕士研究生

G. 博士研究生

（五）问卷收集与资料整理

问卷设计完成后，根据调查的目的对被调查者进行调查，分发问卷，然后进行回收整理问卷以及统计分析等工作。

1. 调查的组织与实施

问卷调查者应该统筹组织与实施问卷调查，做好调查者的挑选与培训、联系调查对象、对调查进展的质量监控三个方面的准备工作。第一，调查者的素质直接关系到问卷回收的质量与效率，科学的挑选与培训是必要的。调查员的选择要注意关注其知识基础、能力构成与职业素养，调查者的培训要针对问卷调查基本知识、研究项目一般知识、专门调查访问技术进行培训，在此基础上模拟调查实习。第二，在资料收集的过程中，通过现实渠道与被调查对象取得联系，建立临时沟通，可以通过官方机构、当地部门、私人关系或直接与受访者联系，以提高调查对象的接受度，减小调查实施的阻力。第三，有效监控调查进展的质量是确保问卷回收的资料数据有效的必然措施，研究者应对资料收集过程实施全面、及时的监控和协调。

2. 问卷的发放与收回

问卷收集方法不尽相同，自填式问卷是最主要的方法，通常可以采用个别发送、邮寄自填、网络填答、集中填答四种方法进行自填式问卷的发放与收回（见表3-4）。

表3-4　问卷收集的具体方法及其比较

收集方法	概念	优点	缺点
个别发送	调查者直接将问卷逐个发送到被调查者手中	说服力强，提高接受度；保证较高的回收率；被调查者有充分的时间考虑，且避免被调查者之间的互动对问卷作答的影响	时间长、人力成本高；调查的范围受限
邮寄自填	经由邮局发放和回收调查问卷	省时省力；地域限制小，调查范围较广；回答方便，干扰性弱；避免"找人难"的问题	问卷的回收率不确定；样本的代表性难以判断；题量受限，只能采用简单易答的问卷形式
网络填答	借助于互联网发放和收回问卷	及时性、超时空性；填答成本低；匿名性好	样本代表性差；资料的真实性、准确性难以判断
集中填答	集中被调查者，各自填写问卷，然后统一收回	时间短、人力成本和费用低；更能保证问卷填答的质量和回收率；样本的代表性强	集中所有被调查者难以实现；调查对象之间的互动会影响填答资料的客观性

资料来源：①风笑天．社会调查原理与方法［M］．北京：首都经济贸易大学出版社，2008.
②谭祖雪，周炎炎．社会调查研究方法（第2版）［M］．北京：清华大学出版社，2020.

3. 调查资料的整理

资料的整理就是对问卷调查所获得的各种资料进行检查、分类，使其系统化、条理化，资料整理是资料收集后续，也是资料分析的前提，是社会调查过程中不可或缺的一个环节。

三、访谈调查法

访谈调查法和问卷调查法都是社会调查研究的资料收集方法之一，都是感知社会现象最基本的方法。访谈调查法区别于问卷法，访谈调查更加注重调查者与被调查者之间的口头交流，在资料收集方面具有某些独特优势。本部分将详细介绍访谈调查法的具体内容。

（一）访谈调查概述

1. 访谈调查法的含义

访谈调查法，也称为访谈法，是一种社会调查方法，通过面对面的交流方式，访问者与被访者进行口头询问以收集资料。访问者将所得信息记录下来，以获取相关资料信息。访谈调查中的"访谈"是一种调研性的交谈，与一般性交谈有本质区别，访问者围绕调查主题展开提问，并引导被访者回答，达到了解被访者的行为、态度、看法等目的，进而汇总撰写收集到的资料信息。

访谈是面对面的社会交流，表现出与其他资料收集方法不同的特性，即沟通的双向性、以语言为媒介、目的性与规划性等特点，这就要求访问者在访谈具体实施之前就做好准备工作，尽量保证收集到的资料和证据是可靠、有效的。沟通的双向性与语言媒介要求访问者具备一定的语言思维能力和口头表达能力，实现交流的灵活性与互动性。

2. 访谈调查法的优缺点

访谈作为一种了解社会事实的认识活动，有其自身的优点，具体表现在：①对被访者的要求不高，调查的适用面广。访谈法是以口头提问的方式收集信息，因此被访者只需进行问题的回答即可，不必考虑被访者的文化水平、职业等，调查的人群适用面广。②实施过程具有灵活性。访谈法的主动权在访问者手里，在具体实施过程中，可以根据具体的情况适当调整访问提纲，及时填充或删除；同时访问者在向调查者进行访谈时也能迸发新思路与新认识。③回答率较高，可以深入沟通。交谈的方式极大地降低了理解错误的可能性，易于被访者回答，较少出现拒答或半途而废的情况，问题的回答率通常是较高的。访问者与被访者可以进行深入沟通，被访者可以结合自身经历表达自己的看法和观点，增加资料的丰富性和生动性。同时，访问者可以通过被访者的语言信息与非语言信息，进一步判断所获取信息的可靠性。

访谈法在实际应用中存在着局限性，具体表现在：①效率较低，成本较高。访问调查基本都是现场调查，增加了调查的人力投入与时间花费，成本较高，更适宜做个案研究，而非大样本调查。②主观偏差较多。访谈过程中，访问者与被访问者的双方互动，加入了主观偏差因素，降低了调查的客观性。③对于访问者的访谈技巧要求高。访问者的自身素质直接决定访谈调查的质量，尤其是访问者的理论素养、语言表达能力、人际交往能力以及访谈的经验与技巧等因素。访谈法是以口头语言为主的资料记录，要求访问者迅速、准确、完整地理解对方的回答，并有效记录相关信息。如访问者的访谈技能不过关，会直接影响访谈的效果。④访谈结果的应用受限。访谈法主要通过口头交谈的方式传递信息，有较强灵活性的同时，也会影响提问和记录时的标准性和统一性，通过访谈收集到的信息内容参差不齐，大多适合定性分析，不适合做定量分析。

3. 访谈调查法的类型

随着社会调查研究的越发深入，形成不同的访谈类型，不同类型的访谈方法有着不同的基本特色、运作特色以及适用范围，依据不同情况正确选用不同的访谈类型是访谈调查必不可少的环节。

依据访问结构的不同，分为结构式访谈与无结构式访谈。结构式访谈是指访问员按照预先设定的访谈结构、比较严谨的调查问卷所进行的访谈，适用于实地研究；无结构式访谈是指按照一个框架性的、方向性的访谈提纲进行访谈。两者在对调查对象的选择、提问内容、提问方式与顺序、回答记录的要求不一，前者缺乏弹性，但便于统计访谈结果，后者能较好适应不断变化的客观情况，获得新信息，但是难以进行定量分析。

依据一次同时的调查对象数量的不同，分为个别访谈与集体访谈。个体访谈是针对单个个体的访谈，适用于个案调查、敏感性问题调查和有关问题的深入调查。集体访谈是针对由若干被访者构成的访谈团体，通过座谈会或调查会的形式进行访谈，集思广益，收集广泛而全面的信息。

（二）访谈调查法的程序

访谈调查的程序根据访谈类型的不同而有所差异，但是总体上保持一致，基本包括访谈准备工作、访谈实施、整理访谈资料三个环节，要想提高访谈的效率，获得可靠的资料，访问员必须在访谈的各个环节中，熟练掌握和运用访谈实施的规律、要求和技巧。

1. 访谈准备工作

该环节完成制定访谈提纲和熟悉基本情况的实施要点。访问者要从调查目的、研究需要的视角出发依据已有的主客观条件选择适当的访谈方法，设计访谈问卷或提纲。访谈的提纲一般包括研究目的与要求、访谈题目、访谈内容三方面的内容，访谈中的询问和回答相对自由，访问者只需按一定的逻辑顺序和难易程度，列出与访谈题目相关的主要问题即可。熟悉基本情况也是访谈准备工作，访问者要熟悉研究课题的基本情况，事先学习与了解调查内容相关的各种知识，以清晰的思路和沉着稳定的心态开展访谈；也要尽可能了解被访者的基本情况，这有利于选择适合的访谈方法和技巧，顺利实施访谈。

2. 访谈实施

该环节包括从访谈开始到结束访谈的一系列实施要点和细节。一是访问者要建立良好的第一印象，表述恰当的开场白，营造融洽的访谈气氛，这有利于缩短与被访者之间的心理距离，提高被访者的接纳程度，调动被访者回答问题的动机，从而促进访谈的顺利实施。二是实施访谈的过程是访谈的实质性阶段，访问者应注意中心问题的提问、听取回答、引导与追问、记录等事项的衔接性与过渡性，综合运用各种访谈技巧。三是掌握好访谈的时间与气氛，做到适可而止、善始善终，灵活把握。

3. 整理访谈资料

该环节不仅要在访谈进行中快速敏捷地记录，也要在访谈结束之后立即进行归纳汇总。访谈中的记录是为了及时发现、及时补充、及时更正，而访谈后的归纳是为了通过及时回忆来填补记录的空缺，如不能填补需再找被访者核实。

四、观察法

观察法是调查研究的常见方法之一。观察法可以帮助研究者了解研究对象的行为模式、语言特征、情感表达等，从而更好地理解其背后的深层次意义。同时，观察法还可以帮助研究者发现一些潜在的问题和现象，为后续的深入研究提供方向和思路。

（一）观察法概述

1. 观察法的含义

观察是人们通过感官或借助一定的科学仪器，进行的一种有目的、有计划、有组织、有思维参与、比较持久的知觉事物的过程，并对自然状态下的客观事物进行系统考察和描述的方法（周新年，2019）。生物进化论的创始人达尔文曾说："我超过常人的地方在于，我能够觉察那些很容易被忽略的事物，并对它们进行精细的观察"。可见，观察对于科学研究的重要性。

吴智慧（2012）将观察归纳为五大要素。一是观察目的。明确"为什么观察"的问题。二是观察对象。明确"观察谁"的问题。三是观察内容。明确"观察什么"的问题。四是观察环境。明确在什么条件下进行观察的问题，是自然条件还是特定条件。五是观察工具。明确"用什么观察"的问题。观察法的实施要明确这五大要素，有明确的研究目标或假设，具体的观察对象，有详细的观察计划，有组织、有计划、有工具地进行观察。观察法不是全都在实验室进行的，社会调查的观察需要到实地进行，尽量获取真实的资料。

2. 观察法的优缺点

观察法通过人的感官来认识外界的事物，其优点在于：①方便直接。观察法可以通过观察直接获取所需资料，获取的信息无需经过任何中间步骤，它能够得到直接、详尽且生动的初级信息。这是观察法尤其显著的特点。②获取的资料较为真实。观察法是在自然状态或特定环境下进行的，获取的资料信息相对真实、可靠。③应用领域广泛。观察法具有简单易操作、灵活性等特点，它的应用领域较为广泛。

观察法在实际运用中存在一定的局限性，主要是受到观察要素的限制。具体表现在：①观察者本人的局限。观察法对于观察者的自身条件要求较高，在观察过程中观察者的信息捕捉能力、知识经验等主观因素对于观察结果的影响较大，且较难把控。②观察对象的局限。观察者不可能随时随地地进行观察，且有些特殊观察对象的研究较难实施。③观察时空范围的局限。观察法受观察环境的影响，观察范围一般较为局限。观察的结果也可能因为时间或空间的不同，产生一定的偶然性或不确定因素。

总体来说，观察法作为一种研究方法，具有丰富的理论和实践价值。研究者应充分了解观察法的优缺点，判断它的适用范围。在实际研究中，观察法可以与科学研究方法结合使用，以扬长避短。

3. 观察法的分类

观察法是调查研究中的一种基本方法，通过直接或间接地观察研究对象的行为、表现和特点，以获取第一手资料。观察法的分类多种多样，根据不同的分类标准，观察法可以分为多种类型。例如，根据被观察对象的具体情况，可分为直接观察和间接观察；根据观察准则的差异，可分为结构观察和无结构观察；根据观察者身份的差异，可分为局外观察和参与观察；根据观察的场所，可分为实验室观察和实地观察。各种观察方法的概念和特点，如表 3-5 所示。

表 3-5　观察法的分类

分类标准	方法类型	概念	特点
被观察对象的具体情况	直接观察	观察者运用自己的感觉器官或观察工具，对当前正在发生的社会现象所进行的观察	具有明显的真实感；相对简单且易操作；观察结果往往因个体差异而有所不同，存在一定的主观性
	间接观察	又称之为实物观察，是一种利用自身的感觉器官或者观察设备，针对已然存在的社会状况进行研究的方法	探索过去的社会状态实施过程较为繁琐
观察准则的差异	结构观察	也被称为标准观察或系统观察，它是指观察者根据观察目标，制定出一致的观察项目和标准，并制作出一致的观察表格或卡片，规定出一致的观察步骤和记录方式进行的观察	观察过程标准化；获得的资料，具有统一、系统和规范的特征；缺乏弹性，适应性相对较差；花费时间比较多
	无结构观察	又被称为非标准观察或者简单观察，这种方法仅设定了一个主要的目标和要求，并确定了大概的内容范畴，但并未制定固定的项目或准则来引导观察者的行为	操作较为自由且方便实用，适用度高；标准化水平较低；收集到的资料往往散乱且片面

续表

分类标准	方法类型	概念	特点
观察者的身份差异	局外观察	也称为非参与观察。局外观察要求研究人员保持距离并置身于所要观察的人群和情境以外，避免任何可能干扰到他们的行为或者环境因素的影响	获得十分真实的资料；实施过程十分简便，可行性强；研究者在观察过程中一般都能保持观察的中立性和客观性，应用范围十分广泛；大多只能观察到表面的或偶然的现象
	参与观察	又称为局内观察，它要求观察者深度介入目标个体的生活环境，并在其真实的社会生活中进行跟踪记录。依据参与度的高低，这种方式可细分为完全参与型与不完全参与型两种形式	提供详尽且真切的第一手资料；难以避免观察员自身行为对其受访者造成的影响
观察的场所	实验室观察	实验室观察是在备有各种观察设施的实验室内，对研究对象进行的观察。其核心在于在受控的实验条件下，系统地观察和记录实验对象的行为、反应和特征，自然科学和个别门类社会科学（如心理学等）	控制实验条件操作标准化
	实地观察	实地观察是指在现实生活场景中进行的观察。一种直接地观察研究对象在自然环境中的行为，以主动获取有关信息的资料搜集方法	可获得丰富的一手资料，资料具有生动性和可靠性；受到观察对象、观察者、观察范围的限制，其结果具有一定的局限性

资料来源：①董海军. 社会调查与统计［M］. 武汉：武汉大学出版社，2015.②谭祖雪，周炎炎. 社会调查研究方法（第2版）［M］. 北京：清华大学出版社，2020：125-126.③张蓉. 社会调查研究方法［M］. 北京：高等教育出版社，2005.

（二）观察法的过程

采用观察法的社会调查研究，具备强烈目标导向、规划性与系统性，其执行需要遵循一定的流程及关键环节。整个观察过程可以划分为三个阶段：观察准备阶段、观察实施阶段和观察反馈阶段。

1. 观察准备阶段

该阶段是观察进行的前期准备过程。一是明确观察目的。结合科研课题，确定观察的目的和意义，建立科学假设和目标。二是选择观察对象。

根据观察目的，有针对性地选取观察对象。三是知道详细的观察计划。有步骤、有过程地给出观察计划，制定观察大纲、做好记录表格。四是明确观察环境，准备观察工具。根据观察计划，明确观察环境和条件，并准备相应的观察工具。

2. 观察实施阶段

准备完成后就进入观察阶段。观察法要在特定的观察时间和空间进行，观察者要控制观察的外部环境在预先设定的范围内，在确保观察结果可信度的条件下实时实地观察。认真观察，做好记录。将观察到的内容记录在观察卡片或记录本上，收集与观察内容相关的信息，提高观察的精确性和准确性，观察记录要以客观描述为主，主观感受为辅。如果在观察过程中出现意外或突发事件，调整实施方案，尽量提高观察的效率和效果。

3. 观察反馈阶段

观察结束后，要尽快整理、分析观察资料，撰写观察报告。根据完成的观察报告，反馈和改进数据资料，查漏补缺。

五、文献调查法

文献资料是人类用于存储与传递信息的载体，是各项社会活动的具体记录。随着信息技术的快速发展以及科学知识与社会信息的不断积累，文献资料的内容体系逐渐庞大，文献调查法应运而生，使科研工作者可以突破时空限制，站在前人的研究上开展社会调查研究。本部分将详细介绍文献调查法及其在社会调查研究中的运用。

小案例：会读才会写

文献研究法既是一种科学研究的方法，也是为科研工作者提供研究新视角、新思路的过程。作者之所以不能写出创新的观点，真正的原因是他们还没有学会批判性地阅读他人的论文。在社会科学期刊上的研究文章中，随处可见现有论文中未得到充分研究的新观点。文献中总会有各种空白和缺陷，正是因为这个原因，作者们才会在论文中讨论自己研究的局限性，并对未来的文章提出建议。学生在写研究论文和学位论文初稿时会犯的基本错误之一，就是未能"深入"前人的研究——文献。在动笔写论文之前要对文献进行综述，对数据进行分析，并且已经知道将会写出一篇什么样的论文。我们需要知道自己的研究结果是支持其他人的已有研究还是与之相抵触。怎么有效阅读现有文献呢？

首先，对于前人的研究按照逻辑分类，可以根据其研究方法进行分类，也可以根据其概念体系进行分类。其次，还必须根据主题和原理对前人文献加以概述，不能简单堆砌作者和堆砌年份来陈述谁关于某个主题都说了哪些话。最后，对前人文献的主题脉络方面的批评，借以找出知识基础上的空白，为自己的研究提供理论基础。最后这部分的重要性占据了一半，是文献综述的关键所在。

参考资料：

[1] 钟和顺. 会读才会写：导向论文写作的文献阅读技巧［M］. 韩鹏，译. 重庆：重庆大学出版社，2015.

（一）文献调查法的概述

1. 文献调查法的含义

文献调查法，也称文献研究法或文献法。文献调查法是一种通过收集、鉴别、整理和分析现存的文献资料，对有用信息进行整理分析的一种研究方法。谢俊贵（2009）将文献调查法有别于其他社会调查研究方法的特征归纳为间接性、历史性和无干扰性。一是间接性，文献调查是通过搜集和分析现有的文献资料进行研究，因此具有间接性。二是历史性。文献资料是对历史现象、过去事件的总结反映，超越了时间和空间的限制，具有历史性。三是无干扰性。文献调查的间接性决定了研究者未能接触调查对象，也不能对其造成干扰，保证了调查研究的相对客观性。

2. 文献调查法的优缺点

文献调查研究的特性决定了其自身独有的优势，具体表现在：①效率高，成本低。文献研究获取知识的途径简单快捷，不用投入过多的人力、物力成本就可以收集到想要的信息。②收集的资料具有可靠性与准确性。文献法主要使用的是书面调查的形式，避免口头调查可能出现的一些误差。③时空限制小。文献调查法收集到的资料可以超越时空条件的限制，不仅可以考察现状，还可以对人类社会过去发生的事件和已获得的知识进行调查。

文献调查研究也有一定的局限性，具体表现在：①缺乏时效性与充足性。社会是不断发展变化的，而文献收录的是过去的信息，不能反映现状及未来的研究趋势，文献资料常常缺乏时效性。同时文献资料在留存过程中也可能受损，还有些不予公开，都会导致文献资料缺乏充足性。②内容的真实性难以保证。任何文献都是所处时代背景的产物，也会受到撰写者的主观干扰，文献内容真实性的考察困难，可能会与真实情况有所冲突。③文献认知有限。在文献研究法实施过程中，研究者只是在接触各类文献，而非直接感受和体验文献中所反映的事物，因此对文献的认知有限。

（二）文献调查法的程序

在具体的应用过程中，文献调查法既可以是一种专门的社会调查研究方法，也可以是一种辅助其他调查研究方法的手段。文献调查法的实际运作程序是一个完整的研究过程，与其他调查研究方法不同的是，文献研究无需直接接触调查对象，实际运作相对简单，包含三个基本阶段：研究准备、文献搜集、整理分析。

1. 研究准备阶段

在进行文献调查研究之前，必须做好一系列准备工作，具体包括明确文献研究的目的、确定文献搜集的范围等。任何一项调查活动的开展都必须有明确的研究目的和调查主题，也是调查研究开始的第一步，同样文献调查法也是这样，搞清楚文献研究的基本目标，进而明确探索的研究课题和需要回答的研究假设，为后续工作指明方向。确定好研究目的与主题，紧接着就应该确定文献收集的时间、空间和内容范围，便于文献搜集的开展。

2. 文献搜集阶段

文献搜集是文献调查研究的基础一环，要遵循价值性原则、多样性原则、连续性原则与真实性原则，借助于检索工具法、参考文献法与专家咨询法开展文献的查找，进而取得高质量的文献研究成果。重点查阅著作、论文、研究报告、统计资料等文献。文献查找是文献搜集的首要工作，将查找到的文献进行去粗取精、去伪存真的加工，选取有效的信息，资料的选取才是文献收集的重点步骤。

3. 整理分析阶段

资料的整理分析是将搜集到的资料进行条理化、系统化、简明化的处理，这项加工处理的步骤是为后续调查研究的结果分析做准备。通过使用定性与定量相结合的方法，对文献内容进行分析，实现研究的目的。通过对文献的加工整理，可以形成文献综述等研究成果。文献综述要有"综"有"述"，"综"的过程就是文献查阅整理分析的过程，"述"的过程就是给出自己的见解，有评论分析。一篇文献综述，要贵在"综"，重在"述"，这是文献综述区别于一般的阅读笔记的关键所在。

小案例：文献回顾的目标

第一，说明对某一知识体系熟悉的程度，并且建立可靠性。一篇文献回顾可告诉读者，研究者了解某个领域中的研究，并知道哪些是主要的议题。一篇好的文献回顾能够增加读者对研究者专业能力与背景的信任。

第二，呈现前人研究的路线以及目前的研究与前人研究有何关系。一篇文献回顾会提纲挈领地告诉读者有关某个问题研究的发展方向，并呈现出知识的发展过程。一篇好的文献回顾会给出一项研究计划在学术背景下的定位，说明其与某个知识体系的相关性。

第三，整合并概括某个领域内已知的事物。一篇文献回顾会汇集各种不同的研究结果，并进行综合分析。一篇好的文献回顾，要指出前人研究中的共识或争议，以及还有哪些主要问题尚待解决。作者收集到目前已知的内容，指出未来研究发展的方向。

第四，向他人学习并刺激新想法的产生。一篇文献回顾告诉读者其他学者已经发现的事物，这样研究者便可从他人的研究中获益。一篇好的文献回顾指出目前研究的误区，并提出重新研究的建议和假设，指出值得仿效的程序、技术和研究设计，以便研究者能更好地聚焦假设，并获得新的启发。

参考资料：

[1] 劳伦斯·纽曼. 社会研究方法：定性与定量的取向（第 7 版）[M]. 郝大海，等，译. 北京：中国人民大学出版社，2021.

第四节 科学研究方法之实证研究

实证研究是科学研究资料分析的主要途径，也是现代科学研究方法的重要构成。实证研究利用定量分析为主的方法，揭示各种社会现象的本质联系，让数据说话，让理论与方法检验，精确科学地研究社会问题。

一、实证研究概述

相较于自然科学，社会科学可能是凌乱的和不可预见的，实证主义者则试图通过寻求提供人类社会被理解的规则和规律来克服这种凌乱（杜晖等，2010），探索这种规律和方法便是实证研究法。实证研究法是以观察和实验所得的数据、事实为基础，借助于统计推断理论、经验检验方法、数量模型，对社会现象进行数量分析的一种方法。

经济学经常会把实证研究与规范研究做比较分析。实证研究论述的是事物是怎样的，对这个世界是什么样子进行描述（What It Is）。而规范研究论述的是如何做是最好的，对这个世界应该是什么样子进行描述（What Should Be）。规范研究依赖于研究者的主观价值判断，需要实证研究为基础。

（一）实证研究的要素

实证研究离不开三方面的要素，包括科学理论、数据和方法。

1. 科学理论

理论是科学研究的基础，更是实证研究的前提，没有理论支撑的实证研究，无疑是数据简单挖掘和组合的游戏，不属于科学研究的范畴，更不是真正的实证研究。理论是现存条件极具公信力和基础作用的，任何实证研究都必须以科学理论为研究前提。

2. 数据

数据之于实证研究，如同大米之于巧妇，数据支撑着实证研究的运行，决定研究结果的客观性和可信度。

3. 方法

方法是实证研究的"黏合剂"，将数据和科学理论紧密联系，构成完整的实证研究。实证研究的方法主要是建立在统计学基础上的计量经济学分析方法与模型，如准自然实验法、数学模型法、假设检验法等。下文将依次展开介绍。

（二）实证研究的一般过程

实证研究的过程主要包括以下几个方面：

1. 确定研究问题

社会科学以社会现象、人类活动、社会问题作为研究对象，其丰富性和复杂性决定了社会科学研究问题来源的广泛性，选取可行、具有现实意义和理论意义的研究问题是进行实证研究的必要准备。

2. 理论推导并提出研究假设

研究问题确定后，基于所涉及的科学理论进行推导演绎，从理论上证明合理的研究假设，此假设是实证研究的待检验假设，值得注意的是，研究假设既要有紧密符合理论推导的逻辑线，又要有明确清晰的表意，还要有较强的可操作性。

3. 数据收集与实证研究设计

数据收集与实证研究设计是实证研究的核心步骤，也是实现有效的科学研究成果的关键。设计实证研究时，要根据理论和数据构建合理可行的实证模型，尽可能降低模型的偏差，保证研究结论的稳健。

收集数据时，一是要与研究假设中的核心概念高度拟合，能典型代表研究问题的表意；二是要完整、准确地收集调研或实验数据，确保数据的效度与信度。实证研究的数据主要包括一手数据和二手数据：一手数据来源主要是实验法和问卷调查法；二手数据来源于研究企业或组织内部的数据（内部数据），政府统计资料、行业情报资料等（外部数据）（邓富民等，2023），如表3-6所示。

表3-6　常用的部分外部数据库

序号	中文全称	英文缩写	组织实施机构	数据申请网站	备注
1	中国家庭动态跟踪调查	CFPS	北京大学中国社会科学调查中心	https：//opendata. pku. edu. cn/dataverse/CF-PS	公开申请
2	中国健康与养老追踪调查	CHARLS	北京大学国家发展研究院	http：//charls. pku. edu. cn/	公开申请
3	中国综合社会调查	CGSS	中国人民大学社会学系、香港科技大学社会科学部	http：//cgss. ruc. edu. cn/	公开申请
4	中国家庭收入调查	CHIPS	北京师范大学中国收入分配研究院	http：//www. ciidbnu. org/index. asp	公开申请
5	中国健康与营养调查	CHNS	北卡罗来纳大学教堂山分校卡罗来纳人口研究中心、中国疾病控制中心	http：//www. cpc. unc. edu/projects/china/	公开申请
6	中国家庭金融调查	CHFS	西南财经大学中国家庭金融调查与研究	http：//chfs. swufe. edu. cn/	公开申请
7	中国城镇住户调查	UHS	国家统计局城调总队		特殊申请
8	中国人口普查（抽样调查）	CENSUS	国家统计局	—	特殊申请
9	中国教育追踪调查	CEPS	中国人民大学中国调查与数据中心	http：//ceps. ruc. edu. cn/	公开申请
10	中国宗教调查	CRS	中国人民大学哲学院与中国人民大学中国调查与数据中心	http：//crs. ruc. edu. cn/	公开申请

续表

序号	中文全称	英文缩写	组织实施机构	数据申请网站	备注
11	全国农村固定观察点调查数据	—	中共中央政策研究室、农业农村部	—	特殊申请
12	中国私营企业调查	CPES	中国社会科学院私营企业主群体研究中心	http：//finance. sina. com. cn/nz/pr	
13	中国城镇住户调查数据	UHS	国家统计局	—	
14	中国老年健康影响因素跟踪调查	CLHLS	北京大学	http：//web5. pku. edu. cn/ageing/html/datadownload. html	
15	健康与退休研究	HRS	密歇根大学	http：//hrsonline. isr. umich. edu/	
16	中国健康与营养调查	CHNS	北卡罗来纳大学教堂山分校卡罗来纳州人口中心与中国疾病预防控制中心营养与食品安全所国际合作项目	http：//www. cpc. unc. edu/projects/china/	

资料来源：邓富民，梁学栋，唐建民. 文献检索与论文写作（第3版）［M］. 北京：经济管理出版社，2023.

4. 实证检验分析

利用实证检验方法对实证分析结果进行稳健性检验等，例如，双重差分法需要作平行趋势检验，工具变量法需要检验外生性和相关性等。

5. 结果解释

通过稳健性检验后，归纳总结实证研究的结果，证实研究假设，完成实证研究转化为科研成果的最后一步。对研究结果进行深入分析和解释，得出研究结论。

二、准自然实验法

准自然实验法是实验研究法的一种延伸方法，实验研究起源于自然科学，逐步被社会科学所借鉴，主要应用在心理学、教育学等学科，是社会研究的一种高级形式。

（一）实验研究法

实验研究是一种精密设计的手段，它是在严苛的管控环境下，对特定的变量施加影响以探讨它们之间的关联性的过程。它的核心目标在于确认两者的因果联系是否存在。在社会学的应用中，这种方式被广泛用于探索和分析社会行动与社会状况的转变，并构建出这些变量的相互依赖关系，这是实验的主要特性所在。实验法在应用上有狭义和广义的区分：从狭义来讲，实验法是指在实验室内的实验；从广义来讲，实验法则包括了实验室之外的实际生活情境下进行的研究（范伟达，2001）。实验法包括实验者、实验对象和实验手段三个要素。

通常，研究者们在试验期间会利用一种因素（即自变量）来影响另一种因素（即因变量）并对其作用进行观察与分析。就理论层面而言，实验是以经验主义为基础且遵循其原则，相较于其他的社会研究手段更为直截了当，并且它作为一种特定的定量研究方式而存在。

实验研究一般设置实验组和对照组（控制组）。实验组在具体的操作中也常被称为处置组或处理组，是实验中接受实验刺激的那组。对照组也称控制组，是在实验中除了没有接受刺激之外，其他条件与实验组相同的组。实验组和对照组常用来做对比分析。

实验研究的科学特性决定了其独有的优势：①确立因果关系。实验研究的最大优点在于，在探究社会现象时，它可以帮助我们建立不同现象之间的因果关系。②可重复性较高。实验研究为多次重复某个实验提供了严谨科学的步骤和程序，可重复性高。③研究结论的可靠性较强。由于实验研究具有可重复性的特点，其研究结果和结论较为可靠和真实。

但实验研究也有其内在的缺陷：①人工痕迹明显，研究成果的推广具有一定的局限性。实验研究的人为控制因素较多，需要高度的控制性和严格的程序性。然而，也正是由于实验研究的这种高度的控制性，使得它距离社会生活的现实越来越远，在一定程度上与现实脱节，实验研究成果在推广上存在一定的局限性。②实验研究的受限较多。实验研究一般会存在较多的限制条件，比如，伦理限制、政治限制、道德规范限制等。社会研究者在执行实验研究过程中往往会遇到一些难以控制的变量，这也使得他们很难开展实验研究。

（二）实验法的延伸：准自然实验法

实验法是自然科学较为适用的科学研究方法，基于实验法延伸出的准自然实验法，是计量经济学的分支，是社会科学利用实验法原理，模拟实验的处置组和对照组进行实证研究的科学方法。准自然实验实质上是现场实验，对实验条件进行适当的控制，在某种程度上克服了实验室实验的缺点。我们把可以随机分配参与者到不同组别的实验称为真实验，而把受伦理或实际情况约束不能随机分配参与者的实验称为准实验（王永贵，2023）。相对于严格的实验法，准自然实验法借助于自然场景，按照一定的操作程序，灵活控制实验对象，整体上放松了实验条件，但其实验结果的精密性也有所降低。

简单来说，准自然实验的效度低于真正的实验研究，但灵活性优于真正的实验研究。准自然实验包括多种不同的设计方法，包括 DID（双重差分法）、PSM（倾向得分匹配法）、IV（工具变量法）、RDD（断点回归法）等，如表 3-7 所示。

表 3-7　准自然实验的方法比较

	概念	适用场景	操作步骤	实例
双重差分法（Differences-in-Differences，DID）	随机分配实验的一种模拟，双重差分是组别和时期的 2×2-DID，组别包含处置组和对照组，时期包含政策处理前和处理后	对比政策实施时期前后的情况进行评估政策实施的效果，是常用的政策效应评估方法	1.分组：对自然实验，按照是否受到政策干扰分为处置组和对照组；2.第一次差分：对干预前后的处置组和对照组进行作差，得到干预前后分别的相对关系；3.第二次差分：将处置组和对照组的两组差值再进行作差，得到干预的净效应	以2013年"一带一路"倡议提出作为准自然实验，将"一带一路"沿线城市作为处置组，非"一带一路"沿线城市作为对照组，研究其发生对各城市企业出口的影响作用（卢盛峰等，2021）

续表

	概念	适用场景	操作步骤	实例
倾向得分匹配法（Propensity Score Matching, PSM）	主要根据倾向得分在控制组与处置组之间进行匹配，为处置组的个体匹配相似程度尽可能高的控制组个体	观测数据中的因果推断，通过匹配来减少选择偏差	1. 识别处置组和对照组，预测模型设计； 2. 选定匹配样本主要设计选择，包括重复和不可重复匹配、匹配半径等； 3. 利用协变量或中位数差异检验匹配效果； 4. 估计处理效应	基于 1850 个家庭的调查数据，以是否受家庭教育指导服务划分处置组和对照组，检验家庭教育指导服务的效果（向蓉和雷万鹏，2023）
工具变量法（Instrumental Variable, IV）	工具变量就像是一张过滤网，将内生性自变量中与随机扰动项相关的部分过滤掉，仅保留与随机扰动项无关的部用工具变量 IV 代替	解决因果关系研究中的内生性问题	1. 定义问题，设置模型，进行 OLS 回归来描述内生性问题； 2. 寻找工具变量，解释其相关性与外生性； 3. 使用工具变量法进行估计，并进行检验，检验解释变量的内生性、工具变量的相关性和外生性； 4. 将工具变量统计结果与普通最小二乘回归结果进行对比	挪威一项公共计划，推出了宽带接入点，将宽带互联网可用性作为核心解释变量，利用使用宽带互联网可用性的时间和空间变化来构建工具变量，研究信息通信技术的采用如何影响双边贸易（Anders 等，2022）
断点回归法（Regression Discontinuity Design, RDD）	用来识别自然实验或结构性政策变化附近的局部处理效应，类似于在断点处进行随机实验，可分为确定断点（SRD）和模糊断点（FRD）	某个连续变量可以对干预效应有阶跃式影响	1. 确定配置变量、断点、结果变量等数据要素；2. 描述性统计；3. RDD 估计过程：在讨论配置变量和断点的产生过程后，用散点图和拟合图显示结果变量和配置变量的关系；4. 验证 RDD 的有效性：利用配置变量的概率分布连续性和局部多项式回归进行检验	基于济南市的购房入户政策，以建筑面积略大和略小于最低建筑面积的住房分别作为处理组对照组，实施断点回归设计，通过估算城市户籍的市场估值来探究中国户籍获取的需求侧（Chen 等，2019）

资料来源：①卢盛峰，董如玉，叶初升."一带一路"倡议促进了中国高质量出口吗——来自微观企业的证据［J］.中国工业经济，2021（03）：80-98.②向蓉，雷万鹏.家庭教育指导服务的效果及其提升——基于湖北省 1850 个家庭调查数据的分析［J］.湖南师范大学教育科学学报，2023，22（06）：55-63+114.③Anders A，Edwin L，Magne M.Information frictions, Internet and the relationship between distance and trade［J］.American Economic Journal：Applied Economics，2022，14（1）：133-163.④Chen Y，Shi S，Tang Y.Valuing the urban hukou in China：Evidence from a regression discontinuity design for housing prices［J］.Journal of Development Economics，2019，141（C）：102381-102381.

三、数学模型法

数学模型法是指通过建立数学模型,将现实世界中的数量关系和变化规律转化为数学表达式,便于进行精确的计算和分析的一种定量分析方法。例如,在经济学中,微分方程和差分方程被用来描述市场的供求关系和价格变化,帮助人们理解和预测市场行为。

数学模型法有着可验证性、假设条件限制的典型特征。①可验证性。通过理论分析和实验验证,可以检验数学模型的准确性和可靠性。例如,在经济学中,建立理论模型时需要通过实验数据进行验证,以证明其正确性和适用范围。②假设条件限制。数学模型法的应用受到假设条件的限制,因此在建立数学模型时,需要做出一些假设和简化,这可能会影响模型的准确性和适用范围。例如,在经济学中,理性人假设经常被用来简化复杂的经济行为,但现实中的人并不总是理性的。此外,一些假设条件可能无法满足实际应用的需求,需要进行修正和改进。

可验证性与假设条件限制的双重特征,使得数学模型方法有利也有弊。数学模型法的优势在于:①精确度高。数学模型法通过建立数学方程来描述和分析问题,能够提供精确的数值解,具有较高的精确度和可信度,有助于做出更为科学合理的决策。②灵活性强。数学模型法可以针对不同的研究对象和问题建立不同的数学模型,并对这些模型随时进行修改和完善,以适应新的研究需求和变化。③可解释性强。数学模型法通过数学方程来描述现象,能够清晰地揭示各因素之间的关系和作用机制,使得研究者更好地理解现象的本质和规律,有助于提高研究的可解释性和可信度。

其劣势在于:①假设限制。数学模型法基于一定的假设和前提条件,而这些假设可能无法完全符合现实情况,导致模型的结果存在误差。②复杂性强。建立数学模型需要对问题进行深入分析和理解,同时需要进行复杂的计算和推导。③结果准确性难以保证。数学模型法主要依赖于数据和公式,而数据的收集和公式的选择可能受到主观因素的影响,数据的强依赖性与主观因素的干扰可能会导致结果的不准确。④适用范围有限。数学模型法主要用于可量化和可预测的问题，而对于一些定型化的问题可能无法发挥其作用。

四、假设检验法

假设检验是通过设立假设，再利用样本数据对假设进行检验，以判断假设是否成立的过程。

（一）假设检验的概念

在统计分析中，假设检验问题是表现形式之一。在假设检验中，首先需要设立一个或多个假设，然后根据样本数据计算出相应的统计量，并与临界值进行比较，以得出假设是否成立的结论。

（二）假设检验的过程

事实上，假设检验的过程首先是对整体中某个特定参数做出预设，接着利用样本的数据来进行验证，以此印证这个预设能否适用于整个整体。假设检验的理论基础来自概率论中的小概率原理，然而，若实际情况正好是一个小概率事件发生在一次观察之中，判别方法则另有他路：一是坚持相信这种事件发生的概率依然较小，只是不幸地发生了；二是质疑并拒绝发生这一事件的可能性并不低，也就是认为此种情况并非一个小概率事件，而是一种大概率事件。另一种判别方法更加符合逻辑，这正体现了假设检验的基本思想。假设检验的步骤一般包括：

1. 建立假设

建立一一对应的原假设（零假设）和备择假设（对立假设），两者之间是互斥的关系。在统计意义上，一般将原假设设定为小概率事件，因此原假设也称为虚无假设，通过拒绝原假设来证明备择假设的正确性。

2. 选定检验统计量及其临界值

检验统计量是检验原假设的标准来源，检验统计量的临界值是拒绝域和非拒绝域的决策基础，要根据样本统计量的抽样分布来确定适合的检验统计量与临界值。

3. 设定显著性水平并计算统计值

一方面，根据需要选择适当的显著性水平 α（即概率的大小），通常有 $\alpha = 0.05$，$\alpha = 0.01$ 等；另一方面，利用样本数据计算出统计值，并根据显著性水平查出对应的临界值。

4. 检验判断

将临界值与统计值进行比较，若临界值大于统计值的绝对值，则接受原假设；反之，则接受备择假设。

第五节 科学研究方法之其他研究

科学研究方法的分类较多，除了上述章节的研究方法外，还有其他的研究方法，这里主要介绍比较研究法和个案研究法。

一、比较研究法

（一）比较研究法概述

比较研究法是指对各种不同的情况进行比较分析，找出其中的不同点和相似点，从而对一些问题进行评判和研究。比较研究法可以理解为根据一定的标准，对两个或两个以上有联系的事物进行考察，寻找其异同，探求普遍规律与特殊规律的方法。

比较研究法的特点在于可以发现对象之间的相似性和差异性，揭示他们的特征和规律，帮助我们深入理解和解释事物的本质，但是比较研究法也存在一些限制，如可能存在误差和偏差，同时需要考虑比较对象的相关性和可比性。因此在使用比较研究法时需要谨慎选择比较对象，并结合其他研究方法进行分析和解释。

（二）比较研究法的优缺点

比较研究法在科学研究中较为常用，其优点主要有以下几个方面：

①可以通过对不同事物的比较，更好地理解他们的共同点和差异，进而深入探讨其本质特征。②可以对不同现象和情境进行比较，从中发现问题和不足之处，并提出解决问题的方案和建议。③可以拓宽研究视野，增加对特定主题或领域的理解和认识。④可以为决策提供参考，特别是在政策制定和实施中，比较研究法能够提供重要的信息和建议。

比较研究法同样存在一些缺点：①比较研究需要对比较研究的对象进行详细的分析，因此需要投入大量的时间和精力，而且需要考虑如何确保对比对象的代表性和可比性。②比较研究法容易陷入"相对主义"的思维误区，没有绝对的标准和价值。③比较研究法存在结论不一致的风险。因为在不同的比较准则下，可能会出现不同的结论或推荐不同的解决方案，这需要对对比研究的方法和结果进行综合分析，才能得出可靠的结论。

（三）比较研究分类

根据不同的分类标准，比较研究可以划分为以下四大类：

第一，根据所比较的属性个数，分为单向比较和综合比较。单项比较针对的是某一特定的属性，而综合比较针对的是多方属性，涵盖了事物的外部属性和内部属性的各个方面。多个单项比较的归纳汇总构成综合比较，进而对事物的本质与规律进行深入的探讨。

第二，根据时空的区别，可以分为横向比较和纵向比较。

横向比较是在同一时点对同时存在于空间中的事物的既定形态进行比较。横向比较常用于行业和产品的对比。例如，在保持上线时间、用户数量等因素不变的情况下，同一时间节点对两个 App 产品的浏览量进行比较。

纵向比较则是对同一事物在不同时期的形态进行比较，以了解事物的发展变化过程和规律。同比和环比是市场分析中常用的纵向比较方法。例如，"3 月销售额比去年同期上涨 50%"，就是通过将今年 3 月份的销售额与去年 3 月份的销售额进行对比，消除淡季或旺季的干扰。在科学研究中，对于一些复杂的问题，通常需要同时进行纵向和横向比较，以全面把握事物的本质和发展规律。

第三，根据目标的指向，可以分为求同比较和求异比较。

求同比较是寻找不同事物之间的共同点，以寻求事物发展的共同规律。求同比较突出个体的共性。例如，通过观察和分析不同种类的花，寻找它们之间的相同点，并归纳总结出它们都属于植物界中的花类。

求异比较则是比较两个事物的不同属性，从而揭示事物发生发展的特殊性。求异比较突出个体的差异性。例如，通过比较猫和狗的差异，归纳总结它们特有的生物习性和生理结构。通过事物的求同和求异分析比较，可以更好地认识事物发展的多样性和统一性。

第四，根据比较的性质，可以分为定性比较和定量比较。

定性比较是从事物的本质属性出发判断其自身的性质；而定量比较依据量化指标来判定事物的变化。任何事物都是质与量的统一，定性比较与定量比较适用性不同，科学研究方法也讲求质和量的统一。

二、个案研究法

个案研究是以一个典型的例子或人物为具体研究对象，通过直接或间接的调查，了解其发展变化的线索和特点，并在此基础上设计和实施积极的措施，促进其人和事的发展，然后将这些条件、措施和结果之间的认识与结论推广到一般情况下的人或事的发展变化的认识。个案研究适用于具有代表性的人和事的研究，也适用于那些无法预测、控制或人为重复的情况的研究。个案研究被应用于很多领域，如心理学、社会学、政治学、经济学等。

◎思考题3-1：如何判断是否要使用案例研究法？

他山之石，可以攻玉：

其实没有固定公式。你的选择，主要取决于你的研究问题。如果你的研究问题是寻求一些既有现象的解释（例如，一些社会现象如何形成，如何运行），那么选择案例研究是很贴切的。如果你的研究问题需要对某一社会现象作纵深描述，那么案例研究方法也是贴切的。

参考资料：

[1] 罗伯特·K. 殷. 案例研究：设计与方法（第 5 版）［M］. 周海涛，史少杰，译. 重庆：重庆大学出版社，2017.

（一）个案研究概述

个案研究是指对某一个体、某一群体或某一组织在较长时间里连续进行调查，从而研究其行为发展变化的全过程，这种研究方法也称为案例研究法。通常是使用任何合适的方法和资料对一个或少数几个案例进行详细的研究。个案研究的结果也常常为后续大规模定量研究中相关概念的建构与检验提供可靠的基础。

（二）个案研究的优缺点

个案研究相比其他研究方法，其优点主要表现在以下几个方面：①个案研究的研究对象多样。几乎任何事情都可以作为一个案例的研究对象，这个案例可能是一个个体、一个角色、一个组织，也可以是一个国家，或是某个事件和活动。相比于其他研究方法，研究对象更加微观、具体和多样。②研究深入与详细。个案研究就是对选取的研究对象进行深入、详细的分析，不仅为某一现象的研究提供认知，还可以通过归纳法，形成更加系统的理论概念与假设。③个案研究法有利于发现一些特殊现象。个案研究法的研究对象多样，有利于发现传统统计方法中较难发现的一些特殊现象或反常现象。④个案研究是对现有理论进行检验的有效方式。个案研究可以运用演绎方法，将一般原理应用到个例中进行检验。个案研究用来检验理论时，往往只是对否定理论起到较大作用，即当个案研究的结果与理论不符时，我们就有理由怀疑理论的正确性（风笑天，2022）。

个案研究也存在一些缺点：①个案研究结果难以进行量化和推广。个案研究的结果是否具有普遍性很难判断，对于同一个案例，不同的研究者得出的结果可能不一致，较难归纳和量化。②个案研究的研究结果存在一定的偏差。个案研究没有固定不变的程序，容易受到自身和外界的影响，研究结果往往有一定的偏差。③个案研究往往存在效度较高但信度较低的问题。对一个案例的研究较为深入，结果的可行度较高，但对于相同问题或现象的不同个案研究的结果一致性往往较低。这与个案研究对象的主观因素或外部因素影响较大，往往具有不可重复性的特点。

（三）个案研究分类

个案研究法可以依据研究对象、研究内容与目的进行分类。

依据研究对象的不同，可分为个体类个案研究和群体类个案研究。个体类个案研究指研究的对象是个体，既可以是对个人也可以是对某一现象、某一团体某一事件等，都将其视为一个研究单位的连续、系统的个案研究。群体类个案研究指研究的对象是具有同一特征的群体，既可以是对一类人，也可以是对一类现象、一类团体类事件等，都将其视为一个研究单位的连续、系统的个案研究。

依据研究内容与目的的不同，可分为诊断性个案研究、指导性个案研究与探索性个案研究。诊断性个案研究与指导性个案研究主要应用在教育学领域，而探索性个案研究常常用于大型研究的准备阶段，是进行综合性研究的前提和基础。

（四）具体研究方法

个案研究可以根据研究目的、对象、内容的不同，采用追踪法、追因法等具体的个案研究方法。

1. 追踪法

个案追踪法是指在相当长的时间段内对一个特定个体或事件进行连续跟踪研究，收集各种信息以揭示其发展变化情况和趋势的一种研究方法。这种追踪研究的时间跨度可以从几个月到数年甚至更久。个案追踪研究的实施通常包括以下步骤：

第一，确定追踪研究的主题。研究人员首先需明确追踪研究的对象和目标。

第二，执行追踪研究。追踪研究必须紧密围绕所设定的主题展开，运用规定方法收集相关资料，不能忽略重要信息，也不能被表面现象所迷惑。追踪研究需要耐心和持久力，不能中途放弃。

第三，整理和分析收集到的各种资料。对于收集到的各种个案资料，要仔细整理和分析，做出合理的判断，揭示个案发展变化的特点和规律。

第四，提出改进个案的建议。研究人员应根据个案追踪研究的结果，进一步提出改善个案的建议，以指导和促进个案的发展。

2. 追因法

追因法是明确了事实发生后的结果，接着就要寻找导致这一结果可能的原因。这些原因最初是假设的，还没有经过验证。例如，以某村为代表的"村集体组织带动模式"作为乡村振兴实施后的成功案例，假设其成功的背后是由文化、社会和经济等多重因素作用促成的，沿着此假设深入探究其成功的经验与原因。

为了探究导致结果的原因，研究者可以选择两种方法来设定比较对象。一种是设定若干具有相同结果的比较对象，以找出它们之间的共同因素，即前面所假设的原因。另一种是设定若干具有相反结果的比较对象，以找出相反的因素，从中找到真正的原因。然而，这些找出的原因仍需要进一步检验。最好的检验办法是看有同样原因存在的其他许多事例中，是否有同样的结果发生。如果没有的话，这个假定就不能成立。

参考文献：

[1] 陈卫，刘金菊．社会研究方法概论［M］．北京：清华大学出版社，2015．

[2] 邓富民，梁学栋，唐建民．文献检索与论文写作（第3版）［M］．北京：经济管理出版社，2023．

[3] 杜晖，刘科成，张真继．研究方法论：本科、硕士、博士生研究指南［M］．北京：电子工业出版社，2010．

[4] 范伟达．现代社会研究方法［M］．上海：复旦大学出版社，2001．

[5] 风笑天．社会调查原理与方法［M］．北京：首都经济贸易大学

出版社，2008.

[6] 风笑天. 社会调查方法（第3版）［M］. 北京：中国人民大学出版社，2019.

[7] 风笑天. 社会研究方法：数字教材版（第6版）［M］. 北京：中国人民大学出版社，2022.

[8] 贾洪伟，耿芳. 方法论：学术论文写作［M］. 北京：中国传媒大学出版社，2016.

[9] 王永贵. 管理研究方法：理论、前沿与操作［M］. 北京：中国人民大学出版社，2023.

[10] 谭祖雪，周炎炎. 社会调查研究方法（第2版）［M］. 北京：清华大学出版社，2020.

[11] 谢俊贵. 社会调查研究方法［M］. 北京：北京理工大学出版社，2009.

[12] 吴智慧. 科学研究方法［M］. 北京：中国林业出版社，2012.

[13] 杨建军. 科学研究方法概论［M］. 北京：国防工业出版社，2006.

[14] 周新年. 科学研究方法与学术论文写作（第2版）［M］. 北京：科学出版社，2019.

第四章 文献检索与利用

【引言】牛顿曾说:"如果我能看得更远一些,是因为我站在巨人的肩膀上。""巨人的肩膀"就是前人的智慧。如何获取前人的智慧?丰富的文献资料就是前人智慧的具象化形式之一。而高效的文献检索和利用可以让我们在浩瀚如海的文献资料里快速准确地获取有效信息。

【思政小案例】"六经注我,我注六经"

《宋史·陆九渊传》中提到"六经注我,我注六经",六经是指六部儒家经典《诗》《书》《礼》《乐》《易》《春秋》。

冯友兰先生阐释说,从前有人说过"六经注我,我注六经"。自己明白了那些客观的道理,自己有了意,把前人的意作为参考,这就是"六经注我"。不明白那些客观的道理,甚而至于没有得古人所有的意,而只在语言文字上推敲。那就是"我注六经"。只有达到"六经注我"的程度,才能真正地"我注六经"。

"六经注我"就是在掌握义理之道也即六经的核心主旨思想后,自己有了与之相符契并能进一步弘扬这一义理之道的思想,这样六经皆是我的注脚即阐明我的思想;"我注六经",也就是上述的释经活动,在语言文字上推敲、疏通和丰大经典的义理世界。

有学者认为"六经注我,我注六经"表达的是钻研儒家经书的治学主张和方法,从文献综述的内涵中可窥一二。应用到文献综述的理解上,认为对文献"综"的过程是"六经注我"，文献"述"的过程是"我注六经"。

参考资料：

［1］成祖明．从"六经注我"到"我注六经"——现代经学阐释的限度与公共性展开［J］．探索与争鸣，2020（09）：94-104+159.

［2］冯友兰．中国哲学小史［M］．北京：当代中国出版社，2016.

［3］徐志刚．农业经济学研究方法论［M］．北京：中国农业出版社，2021.

第一节　文献信息基本知识

我国国家标准《文献著录总则》（GB 3792.1—83）将文献定义为记录有知识的一切载体。文献使用各种符号和技术来记录信息，是知识进行传播交流的有效载体和工具。

一、信息资源

信息，作为一种客观存在，扮演着帮助人类认识世界和拓展知识的重要角色。它以消息、信号和数据的形式存在，同时也可以被视为经验、知识和数据的集合体。现在人们只需要一个智能手机或电脑，就可以轻松地浏览新闻、阅读文章、观看视频，获取各种类型的信息。

现代社会高速发展，信息资源逐步成为不可或缺的重要资源。广义来看，信息资源是指信息和与操作信息有关的人员、物理设施、资金、技术和运行机制等的总称；狭义来看，信息资源是指人类社会活动中大量积累的并经过选择、组织、有序化的有用信息的集合，包括印刷品、电子信息和数据库等（王红军，2018）。信息的形式多样，包括文字、图像、声音、视频等。信息通过口头传播或书面记录的形式进行信息传递，不仅可以跨越时间，更能跨越地理空间，使得人们能够了解不同文化、思想和观念。信息的传递也是我们学习沟通的有效途径。

一般而言，论文写作的前提是阅读大量的文献资料，而文献就是一种蕴含大量信息的载体或结合体。它不仅是科研工作中对于科研成果的记录，更是科研思维在解决某一个科学问题上的集中映射。文献信息包括大量的文字、图表、数据和符号，通过出版物、学术期刊、会议论文等途径传播给全球的科研人员。通过大量阅读文献资料，可以帮助我们了解相关知识背景、来龙去脉，更能赋予我们启发和智慧。站在巨人的肩膀上，才能站得更高，看得更远。

二、文献的类型

文献根据不同的划分标准，类型有所不同。

（一）按出版形式划分

按照出版形式的不同，文献可以划分成图书、期刊、学位论文、会议论文、报纸、科技报告、专利文献、标准文献、政府出版物、产品资料、科技档案等类型。根据文献使用频率、课程讲授、学生毕业论文撰写等方面的需要，这里重点介绍图书、期刊、学位论文的特点。

1. 图书

图书是较为常见的文献类型，是经过正式出版流程，具有固定书名、著者名，并且内容编排成册的印刷品。图书是对已发表成果的系统化展现，主要分为专著、教科书、丛书等。图书一般以国际标准书号（International Standard Book Number，ISBN）来识别和流通，新版 ISBN 由 13 位数字组成，分为 5 段，例如 ISBN 978-7-5219-0251-8，如图 4-1 所示。

2. 期刊

期刊通常是指按照一定周期（如周、半月、月、双月、季等）连续出版的文献集合体，它以传播科学、文化、教育、艺术、技术等领域的研究成果、学术见解、信息动态为主要目的。相比图书来说，期刊具有出版周期短、更新快等特点。中文期刊较为常见的分类是按照出版级别，将期刊分为核心期刊和非核心期刊。除此之外，还有 CSSCI、CSCD 等。英文常见的期刊收录类型为 SCI、SSCI、EI 等，具体解释如表 4-1 所示。

图 4-1 《生态文明建设与绿色发展的云南探索》图书信息

表 4-1 期刊主要收录类别

语言	类别	含义
中文	北大核心	北京大学图书馆中文核心期刊，主要由北京大学图书馆评审确定，简称北核
	CSSCI（Chinese Social Sciences Citation Index）	中文社会科学引文索引期刊，南京大学中国社会科学研究评价中心开发研制，简称南核或 C 刊
	CSCD（Chinese Science Citation Database）	中国科学引文数据库来源期刊，中国科学院文献情报研究中心建立
英文	SCI（Science Citation Index）	科学引文索引收录的期刊，美国科学信息研究所创立，属于自然科学的基础研究领域
	SSCI（Social Science Citation Index）	社会科学引文索引收录的期刊，美国科学信息研究所建立，专门针对人文社会科学领域
	EI（The Engineering Index）	工程索引收录的期刊，主要收录工程技术类文献

3. 学位论文

根据《学位论文编写规则》（GB/T 7713.1—2006）要求，学位论文是作者提交的用于其获得学位的文献。在高等教育阶段，一般将学位论文分为学士论文、硕士论文和博士论文。GB/T 7713.1—2006 分别对三类学位论文做出了要求。学士论文表明作者较好地掌握了本门学科的基础理论、专门知识和基础技能，并具有从事科学研究工作或承担专门技术工作的初步能力。硕士论文表明作者在本门学科上掌握了坚实的基础理论和系统的专业知识，对所研究课题有新的见解，并具有从事科学研究工作或独立承担专门技术工作的能力。博士论文表明作者在本门学科上掌握了坚实宽广的基础理论和系统深入的专门知识，在科学和专门技术上做出了创造性的成果，并具有独立从事创新科学研究工作或独立承担专门技术开发工作的能力。本书将在第七章对学位论文的写作进行详细介绍。

（二）按信息加工深度划分

按照信息加工的深度不同，文献可以划分为零次文献（未正式出版或未进入社会流通领域的各种信息资料，如口头交谈、笔记、记录等）、一次文献（一手资料或原始文献，如期刊论文、专著等）、二次文献（对一次文献进行的收集提炼，如目录、索引、文摘等）、三次文献（对一次、二次文献的再加工，例如百科全书、年鉴、词典等）。

（三）按载体形式划分

按照载体形式的不同，文献可以划分为印刷文献（杂志、报纸等）、缩微型文献（缩微胶卷、缩微胶片等）、声像文献（音频、视频等唱片、录像带等）、电子文献（电子图书、电子期刊、电子报纸等）、多媒体文献（将文字、图像、音频、视频等多种形式的信息集成在一起的立体式信息源）。随着科学技术的不断发展，电子文献的使用已经成为现代快节奏社会中不可缺少的一部分，无论是日常阅读还是学术研究，都变得更加便捷高效。

第二节 文献检索

文献检索是科学工作者进行科学研究的必备技能。根据需要，精准、快速地检索不仅可以节省时间，更能避免重复探索。不少学生将百度、360等综合搜索引擎作为查阅资料的首选工具，专业检索技能有待进一步提升。

一、文献检索的概念

文献检索是指科学工作者依据一定的检索策略和技术，从大量有关文献集合中，查出特定的满足自身需求的文献的过程。在科学研究过程中，文献检索主要是对某一主题、某个著者、某个机构、某一时间、某个文献来源等有关信息进行相关文献检索。这些文献可以是图书、期刊论文、学位论文、会议论文、专利文献、报纸文献等。强调找到包含所需信息的具体文献资源，检索结果通常以书目记录的形式呈现，包括标题、作者、关键词、摘要以及获取全文的方式等。

文献检索的目的：一是为科研工作者的学术交流和资源利用提供工具和平台；二是有利于科研工作者借鉴和学习前人的研究成果，全面了解相关课题的研究进展；三是为科研工作者的创新思维提供了源泉和基础。

二、常用的文献检索方法

文献检索方法是高效、全面地找到所需要的文献的具体方法。根据研究主题，如何迅速检索到文献需要掌握科学的文献检索方法。常用的文献检索方法如表4-2所示。

表 4-2　常用的文献检索方法

检索方法		释义	优点	缺点
常用方法	顺查法	按时间由远及近的顺序获取所需要的文献	有利于摸清某一领域的研究发展历程，便于确定新研究的起点；查全率和查准率较高	文献量大，耗时长，效率低
	倒查法	按时间由近及远的顺序获取所需文献	效率较高，可以保证文献的新颖性	容易漏查有用文献、查全率和查准率低
	抽查法	选择与研究主题相同或相关的文献信息最可能出现或出现最多的时段进行重点检索	耗时短，效率高	需要研究者比较了解研究领域，能把握学科发展特点，确定检索时段
追溯法		利用已参考文献后面所引用的参考文献进行跟踪查找	可以直观、方便地获得大量具有较高学术价值的文献	容易遗漏未在已知文献中被引用的相关文献，查全率低，漏检率高
综合法		常用方法和追溯法的结合	较为常用，取长补短，查全率和查准率较高	—

资料来源：①里红杰，陶学恒．文献检索与科技论文写作［M］．北京：中国计量出版社，2011.②徐志刚．农业经济学研究方法论［M］．北京：中国农业出版社，2021.

不同的检索方法各有优劣势，检索方法的划分与检索思路有关，在现实的文献检索过程中，根据情况的不同，可能会几种同时使用，或者根据需要选用其中的一种或几种，以最终实现文献检索为目的。

三、检索步骤

检索的步骤是根据检索者的实际需要，利用检索工具，查询所需文献信息的一个过程。具体分为以下几个步骤：

（一）明确检索信息

根据检索的需要，确定研究主题或问题，明确需要查找的文献类型（期刊论文、学位论文、报纸等），确定文献检索的关键词和关键信息。为了保证检索的质量和效率，要明确检索的时间范围、特定的作者信息、作者所在机构等限定条件，避免重复劳动。检索内容在同等条件下，优先选择最新的文献和经典的文献。下载文献的时候可以参考文献的被引量和下载量，被引量和下载量高的论文可以优先选择。

（二）选择检索工具（检索数据库）

检索数据库会在收录范围和内容上有所区别，检索者可以根据自己的研究领域和所需文献，选择适合的数据库。各个高校基本都会有自己的数字资源（中文数据库和外文数据库），在实际检索过程中，可以多个检索数据库配合使用。

（三）构建检索表达式

确定使用简单检索还是高级检索。简单检索一般都是每个检索数据库的主页面直接提供的界面，检索条件为一个。例如，确定关键词或主题词后进行检索。高级检索一般是同时满足几个条件进行精准检索。

（四）实施检索

在检索数据库输入相关信息后，执行检索命令。根据需要给出文献的排列方式，这与选择的检索方法相关。文献排序一般可以按照发表时间顺序或倒序给出，或者按照相关度、被引量、下载量、综合等给出排序。对检索结果进行筛选，如果达不到检索效果，则调整检索策略，重新检索。

（五）获取所需文献

根据检索结果，获取所需的原始文献。可以直接点击下载文献，或者通过链接查看文献基本信息（标题、作者、机构、摘要等）后再下载全文或查看详细内容。如果全文不可直接获取，则可能需要通过馆际互借、文献传递等方式申请获取。

在获取文献资料较多的情况下，要有选择性地重点阅读和查阅，可以参考学术期刊类型、出版社、作者的权威性和影响力情况、发表时间等方面。文献质量的评价可能因人而异，但优秀的学术文献都有一些共性特点。陈卫和刘金菊（2015）将其共性归纳为两个主要方面：第一，文献的学术贡献：评价一篇学术文献的学术贡献有理论、方法和问题三个要素。第二，文献的学术规范性：作者的研究起点是什么，他是在什么样的基础上展开自己的研究。相对应的一篇学术文献引用他人的文献质量（权威性等）尤其重要，这决定着研究起点的高低。

第三节　常用文献检索数据库

本节主要介绍期刊文献常见的检索数据库以及它们的特点，这也是大学生和研究生常用的中英文检索平台。

一、中文数据库

常用的中文数据库主要包括中国知网（CNKI，以下简称知网）、维普中文科技期刊数据库（以下简称维普）和万方数据资源系统（以下简称万方）。

（一）中国知网

知网是国内较为常用的一个数据库，提供学术期刊、博（硕）学位论文、会议论文、报纸、年鉴、专利等各类文献，数据库以中文文献为主，同时也集合了多个外文数据库的文献检索工具。涵盖基础科学、工程技术、农业科学、医药卫生、社会科学等多个学科领域，属于综合性数据库。网址：https：//www.cnki.net，如图4-2所示。

知网提供一框式检索（简单检索）、高级检索、专业检索等不同的检索模式。除此之外，知网还提供出版物检索。该数据库属于收费检索系统，检索者可以购买使用权，进行账号注册使用，但个人成果可以免费下载。除此之外，高校也会购买数据库的使用权，供学校师生使用，一般从高校图书馆网页的数字资源进入检索。论文检索后可以通过"CAJ下载"和"PDF下载"进行下载。阅读方式多样，包括手机阅读、HTML阅读和AI辅助阅读。具体如图4-3所示。

图4-2 中国知网首页

图4-3 知网检索论文的下载方式和阅读方式

1. 一框式检索

一框式检索又称为简单检索，是较为初级的一种检索模式，检索界面就是知网的首页。在默认检索范围的情况下，在检索框内容选定检索选项就可以进行检索。检索选项包括主题、篇关摘、关键词、篇名、全文、作者、第一作者、通讯作者、作者单位、基金、摘要、小标题、参考文献、分类号、文献来源、DOI 16 个选项。该检索模式操作简单、快捷，搜索量较大。

2. 高级检索

点击知网首页检索框右侧的"高级检索"按钮，就进入高级检索界面，如图 4-4 所示。在高级检索过程中，往往会使用布尔逻辑运算符（AND、OR、NOT）组合关键词以提高检索的精确度和全面性。一是"与"（AND），A AND B，表示同时检索包含 A 与 B 的文献；二是"或"（OR），A OR B，表示检索包含 A 或 B 的文献或者 AB 均有的文献；三是"非"（NOT），A NOT B，表示检索 A 中不包括 B 的文献。根据检索者的需要，在多个检索框里输入所需信息，通过多种逻辑运算功能，实现更为准确、精准的检索。

图 4-4　知网高级检索界面

3. 专业检索

点击高级检索界面里的"专业检索"按钮，就进入专业检索的界面，如图 4-5 所示。专业检索是用户根据自己的需求，运用逻辑运算符、可检索字段等构造检索表达式进行检索。这种检索方式对于检索技能的要求较高。

图 4-5 知网专业检索界面

4. 出版物检索

除了上述常见的三种检索模式外，快速的出版物检索也是科研工作者常用的检索内容之一。点击知网首页检索框右侧的"出版物检索"按钮，就进入出版物检索界面，如图 4-6 所示。

图 4-6 知网出版物检索界面

在出版物检索的界面中的检索选项包括来源名称、主办单位、出版者、ISSN、CN、ISBN 6 个项目，选择选项后，输入相关信息就可以进行检索。例如，在来源名称后面的检索框输入"经济研究"后，点击检索结果中的"经济研究"，就会检索出这个期刊相关的介绍以及期刊浏览等，如

图 4-7 所示。出版物检索结果中刊物的介绍可以为科学工作者充分了解该刊物提供了很好的参考价值。同时，在检索出的界面里包含该刊物出版过的每一期的文献，方便用户下载该刊物的相关文献。

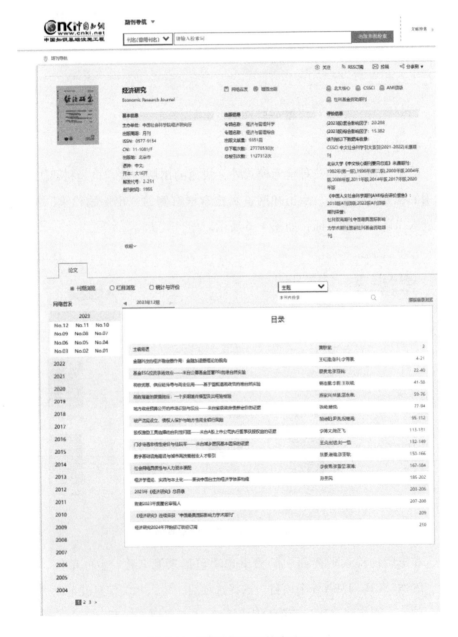

图 4-7　经济研究期刊检索结果

（二）维普中文科技期刊数据库

维普也是国内常用的文献检索数据库，主要收录期刊文献，收录时间从1989年至今，下载方式为 PDF 下载。网址：http：//qikan. cqvip. com。和知网类似，维普可以采取一框式检索、高级检索等检索模式，如图4-8所示。

图 4-8　维普网首页

（三）万方数据资源系统

万方数据可以提供中外文文献检索服务，可以检索期刊论文、学位论文、专利、标准等文献资源。网址：http：//www. wanfangdata. com. cn。万方首页如图4-9所示。

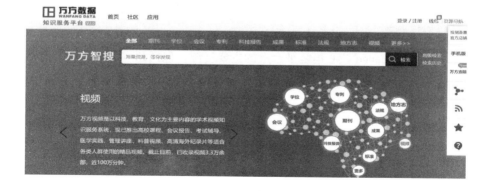

图 4-9　万方网首页

二、外文数据库

了解外文文献的研究进展是科学工作者进行科学研究的基本需要。外文数据库本节主要介绍 Web of Science 数据库，是进行外文文献下载较为常用的数据库之一。

（一）Web of Science

Web of Science（WOS）是世界权威的引文索引类数据库，为科研工作者提供了广泛的学术资源。网址为：http：//www.webofscience.com/，如图 4-10 所示。

图 4-10　Web of Science 首页

Web of Science 核心集是平台上的主要资源，包括超过 18000 本同行评审出的高品质的学术期刊（包括开放存取期刊），超过 160000 份会议文献，80000 本以上专业编辑挑选的图书（王红军，2018）。包含科学引文索引扩展版（Science Citation Index Expanded，SCIE）、社会科学引文索引（Social Science Citation Index，SSCI）、艺术和人文科学索引（Arts & Humanities Citation Index，A&HCI）等引文数据库，内容涵盖自然科学、社会科学、艺术与人文等诸多领域。

（二）Spinger Link

施普林格（Spinger）是德国创立的著名科技出版集团，通过 Spinger Link 系统发行电子图书、期刊、参考工具书等检索服务，涵盖各个研究领域。网址：http：//link. springer. com，如图 4-11 所示。

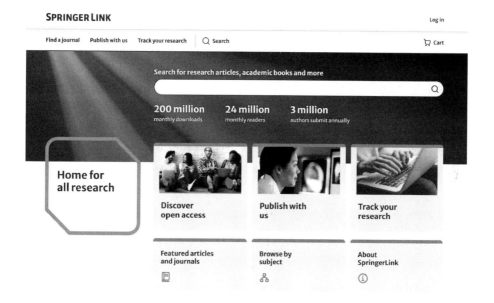

图 4-11　Spinger Link 首页

参考文献：

［1］陈卫，刘金菊 . 社会研究方法概论 ［M］. 北京：清华大学出版社，2015.

［2］王红军 . 文献检索与科技论文写作入门 ［M］. 北京：机械工业出版社，2018.

第二篇　实践篇

第五章 学术论文写作

【引言】"纸上得来终觉浅，绝知此事要躬行"。学术论文的写作不能仅限于查看阅读文献，更重要的是动手写作能力。不写出来永远不知道自己的写作水平如何，不写出来永远不清楚自己的表达能力如何。所以怎么写好，如何规范地写作，高质量地写作是重中之重。根据学术论文的类型及学生发表期刊论文与完成学位论文的需要，本章重点阐述期刊学术论文的写作及发表，第六章重点阐述英文论文的写作要求，第七章重点阐述学位论文的写作要求。

【思政小案例】曾国藩的读书治学之——"总以有恒为主"

"学问之道无穷，而总以有恒为主"。曾国藩认为，"人生惟有常是第一美德"，"有常"就是有恒心、有毅力，始终如一、坚持不懈。"一事有恒，则万事皆可渐振"，反之，"人而无恒，终身一无所成"。他在写给家人的家书中，反复强调一个"恒"字，认为读书"只要有恒，不必贪多"。他说："盖士人读书，第一要有志，第二要有识，第三要有恒。有志则断不甘为下流；有识则知学问无穷，不敢以一得自足，如河伯之观海，如井蛙之窥天，皆无识者也；有恒则断无不成之事。"无常易，有恒难。人生在世，最难做到的往往就是一个"恒"字。

科学研究方法与论文写作

参考资料：

[1] 王玉堂. 曾国藩的读书治学方法 [J]. 月读，2023（08）：82-89.

第一节　学术论文

学术论文写作不仅是对个人研究成果的展示，也是对科学领域知识体系的拓展和深化。学术论文不同于我们生活中常见的一些文章，比如报纸文章、小说、文学作品等，学术论文具有严谨的研究方法和规范的表述范式，更能体现作者的思维逻辑和创新性，语言准确、简明，用于学术思想的传播和交流。

一、学术论文概述

论文是一篇能使人信服并证明自己的论点正确的文章，它包含了政论、文论、杂论等能证明事理的文章。"论"与"辩"是论文两个不可分离的概念，故有人将其命名为"论辩文"。

国家标准局颁布的《科学技术报告、学位论文和学术论文编写格式》（GB 7713—87）规定："学术论文是某一学术课题在实验性、理论性或观测性上具有新的科学研究成果或创新见解和知识的科学记录；或是某种已知原理应用于实际中取得新进展的科学总结，用以在学术会议上宣读、交流或讨论；或在学术刊物上发表；或作其他用途的书面文件。"强调学术论文内容应有所发现、有所创造、有所前进，而不是重复、模仿、抄袭前人的工作。

学术论文不是一篇普通的说理性文章，它是一种对某个学科或某个领域急需研究的问题提出的具有创造性的论述，是对科学研究结果的一种体现。它既是探讨问题进行科学研究的一种手段，又是描述科研成果进行学术交流的一种工具。

二、学术论文的特点

学术论文的写作应遵守学术伦理道德，保证研究思路有理可循、研究内容简明易懂、研究结果科学严谨且具有独创性。因此，学术论文的特点主要为创新性、规范性、学术性和准确性。

（一）创新性

科学学的创始人贝尔纳曾说："科学远远不仅是许多已知的事实、定律和理论的汇总，而是许多新事实、新定律和理论的连续不断地发现。"像 *Cell*、*Nature* 和 *Science*，在世界范围内具有权威性和极高声誉的学术期刊，向来注重论文内容的创新性。一篇优秀的学术论文应该能够提出新的研究问题、采用新的理论框架或方法，对现有的理论和实证研究进行扩展和改进，或是发现了新的结果和规律，可以为实际应用提供新的思路和方法。创新性的论文能够为学术界带来新的视角和理解，助力相关研究的发展。

小案例：贝尔纳与贝尔纳效应

贝尔纳是一位传奇的英国科学家、科学天才，他是科学学的创始人，他有天马行空的想象力和深刻、过人的洞察力。据说，他在饭桌上的一席话所溅出的思想火花，就是足够别人干一辈子的研究课题。他本人除在结晶学、分子生物学等方面做过重大贡献外，还在科学学等其他领域里放射出了创造的光芒。他的许多弟子和科研合作伙伴都获得过诺贝尔奖，但贝尔纳却没有获得过诺贝尔奖。原因是什么？

一种公认的回答是：他总是喜欢提出一个问题，抛出一个思想。首先自己涉足一番，然后就留给他人去创造出最后的成果。全世界有许多原始思想都应归功于贝尔纳，却都在别人的名下出版。关键原因是他未能专注于一个或几个课题深入地进行穷追不舍的研究。

也就是说，兴趣过于广泛、思维过于发散，对科学创造十分不利。后人将这种现象称为"贝尔纳效应"。这告诉我们，对于科学研究不能停留在表面、精力分散，而是要深入地研究，避免"样样皆知，样样不专"的现象出现。

参考资料：

[1] 司岩，石侑．贝尔纳与贝尔纳效应 [J]．科学学与科学技术管理，1987（04）：43.

（二）规范性

学术论文的规范性是指其符合学术界的标准和要求，遵循科学研究的伦理规范和学术规范。学术论文是学术界交流和知识传播的重要工具，在写作过程中应使用规范准确的术语和符号，制作精确的图表、规范编排，以保证论文的质量。同时，学术论文涉及的读者广泛，不仅有专业研究人员，也有一些普通的读者，学术论文应该以清晰、简洁的方式呈现，以确保读者能够理解和利用论文的内容。学术论文不仅要强调论文的创新性，更要注重论文写作的规范性，两者之间的关系如图 5-1 所示。

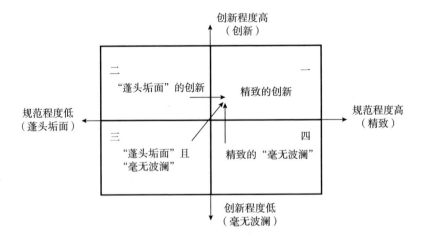

图 5-1　创新性与规范性

论文的规范性不仅体现在语言表述方面，还体现在更加具体的细节方面。例如，标点符号的使用，参考文献的规范标注，图表的规范等。规范程度高的论文可以形象地称为"精致"，规范程度低的论文对于读者而言，就像见到一个"蓬头垢面"的人，给人的第一印象极差。创新性是学术论文的灵魂，创新程度低的论文，读者看完后的感觉类似"毫无波澜"，极其寡淡。

如果把学术论文的规范性和创新性放在一起，构成四个象限（见图5-1），就是四种不同层次的论文。第一象限——精致的创新，这是最佳状态，论文既有创新，又很规范。第二象限——"蓬头垢面"的创新，这种状态往往一味追求创新的灵魂，而忽视外在的表述。试问谁会喜欢去了解一个"蓬头垢面"的人精致的内心呢？第三象限——"蓬头垢面"且"毫无波澜"，这是最差状态，论文既无创新也不规范，需要大幅度提升论文质量。第四象限——精致的"毫无波澜"，论文在规范程度上很高，但却让人没有读下去的兴趣，创新性不够。第二、第三、第四象限都应该朝着第一象限努力。

（三）学术性

学术是指某个领域内系统的知识、理论和实践等。因此，想要在特定领域中研究和发表学术论文，需要对知识、理论进行探索、论证和交流。学术论文要有一定的理论高度，对于研究所提出的科学问题，需要通过事实和理论来进行严格和逻辑一致的证明和解释。学术论文需要严谨的论证，论据、论点要统一，层次分明、逻辑清晰，整体布局要合理，系统性强。

（四）准确性

学术论文要求准确地报告研究结果和分析，以及对相关文献的正确引用。此外，学术论文应该具备可靠的研究设计，确保研究问题能得到有效回答。在进行学术论文的写作过程中，要避免主观偏见和不准确的推断，要通过科学准确的方法收集和分析数据，以确保论文的准确可靠性。

三、学术论文的风格

相比小说、散文、新闻、报告等文体，学术论文写作有其独特的风格和特点，具体包括以下几个方面：

（一）清楚、确切

学术论文应该以准确、精确的语言表述研究成果，准确无误地使用行业内的技术术语和专业术语，并在文中首次出现时进行注释。学术论文要使用准确的词语和表达方式，不使用口语性、俗语性词汇，避免模糊和不明确的表述，避免模棱两可的表达，确保读者能够准确理解作者的意图。

（二）简明、直接

学术论文语言文字要求简练，避免繁复的句子结构和冗长的叙述，用最少的字句表达清楚意思。尽可能用简洁的句子和段落来表达事实和观点，减少冗余语言和用词，使用简单明了的句子可以提高读者对论文内容的理解程度。

（三）客观、朴素

学术论文通常使用第三人称来描述实验或研究过程，并保持客观性。常用被动语气，使用客观语言可以让读者更容易接受研究结果。在学术论文里，不需要用一些华丽的辞藻或是带情感的语句。避免俗语、土话、口语等的使用，能肯定的结论就不要用"可能""也许"等词语表示。尽量避免主观评价和减少个人偏见，而是依靠客观数据和事实进行推断和论证。如果需要表达个人观点，应明确标明，并且利用相关的数据、证据加以支持。

在引用他人的研究成果时要注意两点：一是不要把论文写得像是文献堆积；二是不要把他人的研究成果说成像是自己的研究结果。与他人研究成果比较时，不要用苛刻的语气。对于他人的研究工作进行评论时，应该实事求是。

（四）单独、连贯

学术论文应该按照一定的逻辑结构进行组织，在论文结构和段落之间确保逻辑连贯性和流畅性，确保论文内容的条理清晰。论文的每一节和每一段应有明确的主题和有机的连接，确保各部分内容有层次、有关联。每一节与每一段内容均被视为一个独立的单元。每一节的起始部分，都应当包含一个核心段落；在一段文字的起始部分，应当包含一个核心主题句子。主题段或主题句将该节或该段所描述或讨论的问题呈现出来，就像是论文的引言部分。每一节或每一段的内容都应该与该节或该段的主题有关。或者在每一节或每一段结尾都应设置一个结束句或结束段，同整篇论文的结束部分一样。段落之间的过渡应当是流畅和自然的。论文的结构是一致的，应使用语法结构一致的句子，以便读者更好地理解。

四、学术论文的类型

学术论文根据不同的标准，可以划分出不同的类型。

（一）根据研究领域划分

学术论文划分为自然科学论文和人文社会科学论文。

自然科学论文主要关注自然现象、科学技术以及人类与自然之间的关系，以客观、科学的态度对自然界的规律进行研究，探讨科学技术的发展及其对人类社会的影响。

人文社会科学论文主要关注人类社会、文化、历史、心理等方面的研究，以探索人类社会的规律、价值观和行为模式为主要目标。

（二）根据写作目的划分

学术论文划分为期刊学术论文、学位论文以及调查与决策咨询类报告（徐志刚，2021）。

期刊学术论文主要指在学术期刊上发表的，以学术研究和创新为目的的书面成果。期刊学术论文在撰写和发表过程中，需要遵循严格的学术规范和格式要求，以确保研究成果的可靠性和真实性。

学位论文是指学生为了申请学位所需提交的学术性书面成果。学位论文通常分为学士论文、硕士论文、博士论文等不同层次，分别对应于不同层次的学位申请。

调查与决策咨询类报告是一种通过对特定领域、市场、热点问题或现象进行深入研究，为企业、政府部门或其他组织提供决策依据的书面报告。这类论文更加注重解决现实的社会问题，主要有调查报告、决策咨询报告等类型。

第二节　学术论文的结构

学术论文是对某学术问题进行系统研究后表述科学研究成果的理论性文章，学术论文的结构是一个整体，由各个部分构成并且各组成部分之间联系紧密。大部分的学术论文拥有相似的结构，但由于研究内容、方法、过程、成果和研究学科的差异，论文结构也会有所不同。本节将重点对期刊学术论文的基本结构进行介绍。根据学术论文的写作需要，一般而言，一篇学术论文主要包括以下组成部分：

第一，题目（中英文）：也被称为标题或篇名，学术论文的画龙点睛之笔。

第二，作者（中英文）：具体包括姓名、工作单位以及通讯地址。

第三，摘要（中英文）：学术论文的高度概括和凝练。

第四，关键词（中英文）：学术论文进行文献检索的重要内容。

第五，引言：学术论文切入正题的过渡。

第六，正文：学术论文的核心所在。

第七，结论：学术论文的写作目的的体现。

第八，致谢：对研究工作获得多方面帮助的体现。

第九，参考文献：学术论文参考他人文献的规范表现。

第十，附录：论文的补充项，不是必备项。

一、题目

古人云："题者，额也；目者，眼也。"题名（Title），学术论文不可或缺的一部分，起到准确传达论文的重点和核心思想的作用，可以看到全文的精髓，起到"管中窥豹"的效果。俗话说"题好文一半"。好的题目不仅能吸引读者的眼球，让人耳目一新，更是整篇论文信息的高度概括，体现论文的创新点和研究内容，反映论文的研究深度和广度。

（一）题目的拟定要求

1. 言简意赅

论文标题要简明、准确、清楚，不拖泥带水，也不要平铺直叙，要以简明的词语概括尽可能多的内容。论文题目避免同义词或近义词重复出现。一般情况下，论文题目不要超过20个字。但也有特殊情况，例如，题目里含有的专有名词比较长的情况，或者在总标题无法清楚地概括论文的内容的情况下，增加副标题。

2. 通俗易懂

学术论文是学术成果的体现，也是学术沟通交流的载体。因此，论文题目用词要贴切，用通俗的语言表达论文的中心思想，不要含糊其词，以免产生歧义。

3. 准确切题

题目要准确反映论文的中心内容，包括研究范围、研究对象、研究方法等，一般包括3~4个主要关键词，包含的关键词不要太多，题目包含的关键词太多，说明一篇论文的重点不明确，主题不突出。

4. 立意要新

学术论文的题目要醒目，突出论文的特色和亮点，避免老生常谈，重复模仿前人研究。例如，论文的创新点在研究方法上，论文题目可以将有创新性的研究方法体现在题目里，为提升论文质量添彩添新。

5. 范围适当

选题范围要适当，题目过大或过小都不可取。题名过大，大部分内容是泛泛而谈，难以论述深入透彻。题目过小，分论点难以展开，而且数据获取渠道受限。题目应紧扣论文主要内容，要与实际内容相符合，不要夸大其词，以全代偏，也不要以偏概全。

6. 表述规范

论文题目用词要具有严谨性、规范性。避免使用未被公认的或不常见的缩略词、字符、代号和公式等。

7. 结构合理

论文题目不是一个完整的句子，尽量避免主、谓、宾的形式，多以短语或名词性词组的形式出现，一般情况下，少用动宾结构。

（二）题目拟定常出现的问题

1. 题目范围过大

如果题目范围过大，论文的大部分内容都泛泛而谈，难以论述深入透彻。题目的范围选择是相对的，要与科研工作者本身的能力相匹配。例如，本科生如果选题的研究范围是全国或全世界，则范围偏大，难以把握论文研究的内容，各地区的差异性较大，论文从无下手。

2. 题目范围过小

题目范围过小，其结果的普遍适应性难以保障。即使使用个案研究方法，研究内容也是某一现象或问题，也要考虑选题范围的要求。例如，研究内容是困难家庭收入提升策略，如果范围选取某一个困难家庭，则研究结果不具有推断总体的代表性，写作内容也过于简单，论文质量较难提升。

3. 题目过旧重复

题目应突出论文的创新性和新颖性。题目过旧，重复性内容就会越多，研究的意义也不突出。论文选题，特别是人文社科类题目，要紧跟社会发展需要，关注时政要闻，避免做重复性过旧选题。例如，2020 年是我国打赢脱贫攻坚的收官之年，2020 年之后的选题如还在研究如何脱贫攻坚，那将与实际情况相背离，而是根据实际情况进行巩固拓展脱贫攻坚成果研究，实现脱贫地区发展和乡村全面振兴。

4. 题目中专有名词使用简称

论文题目的专有名词要使用全称，避免出现歧义。例如，题目中出现"新东方"这个研究对象，读者就分不清这里的"新东方"指的是新东方烹饪学校，还是由俞敏洪创立的新东方教育科技集团。

二、作者

作者就是论文署名的部分，是学术论文的必要组成部分，包括作者姓名、工作单位以及通讯地址。作者是指对论文有贡献的参与者，能够对论文内容负责并且具备答辩能力的人。作者署名分为单作者署名和多作者署名两种情况。准确的署名是对作者著作权及其隶属单位权益的保护和尊重。作者署名要注意以下几个问题：

第一，署名要使用真实的姓名，不用笔名。学术论文和文学作品不同，作者信息要真实，不要使用笔名。

第二，对于多作者署名情形，一般根据对研究工作以及论文完成的实际贡献依次排序，最终确定第一作者、通讯作者、署名人数和顺序等。

第三，作者位置及内容。作者署名置于题目下方，作者的工作单位及通讯地址在作者署名的下方，具体包括作者工作单位名称、单位所在地以及邮政编码。

第四，作者署名格式。由于一篇论文可能会有多个作者，作者属于不同的单位，因此署名会有不同的格式。

一是所有作者单位相同时，在题目下方依次列出所有作者的姓名，然后另起行，再列出其工作单位名称、单位所在地以及邮政编码。工作单位名称书写一定要准确，工作单位要全称，高校或科研单位一般要到二级学院或机构。工作单位地址要标记到具体的城市，省名根据不同期刊的要求可以省略，但城市名称一定要有。邮政编码应根据具体的地址进行填写。不同的期刊格式要求有所不同。

例如:

基于"两山"理论的绿色发展模式研究

付 伟,罗明灿,李 娅

(西南林业大学 经济管理学院,云南 昆明 650224)

二是作者单位不相同时,所有作者依次给出,所有作者的单位在题目下方依次列出,并在作者单位的前面加上与作者序号相对应的序号,序号用上标形式在作者右上角标注。一位作者同时隶属几个单位时,在其姓名的右上角标注多个序号,序号间用逗号隔开。

例如:

美丽中国背景下云南省农业活动甲烷排放量计算与情景预测分析

李仲铭[1],付 伟[1],陈建成[2],罗明灿[1],

岳天祥[3,4],孙志刚[3,4],邓祥征[3,4]

(1. 西南林业大学 经济管理学院,昆明 650224;

2. 北京林业大学 经济管理学院,北京 100083;

3. 中国科学院 地理科学与资源研究所,北京 100101;

4. 中国科学院大学,北京 100049)

三、摘要

摘要(Abstract),也称为概要、文摘或提要。我国国家标准《文摘编写规则》（GB 6447—86）将摘要定义为：以提供文摘内容梗概为目的，不加评价和补充解释，简明、确切地论述文摘重要内容的短文。摘要是论文的浓缩精华所在，不仅是精读必看部分，也是泛读获取关键信息所在。

（一）摘要的写作要求

摘要的写作需要注意以下几个问题：

一是摘要内容不加评论，不加引用。摘要是对本篇论文内容的提纲式导读，不添加注解、不进行评论以及不使用图表，简要地描述研究目的、方法、结果和关键结论等核心信息。

二是摘要内容要简洁凝练。摘要是对论文核心内容的精炼总结，用词简洁易懂。摘要一般使用第三人称，根据不同期刊的要求，摘要字数有所差异，期刊学术论文的摘要一般在 300~500 字。

三是摘要要给出关键信息。摘要还具有传播和检索的功能，摘要内容要有关键信息的提炼，当读者阅读摘要时，可以获取关键信息，并据此决定是否继续阅读该篇文章。

（二）摘要常见的写作范式

不同学科论文的摘要内容有所差异，但有一些相通的写作范式。郭倩玲（2016）、周新年（2019）、杜永红等（2021）将摘要的主要内容归纳为四个要素：研究目的、研究方法、研究结果和研究结论。这基本能涵盖摘要的主要部分，除此之外，还有研究对象、论文的适用范围等。

1. 研究目的

研究目的或意义是摘要的引入或结束部分，起到引入或点题的作用，这部分的篇幅较少，语言要凝练简化，回答"为什么研究"的问题。

2. 研究方法

这部分要具体陈述论文的研究对象和范围，主要采用的手段、工具、理论等，回答"怎么研究"的问题。

3. 研究结果

这部分是摘要的重点，需要有条理、有逻辑地给出观测、实验、计量等所取得的效果，这部分多以数据为基础展开论述，回答"研究得出了什么"的问题。

4. 研究结论

研究结论是在研究结果的基础上，对结果进行分析、比较、评价、应用等，提出观点、启发、建议或预测等，回答"研究有什么所获"的问题。研究的结果和研究结论是摘要的关键核心内容，占据摘要的绝大部分。

根据摘要的主要研究内容，常见的摘要写作范式主要归纳为以下两条：

写作范式一：研究意义+研究方法+研究结果+研究结论。

这种摘要的写作范式符合基本的逻辑思维，从为什么做，到怎么做，再到做了得出什么，最后给出研究有什么启发或启示，是自然科学和人文社会科学常见的一种写作思路。有些期刊在投稿要求中对摘要的内容有明确的要求。例如，《中国农业科学》（CSCD、北大核心）期刊的摘要要求其写作顺序为：目的、采用的主要方法、最主要的结果、结论，并且在摘要中须保留【目的】、【方法】、【结果】和【结论】等标识，英文摘要同样处理，用完整的句子分别说明研究的【Objective】、【Method】、【Result】和【Conclusion】。类似明确要求给出摘要主要内容提示的还有《中国农业资源与区划》（CSCD、CSSCI 扩展版、北大核心）等期刊。《自然资源学报》（CSSCI、CSCD、北大核心）要求摘要应反映论文的主要观点，阐明研究的目的、方法、结果和结论，忌指示性，能够脱离全文阅读而不影响理解。

案例 1：论文摘要里没有内容结构提示：《省域视角下中国森林碳汇空间外溢效应与影响因素》论文摘要

摘要：森林碳汇空间相关性与溢出效应对林业产业的区域统筹发展具有重要作用，科学核算各地区的森林碳汇量并分析其空间关联特征是制定差异化碳汇发展政策的重要基础。以森林蓄积量扩展法核算我国 31 个省（市、自治区）1993—2018 年 6 次森林资源清查期间的森林碳汇量，探究省域间森林碳汇量的相关性特征，并利用空间计量模型分析森林碳汇的外溢效应和影响因素。结果表明：（1）我国整体森林碳汇量不断增加，不同地区的森林碳汇量差别较大。西南省份和东北林区森林碳汇量处于第一梯队，上海和北京碳汇增速较快。（2）研究期间内的Moran's I 指数先呈现倒"V"形的变化特征，之后又以较为稳定的趋势上升，我国各地区的森林碳汇分布存在显著的空间关联性。（3）森林碳汇的空间外溢效应显著，根据空间杜宾模型将外溢效应分解为直接效应、间接效应和总效应。林业管理水平和森林蓄积水平对本地和相邻地区森林碳汇量有正向影响，林业产业发展水平对本地区的森林碳汇量有负向影响。综上，我国各地方政府对差异化林业碳汇政策的制定和执行应兼顾区域因素，以我国林业政策的总体空间规划来综合统筹各区域森林政策，在"山水林田湖草沙"的命运共同体理念引领下，实现林业的绿色高质量发展。

参考资料：

［1］付伟，李龙，罗明灿，等. 省域视角下中国森林碳汇空间外溢效应与影响因素［J］. 生态学报，2023，43（10）：4074-4085.

案例2：论文摘要里有内容结构提示《西部地区农业碳排放空间关联网络特征研究》论文摘要

［**目的**］农业生产活动产生的碳排放已经成为我国碳排放主要组成部分，因此研究农业生产活动过程中产生的碳排放对推动农业低碳减排具有重要作用。［**方法**］基于2012—2021年西部地区12省、市、自治区的数据，从作物种植、牲畜养殖和农业物资投入3类碳源对西部地区农业碳排放总量进行测算，再运用社会网络分析法对测算出的西部地区农业碳排放进行空间关联网络特征结果分析。［**结果**］（1）西部地区农业碳排放总量呈现上升-下降-上升趋势；（2）西部地区农业碳排放空间关联网络整体特征相对稳定并且各省份间的空间相互作用不断增强；（3）西部地区农业碳

排放空间关联网络的中心由四川、西藏、青海和宁夏变为四川、西藏、青海和新疆。[结论] 西部地区农业碳排放影响要素间的关联作用不断增强，得出提高农地利用效率、优化农业产业结构和改善农业生态环境可以有效降低农业碳排放，从而为西部地区进行碳减排策略制定提供参考。

参考资料：

[1] 付伟，胡乐祥，罗明灿，等．西部地区农业碳排放空间关联网络特征研究 [J/OL]．中国农业资源与区划：1-11 [2024-02-17]．

案例3：该种写作范式不仅可以应用于一般的学术论文，综述类论文也适用。《农民合作社研究的多维度特征与发展态势分析——基于 1992~2019 年国家社科和自科基金项目的实证研究》论文摘要

摘要：国家基金项目的资助情况可以在一定程度上反映某一学科或研究方向的基本特征和研究动态。本文以 1992~2019 年国家社会科学基金与国家自然科学基金立项的以"合作社"主题的 165 项数据为样本，利用 SQL Server 数据库管理系统和 ROST NAT 软件，对合作社项目的基本情况、研究群体特征和热点主题进行实证分析。研究结果表明：第一，合作社项目具有重大项目立项较少、理论研究不足、国家自科基金的项目论文产出比总体高于国家社科基金等特征。第二，合作社研究群体具有核心研究机构不够突出、研究力量区域分布不均衡、大多数项目负责人对合作社研究的延续性不够等特征。第三，合作社项目研究热点主要集中在合作社制度和机制、合作社法律、合作社治理等方面。在综合分析合作社的研究热点、政策及文献的基础上，本文认为，合作社与乡村治理、合作社规范化、股份合作社、合作社产业化经营、合作社的文化和社会功能等主题值得学界重点关注和深化研究。

参考资料：

［1］张连刚，陈卓，李娅，等．农民合作社研究的多维度特征与发展态势分析——基于1992~2019年国家社科和自科基金项目的实证研究［J］．中国农村观察，2020（01）：126-140.

写作范式二：研究方法+研究结果+研究结论+研究意义（可选）。

范式二是范式一的灵活应用，根据情况给出调整，有的论文摘要的研究结果和研究结论结合在一起写，有的研究意义没有给出，或者最后给出研究意义，起到头尾相接，点题的作用。

案例1：研究方法+研究结果+研究结论。《数字普惠金融助推农业低碳发展的实证研究》论文摘要

摘要： 基于2011—2020年中国30个省（市、自治区）的面板数据，采用熵权TOPSIS、SYS-GMM、中介效应和门槛效应模型，实证分析数字普惠金融对农业低碳发展的影响机制和作用机理。结果表明：数字普惠金融对农业低碳发展的推动作用显著，并通过促进农地流转来推动农业低碳发展；不同省份数字普惠金融发展水平的作用效果具有双重门槛效应，对农业低碳发展的提升存在边际递增特征；异质性分析中，在三大地区和粮食与非粮食主产区内，数字普惠金融对农业低碳发展的影响对西部地区和粮食主产区推动效果更强，经济发展水平较高以及沿海省份的边际推动力更强，位于二级发展水平前列。据此，建议持续提高数字普惠金融发展水平，增加数字普惠金融科技创新投入；完善农地流转政策，促进农地流转标准化；加强区域协同发展，提升西部省份的边际推动效果。

参考资料：

［1］付伟，李龙，罗明灿，等．数字普惠金融助推农业低碳发展的实证研究［J］．农林经济管理学报，2023，22（01）：11-19.

案例2：研究方法+研究结果（结论）+研究意义。《区域土地利用影响地表 CO_2 浓度异质性特征的动力学机制》论文摘要

摘要：本文综合应用高斯方程和拉姆齐模型，针对京津冀地区2000年以来10km×10km栅格尺度的地表 CO_2 浓度开展研究，分析了区域土地利用影响地表 CO_2 浓度异质性特征的动力学机制。研究发现：（1）地表 CO_2 浓度与土地利用类型密切相关。2000—2018年京津冀地区 CO_2 浓度的高值区主要集中于经济较发达的快速城镇化地区；（2）土地利用强度及土地利用效率上的时空分异为地表 CO_2 扩散提供了潜在的势能。京津冀地区地表 CO_2 排放及扩散存在明显的空间异质性，距离 CO_2 排放高值区越近，其相应的 CO_2 浓度越高并随时间推移及空间拓展呈逐步减小的态势；（3）京津冀地区在土地利用结构调整、格局优化及效率提升后，CO_2 排放强度增幅明显减弱，其区域间的增幅差异也逐渐缩小。产业转型发展、土地利用格局优化、土地利用效率提高有效地抑制了京津冀地区地表 CO_2 排放强度的提升并促进了该区域的内涵式增长与高质量发展。

参考资料：

[1] 邓祥征，蒋思坚，李星，等．区域土地利用影响地表 CO_2 浓度异质性特征的动力学机制［J］．地理学报，2022，77（04）：936-946.

（三）摘要的分类

学术论文的摘要写作不仅仅是以上两个范式，还有一些其他的写作思路，而且摘要也有多种类型，包括报道性摘要、指示性摘要和报道—指示性摘要，三种摘要类型如表5-1所示。学术论文的摘要写作要按照科研工作者的写作需要进行写作。

表5-1 摘要的分类及特点

摘要分类	特点
报道性摘要	指明论文的主题范围及内容梗概，不仅向读者提供论文目的、方法、结果及结论，还尽可能提供论文的创新内容，适用于实验研究和专题研究等方面的论文。学术型期刊多选用该摘要类型
指示性摘要	简要介绍论文研究的问题或概括性地表述研究目的，旨在点题，不涉及研究结果和结论，适用于研究简报等
报道—指示性摘要	重要内容以报道性摘要的形式表达，次要内容以指示性摘要形式表达

四、关键词

关键词（Key Words）是指从论文的题名、摘要、层次标题以及正文中提炼出来的用以反映论文主要内容，具有实质意义并为同行熟知的词或词组，可以满足文献标引或检索工作的需要。关键词的写作需要注意以下几个问题：

一是数量。国家标准局颁布的《科学技术报告、学位论文和学术论文编写格式》（GB 7713—87）指出，每篇论文选取3~8个词作为关键词。关键词之间用分号间隔开且并排排列。英文关键词需要与中文关键词相互对应，且数量、顺序完全一致。

二是来源。关键词可以是论文的题名、摘要、层次标题以及正文中最能反映论文主题的词，通常为论文中出现频率最高的词语。

三是没有检索价值的词语不能作为关键词。没有检索价值的词也就是存在泛意的词，这些词几乎出现在所有的论文中，缺乏专指性，失去了关键词的检索意义。例如，研究、分析、问题、探索等词，这些词不能作为关键词。

期刊学术论文的题目、作者、摘要、关键词都需要中英文，中文部分完成后，再写英文部分，英文部分的位置通常放在中文关键词后面、引言前后，或者放在论文最后位置，也就是参考文献的后面。

五、引言

引言（Introduction），也称为绪论、前言、导言、概述等，为学术论文的开端部分。学术论文的写作不是"开门见山"的，在开始介绍研究内容之前都有一些铺垫和过渡，交代好前因后果后，引起读者的兴趣，再慢慢地向读者"娓娓道来"，进入正文内容，这个铺垫和过渡就是引言部分。

（一）引言的作用

一是回答"研究背景"的问题。引言需要交代清楚所研究问题的来龙去脉和论文要点，以言简意赅的方式论述文章的研究背景，包括政治背景、经济背景、社会背景、文化背景等方面。

二是回答"为什么研究"的问题。引言部分起到定向引导的作用，需要交代为什么要展开该项研究，即研究的目的和意义所在。

三是回答"研究到什么程度"的问题。引言在指明研究目的后，要对已有的相关研究进行梳理，对与研究相关的重要文献进行阐述，找到现存问题，进而引出亟须研究的内容。

四是回答"论文要研究什么"的问题。根据研究综述，找到论文研究的创新所在，阐明论文大概的研究内容，进一步体现论文的研究价值和意义，与论文的开始部分相互呼应。

（二）引言的主要内容

根据引言的作用及解决的问题，将引言主要概括为四个要素：研究背景（前提）、研究意义（价值）、国内外文献综述（进展）和主要研究内容（聚焦），如图5-2所示。具体的引言例子可以参见第九章的范文。

1. 前提：研究背景

研究背景是前言的最开始部分，研究背景的介绍是整篇论文研究的前提基础，研究背景提供了研究领域的概述和背景知识，为后续论述做铺垫，进而激发读者阅读的兴趣。

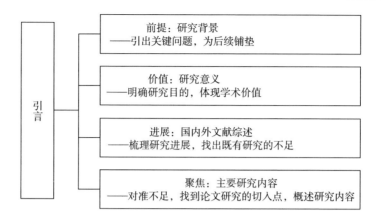

图5-2　引言的主要内容

2. 价值：研究意义

研究意义的介绍是研究背景的逻辑延续，即说明在一定的背景条件下做该项研究有学术价值。这是整篇论文的起点，有学术价值的论文才有研究的必要，明确研究目的和意义。研究意义在学位论文中体现得较为充分，一般作为一节进行论证，分为理论意义和现实意义，研究意义或研究价值的写作在第二章学术论文选题部分已做过详细介绍。

3. 进展：国内外文献综述

国内外文献综述也称为国内外研究进展，对于这个概念不少同学理解有所偏差。研究进展是指前人的各种类型的研究文献（专著、期刊论文、学位论文、会议论文等）对于某一个论题研究成果的进展情况，不是研究的某个事物或事件本身的发展情况。国内外研究综述是对所选论题已有研究进行综合梳理的过程，通过这个过程了解前人已展开了哪些研究，这个过程就是"综"，在"综"的基础上进行评论分析，支撑还有哪些不足、研究分歧或有待深入探讨的问题，这就是"述"。"综"是文献综述的过程，"述"是文献综述的目的，这为后面指明研究内容提供依据和参考。

撰写文献综述，一是要明确论文的主题和范围。二是收集研究整理相关的文献资料，形成逻辑清晰的文献综述结构，可以按照时间顺序、主题分类或理论发展顺序等整理文献资料，确保文献综述的逻辑清晰、连贯。三是在撰写文献综述时，要遵守学术道德，根据参考文献的引用规范正确标注，避免抄袭和不当引用，同时确保引用的文献是公开可信的。

文献综述在文献研究法里已做过详细的说明，这里主要归纳文献综述的两种常见写作思路。

一是按照国内、国外进行论述。这种写作思路在学位论文中较为常见，期刊论文也可以采用这种写作方式，写作思路清楚，先论述国内（或国外）文献研究进展，再论述国外（或国内）文献研究进展，最后进行评述，对国内外研究进展进行全面评价。

二是按照分论点进行论述。这种写作思路在期刊论文中较为常见，学位论文也有采用这种方式的。写作思路是根据国内外文献研究，整理出一条研究内容的逻辑线，在这条逻辑线上归纳出每个研究节点，也就是分论点，将所有的分论点依次展开论述，每个分论点下面包括国内和国外的文献。

小案例：怎样写文献综述

他山之石，可以攻玉：

文献综述的撰写是推进性的，它有六个步骤，其中每一步的工作都为下一步打下基础。

第一步，选择主题。

这个研究主题必须是一个明确的问题，并与具体的学术领域相联系。

第二步，文献检索。

在检索文献时，必须预览、选择和组织资料，可以借助浏览、资料快速阅读和资料制图等技巧对相关资料加以分类和存储。

第三步，展开论证。

论证方案要对论断进行逻辑安排，对相关资料加以组织，使之成为证据主体。

第四步，文献研究。

文献研究对检索到的资料进行集中、综合和分析，从而建立探究式论证。依据证据，建立一系列合乎逻辑的、可信的结论和论断。

第五步，文献批评。

文献批评是对文献研究中发现的证据的理解，你需要对证据进行逻辑安排，使其组合成一个可证明论题的合理论证过程，然后分析现有的知识是如何回答研究问题的。

第六步，综述撰写。

通过构思、塑造、修改，文献综述成为一份可以准确传递研究内容，让目标读者明白研究问题的书面资料。

参考资料：

［1］劳伦斯·马奇，布兰达·麦克伊沃．怎样做文献综述：六步走向成功［M］．高惠蓉，陈静，肖思汉，译．上海：上海教育出版社，2020.

4. 聚焦：主要研究内容

这部分是前言的落脚点，根据前文"述"的内容，找到论文研究的切入点，针对已有研究的不足，具体论述通过研究什么内容来完善或突破已有的研究，即高度概括论文的研究内容。

论文的前言部分要体现学术论文的创新点和对该领域的独特贡献，这也是很多期刊论文评审的关键因素之一。通常包括以下几个方面：一是理论创新。在现有理论框架下提出新的概念、观点或模型，有助于解决现有理论无法解释的问题或提供新的视角和理解。二是方法创新。引入新的研究方法或改进现有方法，以解决领域内的技术或方法上的问题。三是研究思路创新。通过交叉学科的融合运用，对于原有问题的分析引入新的研究思路和视角，通过实证研究，得出新的结果或结论。

（三）引言的写作要求

1. 重点突出

引言的内容不要与摘要内容重复雷同，不要介绍一些专业基础知识或教科书上的材料。

2. 条理清晰

引言的写作要逻辑明确，条理性强，避免漫无目的地写作。

3. 客观叙述

引言的论述要实事求是，不夸大论文的价值，因搜集文献的有限性，避免使用自夸性、绝对性的词语，如"达到了世界先进水平""前人从未研究过"等。

4. 避免过谦的套话

前言中避免使用一些过谦的套话，对论文本身没有益处。如"本人才疏学浅，疏漏谬误之处恳请指教""不妥之处还望多提宝贵意见"等。

六、正文

正文，是学术论文的最主要部分，内容占据整篇论文的主要版面。主要是解决"怎么研究"这个问题，论文的创新点和新的研究成果都将在正文部分充分体现，即包含论点、论据和论证完成主体部分的论述，通过文字、图片、表格和公式等方式，完成理论前提的说明、推导理论和讨论得出的研究结果。

（一）正文的写作内容

国家标准局颁布的《科学技术报告、学位论文和学术论文编写格式》（GB 7713—87）规定论文的正文是核心部分，可以包括：调查对象、实验和观测方法、仪器设备、材料原料、实验和观测结果、计算方法和编程原理、数据资料、经过加工整理的图表、形成的论点和导出的结论等。因为正文部分是全文的关键部分，因此，写作内容及结构的差异性较大，不同类型的论文正文的写作思路也各不相同。根据常见的论文写作需要和内容，将论文分为综述型论文、理论实证型论文、报告型论文、实验型论文，对于不同类型的论文，正文的相关内容也有所不同（见表5-2）。

表 5-2　不同类型的论文及正文内容

论文类型	正文内容
综述型论文	1. 问题提出 2. 历史回顾 3. 现状分析 4. 展望与建议
理论实证型论文	1. 理论框架（可选） 2. 研究方法与数据来源 3. 结果分析（基于研究方法，逐条给出研究结果，通常以图、表、数据的形式给出） 4. 讨论分析（自科论文更加注重讨论部分）
报告型论文	1. 研究现状 2. 存在问题 3. 原因分析（可选） 4. 对策建议
实验型论文	1. 实验原材料 2. 仪器及设备 3. 方法及过程 4. 结果及分析

　　表 5-2 中不同类型的论文内容是根据大量文献进行总结得出的，作为写作思路的参考，在写作过程中由于学科的差异，很多内容可以根据需要进行适当调整，无固定的范式，都是在符合逻辑思路的情况下灵活构架的写作内容及结构。在正文写作过程中，结果和讨论部分是较为关键的部分，不少学生困惑怎么给出结果，讨论部分要讨论什么，下面就这两部分进行详细说明。

　　第一部分，结果（Results），是学术论文的立足点及价值所在。论文的结论是由结果得出，结果是作者的研究成果，不夹杂前人的研究成果，不包括研究者的评价、分析和推理。如何将论文的结果部分系统、合理地论述？一是根据方法部分给出的指标，分段分层描述研究的结果。二是可以采用合适的表达方式（如插图、表格、文字与表格相结合等）表达数据结果。为了科学精确地表达实验或研究结果，需要对数据进行整理分析，按需要选取不同类型的数据来表达结果，合理使用插图、表格或相关文字表述将结果列出。三是对图表的描述切忌罗列数据。如果正文部分需要对图表数据进行描述，应对数据进行分析总结，描述所观察指标的变化趋势，分析各组间或各时间点间差异的统计学意义，切忌简单的罗列。

第二部分，讨论（Discussion），是学术论文中最具有创造性见解的部分。讨论什么呢？一是对得出的研究结果做出理论的解释。二是将论文研究方法、结果等与已发表论文进行比较讨论，探讨与其他研究结果的相同和不同之处。三是对正文结果与预期不同的部分，寻找原因做进一步分析。四是对研究的局限及不足加以说明，并对后续研究进行展望。

（二）正文的写作要求

一是内容充实，严谨可靠。正文部分的论述要实事求是，数据准确，逻辑清晰。

二是语言规范，用词准确。正文部分的文字要简练规范，避免重复。

三是条理清楚，层次分明。正文内容有序展开，分标题的确定要合理，章、节、段之间注重层次性和相关性。结构层次分明，可以按照时空顺序、并列顺序或总分顺序排列论述。

四是规范标注，合理表述。正文部分引用已有研究和资料要标明出处，表述方式要合理，规范使用图表。

七、结论

结论（Conclusion），又称为结语或结束语，位于正文的后面部分，是学术论文的总论。基于论文的实验或观察所得数据、现象为依据进行总结归纳。结论的用词要准确，不能含糊其词，避免与摘要重复。

结论的主要内容包括：一是研究成果揭示了哪些具体问题，解决了哪些理论性或实际性的问题以及得出了哪些规律性结论。二是研究的创新点所在，与前人的研究成果相比，进行了哪些补充、修订和拓展，有哪些创新之处，强调研究的学术价值和现实价值。三是探讨研究领域中仍存在的未解决问题，并提出解决这些问题的核心策略和关键点。四是针对研究结果中发现的问题，给出相对应的政策建议，指明进一步深入研究的方向。

八、致谢

致谢（Acknowledgement），是作者对在研究过程中以及撰写论文过程中提供过指导和帮助的个人和团队表示感谢。

致谢对象主要有：一是在研究经费上给予支持和资助的个人、组织、机构或基金。国内期刊通常要求将经费资助作为题名的一种注释放在论文首页的脚注，国外期刊统一放在结论后的致谢部分（郭倩玲，2016）。二是在研究工作中给予直接和实质性帮助或撰写论文时给予帮助的个人或组织。三是协助完成研究任务、提供援助以及创造有利条件的个人或组织。四是拥有转载和引用权的资料、图片、文献等的所有者。五是其他需要感谢的个人和组织。

致谢是学位论文中必备的部分，是学生对于学位论文写作过程中给予帮助的个人（导师、其他老师、家人、同学、朋友）、机构、组织等给予的感谢。致谢的写作要用恰当的词语，恰如其分地表达感谢之意。

九、参考文献

参考文献（References）是作者在撰写学术论文的过程中引用的文献资料。引用文献中的原理、观点、方法等，均需对所引用的参考文献在正文中相对应的地方予以标注，并在文后列出并著录该参考文献。参考文献一般列在致谢之后，如无致谢，则排在结论之后。

参考文献的作用主要体现在以下几个方面：一是节省正文篇幅，便于查阅原始资料和检索；二是为论文提供论证和基础；三是读者可以通过引用参考文献的数量和质量评估论文的学术水平和价值；四是作者对其他学者劳动的肯定和尊重，是具有学术道德和职业责任的体现。

小案例：怎样阅读参考文献?

他山之石，可以攻玉：

在阅读参考文献时，读者朋友们应带着辩证、存疑的观点；不轻信、不全信，多思考，多问为什么。例如：

论文作者为什么在这里引用这一篇文献？

这篇文献在多大程度上支持了作者的观点？

该文献成果与作者自己的成果之间有什么区别和联系？

然后，还需要继续参阅文献链中的文献，看看该文献又引用了什么文献，如此一路深究下去。当已阅文献中的参考文献链交织成参考文献网时，我们对一个研究主题的现状、存在的问题才能由起初的片面了解转化为全面了解。

参考资料：

[1] 赵鸣，丁燕. 科技论文写作［M］. 北京：科学出版社，2014.

（一）引用参考文献的基本要求

第一，引用参考文献要自己阅读过，对论文有帮助或启示。引用的参考文献的主题要与学术论文的主题相关，且对论文的写作有直接的作用，可以支撑论文的论点。

第二，引用参考文献注意时效性和权威性。尽量选用最新文献，不管是期刊论文还是学位论文，一般都会重视参考文献的时效性，最新的参考文献可以在一定程度上反映最新的研究进展，是作者对于最新研究进展关注度的体现。同时，注重引用权威性或标志性论文，选用最能反映该学科领域发展水平的文献。

第三，引用的参考文献应是公开发表的。引用的参考文献要尊重原文和原著，不引用未公开发表的文献、资料等。

第四，引用参考文献的数量没有固定要求。一般来说，学位论文引用的参考文献数量比期刊论文多，而综述类期刊论文引用的参考文献数量比其他类型的论文多。

（二）参考文献的标注方法

按照我国的国家标准《文后参考文献著录规则》（GB/T 7714—2005）规定，参考文献表可以按顺序编码制组织，也可以按著者—出版年制组织。除此之外，还有的论文用脚注制标注，将参考文献的详细信息放在页面底部的脚注中。顺序编码制和著者—出版年制这两种文献标注方法是最常用的，下面主要介绍这两种标注方法：

1. 顺序编码制

论文中引用的参考文献按照先后引用的顺序连续编码，将序号置于方括号中，标注在正文的右上角。按照 GB/T 7714—2005 规定：参考文献表按顺序编码制组织时，各篇文献要按正文部分标注的序号依次列出。具体案例参见第九章的范文。

参考文献在正文中标注时注意以下事项：

第一，一篇文献在同一篇论文中只有一个序号，多次被引用，也标注同一个序号，即最先出现的那个顺序序号。

第二，在同一处引用多篇文献时，需要将所有引用的文献序号全部列出，序号间用（,）分隔。如遇连续序号，可标注起止序号，用（–）连接。例如，数字普惠金融助推农业低碳发展[5,8]。在低碳转型过程中，农业碳排放不容忽视[3-4]。

2. 著者—出版年制

这种参考文献标注方法包含两个要素，一个是"著者"，另一个是论文发表的"年份"。论文正文部分引用的文献在引用处标注"著者"和发表"年份"，并用圆括号括起。按照 GB/T 7714—2005 规定：参考文献表采用"著者—出版年"制组织时，各篇文献首先按文种集中，可分为中文、日文、西文、俄文、其他文种 5 部分；然后按著者字顺和出版年排列，中文文献可以按汉语拼音字顺排，也可以按笔画笔顺排列。具体案例参见第九章的范文。参考文献在正文中标注时注意以下事项：

第一，在正文中引用多个著者的文献时，正文论文标注第一个作者的姓名，余者写"等"，例如（王三等，2023）。外文只标注第一作者的姓，余者写"et al."。例如，（Wang et al.，2023）。著者为两个作者（王三、李四），可以按照上面的写法进行标注（王三等，2023），也可以把两个作者都写出来，中间加"和"字连接，例如，（王三和李四，2023）。

第二，引用同一作者，同一年份的多篇文献时，出版年后用小写字母a，b，c……隔开，以区分不同的文献。例如，（王三，2023a）（王三，2023b）。

第三，在同一处引用多篇文献时，需要将所有引用的文献著者和发表年份都列出，按出版年份由近及远排列，用（；）分隔。例如（王三，2021；李四，2022）。

第四，若正文中出现著者姓名，则其后的圆括号里只需著录出版年。例如，王三（2023）提出学习论文写作意义重大。

特别注意的是，同一篇论文中只选用一种标注方式。例如，选用顺序编码制或著者—出版年制，不要混合使用。

◎思考题5-1：参考文献和注释的区别是什么？

他山之石，可以攻玉：

第一，参考文献是作者写作论文时所参考的文献篇目，一般集中列于文末。

第二，注释是对论文正文中某一特定内容的进一步解释或补充说明，一般排在该页的页脚。

第三，参考文献序号用数字加方括号标注，而注释用数字加圆圈标注。

参考资料：

［1］武丽志，陈小兰．毕业论文写作与答辩［M］．北京：高等教育出版社，2015.

（三）参考文献的类型

在学习参考文献著录前，需要了解参考文献的类型及不同类型文献的文献标识代码，参考文献著录格式中包含文献类型标识。常见的参考文献类型及文献标识代码如表5-3所示。

表5-3　常见的参考文献类型及文献标识代码

类型	类型标识代码	英文名
期刊	J	Journal
专著	M	Monograph
学位论文	D	Dissertation
报纸文章	N	Newspaper Article
会议文集（论文集、会议录）	C	Collection
专利	P	Patent
报告	R	Report
标准	S	Standard
数据库	DB	Database
网上电子公告	EB	Electronic Bulletin Board
计算机程序	CP	Computer Program

（四）参考文献的著录格式

参考文献著录时，著者如果超过3人，则只需列出前3个著者，再加"等"。如果少于等于3人，就全部列出，著者和著者之间用（,）隔开。例如王三，李四，张五，等。

常见的参考文献著录格式如下：

1. 期刊

［序号］主要责任者. 文献题目［J］. 期刊名，年，卷（期）：起止页码.

示例如下：

［1］付伟，李龙，罗明灿，等. 数字普惠金融助推农业低碳发展的实证研究［J］. 农林经济管理学报，2023，22（01）：11-19.

[2] 胡乐祥，付伟，罗明灿，等．西南地区林业生态安全动态变化研究 [J]．林业经济问题，2023，43（01）：34-41.

2. 专著

[序号] 主要责任者．文献名 [M]．出版地：出版者，出版年：引文起止页码．

示例如下：

[3] 付伟，罗明灿，陈建成．生态文明建设与绿色发展的云南探索 [M]．北京：中国林业出版社，2019：3-5.

在很多写作中，引文的起止页码是可选择项。

3. 学位论文

[序号] 作者．论文题目 [D]．授予学位地：授予学位单位，出版年．

示例如下：

[4] 张旭杰．云南能源消耗碳足迹广度、深度测度及空间格局研究 [D]．昆明：西南林业大学，2022.

4. 报纸

[序号] 主要责任者．文献题目 [N]．报纸名，出版年-月-日（版次）．

示例如下：

[5] 郭辉军．云南林产品调整结构确立方向 [N]．农民日报，2003-11-25（005）．

◎思考题5-2：大学生在参考文献标注中常见哪些错误？

他山之石，可以攻玉：

第一，不标注。通篇没有参考文献标注。

第二，少标注。文献信息标注不全、不完整。

第三，标假注。随意编造。

第四，标注乱。正文参考文献序号与文后的参考文献表无法对应。

第五，标注错。文后的参考文献有错字、漏字、多字等。

第六，不统一。一篇文中有多种文献著录方式。

第七，文献旧。无最新参考文献。

第八，数量少。通常期刊论文的参考文献应有10篇以上，本科比例论文的参考文献应有20篇以上（以各个学校的要求为准）。

第九，不权威。引用非学术期刊、非权威期刊文章。

这些参考文献标注问题，是期刊论文和毕业论文写作过程中都常见的问题。需要引起重视，全面纠正。

参考资料：

[1] 武丽志，陈小兰. 毕业论文写作与答辩 [M]. 北京：高等教育出版社，2015.

十、附录

附录是学术论文主体部分的补充部分，不是论文结构的必备项。一般的期刊论文没有此部分，如有附录部分，应该置于参考文献之后。学位论文的附录较多，与正文统一编入连续页码，一般附录内容包括学位论文原始数据表格、调查问卷、访谈大纲等内容。附录内容有必要提供补充性说明材料，但由于文章长度过长和内容繁多，难以作为正文内容的资料。

第三节　学术论文的写作过程

学术论文写作的过程一般要经历选题、文献利用、实验设计（开题）、数据收集与处理、论文写作及修改定稿等阶段。论文写作是作者在构思基本完成的情况下，运用书面语言写成一篇文章，按照学术论文的格式要求，把研究过程、成果与发现、主要观点等综合运用起来的过程。

（一）选题

所谓选题，就是指在论文写作之初，研究者对其研究领域中的重大问题进行讨论分析，再从中挑选出具有研究意义的主题，并将该主题作为其论文写作的切入点。论文选题是整个研究过程中的第一步，也是非常重要的一步。本书第二章对论文选题进行了详细介绍。

（二）文献利用

文献利用往往与学术论文写作的进度、质量甚至是否成功都有关系，其基本内容包括两个阶段，即文献搜集和文献分析。其中，文献搜集是基础，以文献检索为主要途径；文献分析是重点，主要通过定量分析或统计描述对收集到的相关文献资料进行研究，以探明研究对象的性质和状况。本书第四章对文献检索和利用进行了详细介绍。

（三）实验设计（开题）

实验设计主要是以较小的实验规模（实验次数）、较短的试验周期、较低的试验成本来合理安排实验，减少随机误差的影响，并使实验结果能有效地进行统计分析的理论与方法。开题通常是科研项目中必不可少的组成部分，它是对研究主题的概述和研究计划的阐述。在这个过程中拟定写作提纲，展现整篇论文的结构框架。

（四）数据收集与处理

作者依据实验设计，通过一手或者二手方式获得了大量数据，这些复杂的数据到底能说明什么问题？这就需要借助相应的科学工具将复杂的数据转化为简单的语言，揭示数据背后所隐藏的科学规律，这个过程就是数据收集与处理。

（五）论文写作及修改定稿

按照规范格式撰写的学术论文是作者对某一问题比较系统的研究和认识，反映了作者综合的学术水平。

1. 起草初稿

在起草学术论文初稿时，要保持论文结构的清晰和逻辑的连贯。注意语言的准确性和精确性。同时，注重数据和实验证据的呈现，增加论文的可信度和可读性，使读者更容易理解研究成果。

2. 修改定稿

在修改定稿时，需要考虑以下几个方面：

一是表达清晰。确保论文语句措辞简明扼要，语言流畅自然。尽量避免使用复杂的词汇和长句，以免造成读者的困惑。

二是逻辑连贯。要确保论文在整体结构上具有一致性和连贯性。检查每个段落的开头和结尾，确保它们能够自然地过渡到下一个段落。句子与句子之间有过渡句，段落与段落之间有过渡段，增加论文的可读性和连贯性。

三是数据和证据。确保论文里的数据准确可靠，注意引用和参考文献的格式，符合学术规范。

四是格式和排版。检查论文的格式和排版是否符合期刊或学位论文的要求。确保论文的标题、摘要、引言、方法、结果和讨论等部分都按照正确的顺序排列，符合学术写作的规范。

第四节 学术论文写作的规范要求

学术论文写作具有规范性特点，体现在图、表、符号等各个方面。参考文献的规范使用也是其中之一，在前文已详细介绍，不再赘述。

一、图的规范要求

学术论文的插图是文中数据规律、特征的直观、简洁表述方式，可以让读者迅速了解图中信息的结构、变化等，插图最明显的一个特征就是"自明性"，不需要作者做过多解释，读者可以通过看图了解该图说明的内容。学术论文中的插图类型较多，主要包括线形图、柱状图、流程图、散点图等。

（一）插图构成及要求

下面以线形图说明插图构成及要求。线形图的构成包括图题、图例、图注、标目、标值线和标值以及坐标轴。如图 5-3 所示，下面是对这些要素的详细说明：

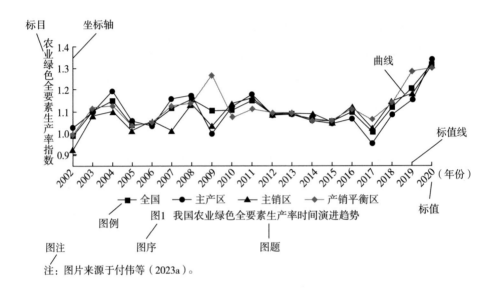

图 5-3　线形图的构成要素

1. 图序

每个图都有图序，代表该图在文本所有图中的顺序号。

2. 图题

每个图都有图题，图题的位置放在插图的下方。图题是对插图内容的简要描述，要求准确、明确地概括图表的主要信息。

3. 图例

图例用于解释图表中使用的线型、符号等，提供对图示中各个元素的解释。

4. 图注

图注是对插图内容的必要解释，在一般情况下，图注提供读者所需的背景知识、实验条件、数据来源等相关信息。

5. 标目

标目是指在坐标轴上方或下方标明坐标轴名称的标签，通常由量名称、量单位等组成。

6. 标值线和标值

标值线也称为刻度线，即在坐标轴上表示刻度的线条，标值线对应的数字为标值。

7. 坐标轴

坐标轴是指表示变量或数据范围的直线，通常由横轴和纵轴组成。

（二）插图的使用规范

1. 多插图表述

论文中的图序和图题居于插图的下方，这与表格的表序和表题的位置刚好相反。如一篇论文中有多个插图，有以下两种表述方式：一是按照插图的先后出现顺序依次排序，例如，图1、图2……二是按照章排序。例如图3-1是指第3章的第1个图。

2. 合理布局，标记清晰

根据论文的版面布局和要求，调整插图的尺寸和比例，避免过大或过小的插图。确保图中使用的字体清晰可读，保证可读性。

二、表格的规范要求

在学术论文中，表格是显示描述数据的重要工具。表格的类型较多，三线表是常用的类型之一，顾名思义，三线表通常只有三条线，即顶线、底线和栏目线，没有竖线，顶线和底线一般较粗。

（一）三线表的构成及要求

以三线表为例，说明表格的构成要素及要求，如图5-4所示。

表项　　　　表序　　　　表题

表1　我国部分省市森林碳汇量汇总（10⁴t）

地区	1993	1998	2003	2008	2013	2018
北京	517.00	794.54	973.97	1203.22	1651.28	2823.74
天津	183.81	185.65	162.60	230.42	433.32	533.23
河北	6075.57	6891.13	7541.91	9701.58	12483.05	15915.79

表体

注：表格内容来源于付伟等（2023b）。

表注

图 5-4　表格的构成要素

1. 表序

表序是表格排列的序号，每个表格都有表序。

2. 表题

每个表格都应该有一个清晰的标题，用于描述表格的内容和目的。表序和表题通常位于表格的上方。

3. 表项

表项是表格中具体项目的名称，包括横向项目栏和纵向项目栏。

4. 表体

表格主体是表格的核心部分，包括行和列的组合。

5. 表注

表格注释用于提供对表格中数据、结果等的额外解释或说明。表注可以包括缩写术语解释、数据来源说明、统计方法描述等，通过简短的说明，帮助读者更好地理解表格中的内容。

（二）表格的使用规范

1. 多表格的使用

论文中的表格都有表序和表题，且居于插图的上方。如一篇论文中有多个表格，有以下两种表述方式：一是按照表格的先后出现顺序依次排序，例如，表1、表2……二是按照章排序。例如，表3-2是指第3章的第2个表。

2. 排版合理，尺寸适中

表格应根据页面的版面布局进行适当的调整。表格的尺寸应适中，既不过大也不过小，保持足够的可读性。

3. 字体清晰，数字精确

表格的字体清晰可读，数字要准确，根据要求，保证数字的精度，确保小数位数一致。

三、数学式的规范使用

（一）编排要求

数学式应嵌入正文中，并使用适当的标点符号和间距进行分隔。例如，在描述斜率的数学式时，可以写作"根据斜率的定义，斜率（k）可以表示为：$k = \dfrac{y_1 - y_2}{x_1 - x_2}$"。

（二）注释

对于复杂的数学式或符号，应提供注释，以便读者理解。注释可以放在数学式附近或作为脚注。例如，在描述统计方程时，可以添加注释："μ 表示总体均值，σ 表示总体标准差。"

（三）编号

对于重要的数学式，可以使用编号进行引用。例如，公式（1）、公式（2）……编号应按顺序排列，并在论文的适当位置提供解释和引用。例如，在引用某个重要的方程时，可以写作："根据方程（1），我们可以得到解析。"

（四）字体

数学式应使用斜体或正体字体，以与周围的文本区分开来。常见的数学符号和变量通常使用斜体字体。例如，在描述变量 x 和 y 的数学式时，可以写作："$f(x, y) = x^2 + 2xy + y^2$"。

第五节 学术论文的投稿与发表

学术论文的投稿和发表是科研成果出版的重要途径之一。所以，有的放矢地进行写作和投稿，会有事半功倍的效果。

一、选择投稿期刊

（一）提前找准投稿目标

在撰写学术论文之前，就可以提前找准投稿期刊。广泛了解研究领域涉及的期刊，了解期刊的声誉和影响力，对比不同期刊的收录范围、要求及投稿流程，选择适合自己研究方向的目标期刊。仔细阅读目标期刊的投稿须知，投稿须知通常包含期刊的主题范围、研究领域、论文类型、格式要求、字数限制等信息，进而清楚目标期刊对于收录论文选题、研究方法、论文质量的要求等。在论文写作时有针对性地完善论文，以符合投稿目标期刊的要求。

（二）提高投稿命中率的途径

确定目标期刊后，还要注意以下几个方面，以提高投稿的命中率。

1. 关注期刊的动态和趋势

了解目标期刊的主要最新动态和发展趋势。通过阅读该期刊最近几期已发论文，了解期刊对于特定主题或方法的关注程度，预判今后的发展趋势，调整自己的研究思路和方法，更好地与期刊的主题相契合。

2. 查看期刊的审稿流程

了解目标期刊的审稿流程、标准、大概的审稿周期等，以便合理有效安排时间。如果急需论文，则可选择出版周期较短的期刊。

二、稿件的投递

论文的投递是作者与期刊编辑之间信息交流的途径。作者投稿后还需要和期刊编辑进行通信联系，对期刊返回的论文的评审意见、修改意见、发表前校对等信息及时进行沟通反馈。

（一）投稿方式

1. 网络投稿

网络投稿是当前最常用的投稿方式之一。许多学术期刊都提供在线投稿系统，具有便捷、高效的优势。

2. 电子邮件投稿

电子邮件投稿是一种常见的投稿方式。作者可以通过电子邮件将论文直接发送给期刊的编辑部，进行直接的沟通和交流。

3. 邮寄投稿

在这种情况下，作者需要将纸质版本的论文、投稿信封和其他必要的材料通过邮件寄送给编辑部，需要的时间和成本相对较高。

（二）投稿后的通信联系

作者投稿后，要实时跟踪稿件状态，不能放任不管。一般来说，编辑部经初审接收稿件后，系统会同时生成收稿回执信，通过电子邮件发送给所有作者。如果在期刊规定的时间内没有收到编辑部的收稿通知，要及时同编辑部联系，避免稿件因偶然情况导致延误发表。

（三）稿件的评审与编辑

1. 学术论文的评审

学术论文的评审过程通常包括编辑初审、专家评审、终审和审定等主要环节。

（1）编辑初审。

编辑初审是论文评审的第一步，由期刊编辑团队进行。编辑会检查论文的基本格式、结构、语言等是否符合期刊要求。编辑初审旨在筛选出不符合基本要求的论文，确保高质量论文进入下一评审阶段。

（2）专家评审。

专家评审是论文评审的核心环节，由领域内的专家学者进行。编辑会邀请数位专家评阅论文，评估其学术质量、方法的可靠性和结论的合理性。专家评审后会发表详细的评审意见，包括论文的优缺点以及修改建议，以帮助作者改进论文。

（3）终审。

终审由期刊的主编或编辑小组进行。终审考虑编辑初审和专家评审的结果，综合判断论文是否符合期刊的发表准则和学术水平。

（4）审定。

审定是评审的最后一步，由期刊的决策者进行。审定结果是论文是否被接受、需进行修改或被拒绝的最终决定。

2. 稿件评审后的处理

根据稿件评审的意见，主要有以下几种处理方式：

（1）录用定稿。

录用定稿是在经过评审后，论文不需要进行重大修改或修订的情况下的处理结果。作者可能需要根据评审意见和建议进行一些小的修改或润色，以确保论文的准确性和完整性。

（2）退回修改。

退回修改意味着论文在评审过程中被认为有一些需要改进或修订的方面。评审人员可能提供了具体的修改建议和意见，以帮助作者改进论文。作者需要仔细阅读评审意见，并根据其内容进行适当的修改和改进。

（3）退稿。

退稿意味着论文在评审过程中被认为不符合期刊的发表要求或主题范围。

常见的退稿原因有多种，比如期刊收到的稿件量远远大于刊发量或者论文不在期刊收录的主题范围内。当然，也存在论文质量、创新性等达不到期刊要求的水平等原因。即使论文被退稿，也不要气馁，根据期刊反馈的修改意见进行完善，提升论文质量，然后再投其他的期刊，说不定就会"柳暗花明又一村"。但是一定不能一稿多投，即一份稿件不能同时投到多个期刊，不符合基本的学术道德规范。

参考文献：

［1］付伟，李梦柯，罗明灿，等．我国农业绿色全要素生产率时空演变与区域异质性分析［J］．江苏农业科学，2023a，51（23）：227-235.

［2］付伟，李龙，罗明灿，等．省域视角下中国森林碳汇空间外溢效应与影响因素［J］．生态学报，2023b，43（10）：4074-4085.

［3］杜永红，秦效宏，梁林蒙．论文写作［M］．北京：清华大学出版社，2021.

［4］郭倩玲．科技论文写作（第2版）［M］．北京：化学工业出版社，2016.

［5］徐志刚．农业经济学研究方法论［M］．北京：中国农业出版社，2021.

［6］周新年．科学研究方法与学术论文写作（第2版）［M］．北京：科学出版社，2019.

第六章　英文论文写作

【引言】英文论文是用英语作为语言撰写的一种论文形式，虽然都是反映科研工作者学术研究成果的一种文体，但与中文论文略有不同。英文论文从框架结构、撰写思路、格式和语言要求等方面都有别于中文论文。

【思政小案例】搞笑诺贝尔奖

科研领域有一个著名的奖项，即"搞笑诺贝尔奖"，有人将其称之为对诺贝尔奖的有趣模仿。获得该奖项的课题，其研究内容都十分稀奇古怪。例如，2023年获得"教育奖"的项目是"系统地研究教师和学生的无聊感"；获得"心理学奖"的项目是"在城市街道上有多少过路人看到陌生人向上看时，会停下来向上看"，获得"医学奖"的项目是"通过尸体来计算一个人的两个鼻孔中的毛发数量是否相同"……这些研究都是好奇心驱使，但其研究成果由于可能应用于更广泛的领域，经常发表在严谨科学领域的知名刊物上。搞笑诺贝尔奖的获得者有很多也是诺贝尔奖得主。这足以说明好奇心对于科学研究的重要性。同时说明科学研究不是冷冰冰的文字，它就来源于我们的生活。

参考资料：

[1] 关小红. 高质量 SCI 论文入门必备：从选题到发表 [M]. 北京：化学工业出版社，2020.

〔2〕 https：//baike. baidu. com/item/%E6%90%9E%E7%AC%91%E8% AF%BA%E8%B4%9D%E5%B0%94%E5%A5%96/7195997？fr=ge_ala.

第一节　英文科技论文的结构

英文论文的种类繁多，主要以被收录的数据库种类来进行区分，一般情况下，有普通英文论文（未被数据库收录）、SCI（科学引文索引）、SSCI（社会科学引文索引）、EI（工程索引）、ISTP（科技会议录索引）、ISR（科学评论索引）、PCI（专利引用索引）等。科研工作者撰写最多的英文论文主要为 SCI、EI、SSCI 和普通英文论文（非 SCI/EI/SSCI），但从每个国家对科研工作者的考核评估和对科研成果的收录来看，普通英文科技论文发表的数量越来越少，这是由导向所致的，更多的人撰写的主要是 SCI、EI 和 SSCI，具体是哪一种，要根据自身学科和研究内容而定。理工科一般是 SCI 和 EI，但以 SCI 为主，部分工科可能会涉及 EI，文科和经济管理类则是 SSCI。

总体来说，英文论文的框架基本包括如下几个部分：Title（题目），Authors（作者），Affiliation（单位），Abstract（摘要），Keywords（关键词），Introduction（引言），Experimental，Materials and Methods（实验材料和方法），Results and Discussion（结果和讨论），Conclusion（结论），Acknowledgement（致谢），Conflict of interest（无利益冲突关系申明），Contribution（作者的贡献），References（参考文献），Support Information（附录），Graphical Abstract（图文摘要），Highlight（亮点）。有些论文包括上述全部内容，有些则不一定，不同的期刊有不同的要求。

一、题目（Title）

英文论文中的 Title 应该以最恰当、最简明的词语来反映论文中最重要的特定内容，既要体现创新性，又能表达出研究意义。读者通过阅读题目就知道这篇文章的研究内容、创新性和研究领域。题目就像登山者眼中的山，一定要让登山者一眼就看出此山与其他山的区别，并决定登此山，到山里一探究竟。读者也是一样，第一眼看题目，题目吸引了他，他才会去看论文中的其他信息。包括编辑和审稿人也是一样的，编辑第一眼看到论文题目，可能就决定了该论文是否会被送审。论文题目是英文论文的标签，一个有吸引力的题目会给编辑、审稿人和读者留下第一美好印象，并在一定程度上决定了论文是否会被关注和引用。

因为只有少数人研读整篇论文，多数人只是浏览原始杂志或者文摘、索引的标题。所以，必须慎重选择标题中的每一个字，注意字与字之间的搭配。标题概括性强，重点突出，一目了然，长短适中，不宜过长。已有研究表明，论文的浏览量和引用率与论文标题长度呈反比例关系。所以必须做到：用词准确，表达恰当；通俗易懂，避免使用特殊术语；外延和内涵要恰当；语句要简练，避免同义词和近义词连用；标题中选用的技术词语应紧扣文章研究的学科范围。

论文题目撰写时采用的时态为现在时，通常由名词性短语构成，应尽量避免使用非定量的、含义不明的词和特殊术语，更不能用口号式的词语，可采用描述关键词的方式方法来撰写，尽量使用通俗化的词语，使本学科专业人士或同行甚至非专业人士一看就知道论文研究的是什么，有什么发现，等等。所以，撰写时需要用词简短、明了，能不要的词就不要，尽量精简为宜，无论是否有正副标题。有些期刊还对题目的总字符数做出限制，但也不能一味地追求精简而失去了标题对论文内容的客观反映。

◎思考题6-1：英文论文标题的写作注意什么事项？

他山之石，可以攻玉：

避免使用无意义的非特定词语，例如"A Study of""The Effects of"等，类似的词语会让标题显得空洞，如果必须要采用类似的词语，应在这些词的前面加上限定词，表达准确的含义。

参考资料：

［1］张育新，刘礼 . 破解 SCI 论文写作奥秘 . 化工—材料—能源 ［M］. 北京：化学工业出版社，2018.

二、作者（Authors）

英文论文对作者的资格是有严格要求的，不能随意添加或减少，至少从创新点的提出、实验测试、数据分析和论文撰写等方面做出了或多或少的贡献。添加作者必须取得作者本人的同意，不能随意添加。如果仅仅提供资金支持、提供原材料不应当放到作者清单中，而应该在致谢中予以感谢。

英文论文中的作者排序一般为第一作者（共同第一作者），其他作者，通讯作者（共同通讯作者）。第一作者主要负责创新点的提出，实验的开展和论文初稿的撰写；通讯作者一般是课题负责人，通常是实际统筹处理投稿和承担答复审稿意见等工作的主导者，对论文进行负责；其他作者应根据在研究中的贡献大小按顺序进行排列。

英文论文的作者同中文论文作者不同的是，英文论文可以有多个共同第一作者（一般用阿拉伯数字 1 或#特殊字符在右上角进行标识），多个共同通讯作者（一般用＊特殊字符在右上角进行标识），英文期刊对共同作者的数量一般没有严格的规定，完全取决于作者的决定。共同第一作者往往比较认可排名第一的作者，即对论文贡献最大的作者，而共同通讯作者则比较认可排名最后的作者，即所谓的大通讯作者。论文的成果主要是属于通讯作者的，而不是第一作者。一般来说，整篇论文中作者的排序一般由大通讯作者来决定，当然，作者的署名和排序需要得到作者本人的认可，英文论文需要邮件确认作者的参与和贡献。很多英文期刊，投稿后要求论文中每位作者进行确认自己是否参与该项研究，乱署名是科研诚信严

科学研究方法与论文写作

厉打击的对象。在国家自然科学基金等项目申报过程中，要求申请者完全按照作者在论文中的排序进行填报，不能遗漏和打乱顺序以及乱标#、阿拉伯数字 1 和 * 字符，这足以证明作者署名在论文中的重要性。

作者右上角会标有英文字母 a，b……或阿拉伯数字 1，2……有些有 1 个字母/数字，有些有多个，这是代表作者的单位署名及顺序。多个字母/数字在右上角则说明该作者隶属于不同的单位，这对作者单位统计成果产出和读者了解作者的工作单位十分有用。

三、单位（Affiliation）

单位的撰写相对比较容易，没有什么技巧，按照作者对应列出相应的单位即可，单位前面左上角的阿拉伯数字和作者右上角的阿拉伯数字是对应关系。

四、摘要（Abstract）

摘要需要说明研究论文的目的、方法及取得的成果和意义，当然，有个别的英文期刊会对摘要有特别的要求，甚至有些比较短的英文论文都不需要提供摘要。摘要是英文论文的精华，编辑、审稿人和读者最先关注的往往就是摘要。摘要写得好与不好，直接决定了研究论文能否送审、能否被接收、能否被别人关注和引用。英文论文摘要有字数要求，在表达完意思的情况下，越简单越好。

英文论文摘要不需要分段描述，一般就是一个自然段，包括四个方面的内容：研究目的、研究方法、研究结果和研究结论，概括性来说，摘要就是后面引言、实验材料和方法、结果与讨论、结论四部分内容的精华提升。

研究目的：准确描述该研究的目的，说明提出问题的缘由，表明研究的范围和重要性。

研究方法：简要说明研究课题的基本设计，结论是如何得到的。

研究结果：简要列出该研究的主要结果，有什么新发现，说明其价值

· 152 ·

和局限性，叙述要具体、准确，并给出结果的置信值。

研究结论：简要地说明经验，论证取得的正确观点及理论价值或应用价值，是否还有与此有关的其他问题有待进一步研究，是否可推广应用等。

读完摘要，读者基本就了解了该研究论文的目的和意义、实验材料和方法、研究获得的主要数据和得出的主要结论。

摘要不需要用图、表和注解等方式来表达，仅用文字描述即可，而且不能有文献引用。撰写时，最好用一些新的词汇和短语完成摘要撰写，使其有新鲜感和趣味性。摘要的内容一定是论文中出现过的内容，绝对不能为了博取眼球，在摘要中加入过多夸张和论文正文中没有出现过的内容和获得过的数据。

摘要一般最后来写，具体要求为：①摘要应具有独立性和自明性，并拥有一次文献同等量的主要信息，即不阅读文献的全文，就能获得必要的信息。因此，摘要是一种可以被引用的完整短文。②用第三人称来写，作为一种可阅读和检索的独立使用的文体，摘要只能用第三人称而不用其他人称来写。有的摘要出现了“我们”“作者”作为摘要陈述的主语，一般来讲，这会减弱摘要表述的客观性，有时也会出现逻辑上讲不通的情况。③排除在本学科领域方面已成为常识的或科普知识的内容。④不得简单地重复论文篇名中已经表述过的信息。⑤要客观如实地反映原文的内容，要着重反映论文的新内容和作者特别强调的观点。⑥要求结构严谨、语义确切、表述简明、一般不分段落；切忌发表空洞的评语，不作模棱两可的结论。⑦要采用规范化的名词术语。⑧不使用图、表或化学结构式，以及相邻专业的读者尚难以清楚理解的缩略语、简称、代号。如果确有必要，在摘要中首次出现时必须加以说明。⑨不得使用一次文献中列出的章节号、图号、表号、公式号以及参考文献号。⑩要求使用法定计量单位以及正确地书写规范字和标点符号。⑪众所周知的国家、机构、专用术语尽可能用简称或缩写。⑫不进行自我评价。

撰写摘要时可以用第三人称、被动语态或者第一人称、主动语态。

◎思考题 6-2：摘要的时态是什么呢？

他山之石，可以攻玉：

陈述研究背景可以用一般现在时、现在完成时（或两者组合）和现在进行时。描述作者的工作一般用过去时（因为工作是过去做的），陈述结论时宜用现在时。

一般现在时一般用于说明研究目的、研究方法、研究结果、研究结论、自然规律等。例如，In order to study...，...is concluded；It is found that...；The conclusions are...。

一般过去时用于叙述过去某一时刻或时段的发现、某一研究过程等。

参考资料：

[1] 梁福军. SCI 论文写作与投稿 [M]. 北京：机械工业出版社，2019.

[2] 李旻. 英文论文写作核心技巧精讲 [M]. 长沙：中南大学出版社，2019.

五、关键词（Keywords）

如果把关键词用其他词语连接起来成为一段话的话，是最能表达研究论文主旨意义的。关键词还是摘要的浓缩，是反映英文科技论文主题内容最重要的词、词组和短语。关键词的选择要最能表达文章主题内容，因为关键词选得好、选得对，对于研究论文的阅读量和引用率大有好处，读者往往就是利用关键词来对论文进行检索的。

六、引言（Introduction）

一篇论文要研究什么？答案就在引言部分。引言部分介绍研究课题，包括研究的必要性、目的和范围等，陈述对于该课题前人已有的主要研究成果和用到的新方法。该部分是论文的核心，也是最难写的部分，论文能不能打动主编和审稿人，关键在此。可以说，引言写得好相当于研究论文投稿就成功了一半。

引言部分是最能体现作者对该研究领域或方向的熟悉程度和对存在问题的把握以及研究能为该领域或该方向做些什么。所以，引言部分会引用大量的文献，通过已有文献的了解，体现该研究的意义，即引言部分要回答如下问题：行业存在的问题及发展程度如何，前人已做了哪些研究、解决了什么问题，哪些问题还没有解决，该研究创新了什么方法，预计能解决什么问题、建立什么理论、实现什么目的，从而体现该研究的意义。

引言部分的长度要适中，要能体现文章最想表达的意思，既要交代背景，又要尽快进入主题，还要深层次分析该领域或方向的研究基础。行文要自然流畅，交代要清楚，不要似是而非，给读者留下悬而未决的印象。

引言撰写时往往多种时态并用，描述有关现象或普遍事实时，常用现在时；描述特定研究领域中最近的某种趋势，或强调某些"最近"发生的事件对现在的影响时，常采用现在完成时；阐述作者本人研究的方法及结果的句子，多使用过去时。撰写过程中，可适当使用第一人称，以明确地指明作者本人的工作。

七、实验材料和方法（Experimental，Materials and Methods）

论文是如何完成研究的？答案就在实验材料和方法部分，英文常用Experimental 或 Materials and Methods 来表达。

该部分的撰写主要是描述所用的材料、实验装置、实验方法、理论模型和计算方法等，相对比较容易，就是把怎么实现该项目的方法叙述一遍。主要包括材料和方法两部分，材料需要详细叙述材料来自哪里，基本性能参数等；方法则又包括制备方法和表征方法，制备方法是指材料的制备，就是材料是怎么制成的，工艺参数有哪些信息等；表征方法是指材料做好后用了哪些方法对材料进行系统表征，包括仪器设备测试参数等。如果有些方法前人已经用过，那么这里并不需要再次详细叙述，仅需引用即可。如果是方法上的创新，该部分就需要特别强调出来，换句话说，别人通过该部分介绍的内容，可以参照该方法实现论文实验数据的重复。所以，审稿人会根据该部分内容来预判论文结果的可重复性，另外，别人会借鉴该方法实现其在其他地方的应用。

该部分撰写必须实事求是，怎么做的就怎么写，切忌无中生有、夸大其词。该部分可以用文字进行描述，可以用流程图、原理图进行展示。描述的内容不受时间影响的事实，一般用现在时；若描述的内容为特定、过去的行为或事件，则采用过去时，且该部分多用被动语态；如果要表达作者的观点或看法时，则应采用主动语态。

八、结果和讨论（Results and Discussion）

研究发现了什么？答案就是 Results。为什么是这样的，答案是 Discussion。Results 和 Discussion 两部分有时分开，更多时候放在一起进行阐述。该部分是论文的核心，标志着论文的创新程度，代表着研究论文的水平。经过实验部分，已经获得了相应的数据结果，并进行如实汇报，让结果和数据来表达研究结论。一个实验做完后，并不是所有的数据和图表都要放到研究论文里。一篇小论文是一个精彩的小故事，所以，必须对数据进行有效选择，并将其连成一个完整的故事。该部分的撰写非常重要，不仅应该简明、清晰、准确，还应该完整，即每一个图表均应有详尽的说明。图表的顺序也非常重要，它们能体现行文的逻辑，前后的内容必须形成呼应。

英文论文的图表大多数放在该部分，当然在引言部分和实验部分偶尔也会插入一些图表，但不多。所以，图表的处理和表达至关重要，精致的图表胜过千言万语。图和图之间、图和表之间仍然存在差距，同一组数据，作者必须深思熟虑，以哪种图或表的方式来呈现结果更具展示效果和代表性，比如，图有线形图、条形图、直方图、饼图、散点图、结构图和流程图等，表有示意表、统计表和对照表等。图和表的选择在于数据结果，有些数据结果适合以图的形式展示，有些数据结果适合以表的形式展示，这主要依据作者的科研功底和思路来决定，并没有固定不变的模式。

一般来说，一篇论文中，表格不宜过多，其数量要少于图的数量。用图表呈现数据的时候，不能简单地对数据进行罗列，而是应该巧妙地利用一些科学统计方法对数据进行处理后再呈现，这样显得更加具有科学性。数据的格式要基本保持一致，比如，有效的小数点位、标准偏差、单位、缩略语、特殊字符代表的意义等必须规范。

另外，图片的分辨率、大小和格式必须符合投稿期刊的要求，当一篇论文投稿后被拒改投其他期刊的时候必须根据新期刊的要求对图表重新进行修改。如果图表过多，但作者坚持认为不添加这些表格又没有说服力的时候，建议把部分图表放到 Supporting Information 部分。

为了突出该研究的重要性，往往也需要将该研究的数据与一些前期文献数据进行对比，体现取得的突破，这时可适当引用一些经典文献。该部分的撰写中，同一个数据，杜绝既用图来体现，又用表来进行表达，这显然是不对的。另外，尽量不要把图表的序号作为段落的主题句，应在句子中指出图表所揭示的结论，并把图表的序号放入括号中。

◎思考题 6-3：描述图表结果常用的英文表述是什么？

他山之石，可以攻玉：

As shown in Figure 1, As can be seen from Figure 1...

Figure 1 shows/illustrates/demonstrates/displays/presents/presents/provides/compares...

These results suggest/indicate that....

参考资料：

[1] 关小红. 高质量 SCI 论文入门必备：从选题到发表 [M]. 北京：化学工业出版社，2020.

很多论文的 Discussion 部分是穿插其中的，达到提炼原理，揭示关联，归纳总结的目的。该部分最忌讳的写法就是，作者只是简单地进行了数据堆砌和趋势分析，没有揭示深层次的原理。

在写作过程中，不宜重复使用相同的句型和词汇，尽量使用短句，避免使用冗长的句子。叙述研究结果的内容，通常采用过去时；图表为主语时，常用一般现在时；对研究结果进行说明或由其他得出一般性推论时，多用现在时；不同结果之间或实验数据与理论进行比较时，多采用一般现在时。结果部分多以被动语态为主，但也可穿插主动语态。

九、结论（Conclusion）

研究得到什么？答案就是 Conclusion（结论），确保读者有所收获，这就是 Conclusion 的重要性。结论包括：研究结果有什么新发现，得出什么规律性的结论，解决或完善了什么理论，适用于什么样的范围；对已有理论、方法和技术做了哪些检验，对与前人研究成果的差异性做出合理解释；研究得出的意义（理论意义、实用价值和推广前景）等。

撰写 Conclusion 时，要总结阐明论文的主要结果及其重要性。结论应提供明确、具体的定性与定量信息。对要点进行具体描述，不能用抽象和笼统的语言。撰写 Conclusion 部分时，尤其要注意：不能把前言部分的内容，如立题依据、研究目的等写在结论部分，更要区分摘要和结论部分的差别，不能把摘要和结论部分混淆，甚至直接把摘要的写法搬到结论部分来，结论就是只写结论，不写其他的，这是与摘要最大的区别。

结论要恰如其分，把 Results 和 Discussion 的精要部分进行总结，确保论文的结尾是对全文的总结，而不只是聚焦在某一点上。英文论文与中文论文在结论部分的区别是，英文科技论文很少有建议、展望部分，即便有，作者根据期刊要求用 1~2 句话来说明即可，切忌多，否则就偏离了结论部分的初衷。

结论部分撰写可以分点简洁论述，也可以一段式概括，用几句话定性和定量地总结出研究论文的结论。总结该研究论文的结论时用过去时，普遍适用的结论用现在时。

十、无利益冲突关系申明（Conflict of Interest）

该部分并不是必需的，部分英文论文并没有此项要求，读者也未能够在论文中看到。近年来，越来越多的英文论文增加了该部分的要求，这是为了避免论文发表后论文作者和非作者之间的冲突。利益冲突包括经济利益冲突、职业和观念冲突、信仰冲突等。如果真的存在冲突，那么建议作者在论文发表前与潜在的可能的冲突者处理好相关矛盾和利益。所以在英文论文中，读者看到的都是类似这样的标准语句 "... no potential conflicts of interest"，译为 "不存在潜在的利益冲突"。

十一、致谢（Acknowledgement）

一项课题在研究过程中得到谁的支持，答案就是"致谢"。一项富有创新性、系统而全面的研究成果不是一两个人能完成的，也不是一个单位就能完成的，需要多方面力量的支持，这种支持来自单位内外、国内外，包括资金（项目号）、设备和人力（测试和分析）的支持。致谢的对象包括物和人，"物"主要是项目研究过程中得到哪个基金项目的支持，也包括一个平台或者仪器设备对研究过程中的测试提供了帮助等；"人"主要是项目研究过程中对某些测试或某些数据的分析提供过帮助的人。

英文论文致谢部分的标注对于中国的科技工作者来说尤为重要，尤其是论文成果归属评判的时候，往往很多项目资助和管理单位会要求是第一标注，除了第一标注都不予认可。无论是国际还是国内的基金委员会对于论文的标注都有相关要求，有些基金管理委员会要求论文的标注必须为第一标注，否则不予认可。一项重要科研工作的完成，往往又会有多个基金予以资助，所以作者撰写论文时需要按照基金的贡献程度和重要性按顺序进行标注，有第二、第三等标注。

致谢部分并非一定在英文论文中出现，但绝大部分论文都要求有，往往在论文的靠后位置，有的在参考文献前，有的在参考文献后。

十二、作者的贡献（Contribution）

根据每个人在论文研究过程中的贡献和重要性，按顺序一一将其列为论文的作者。作者的贡献包括提出文章创新性（Idea），提供实验材料，完成具体实验操作，提供数据分析和解译，某些特殊图谱和视频处理，论文撰写和修改等内容。只要是列为作者，就意味着或多或少对论文的完成做出了贡献，所以需要在此进行一一列出。一项工作有可能只有一人完成，有些工作可能有多人完成，但并不影响该部分的阐述，作者只需要实事求是地写清楚即可。

十三、参考文献（Reference）

参考文献是一项研究参考的对象，这些对象包括想法、材料、方法、研究进展、研究数据对比等。一般来说，除了教科书公认的方程和表达式外，哪怕是自己前期的工作，都应该标明出处，清晰地写出参考文献，这是对他人工作的肯定，避免剽窃之嫌，又能说明自己的论述依据充分，进而反映出自己在该项研究工作方面的创新性。引用时最好引用原始文献，而不要二次引用。

文献的引用至关重要，所以尽量引用该领域经典的和最新的一些文献。如果连经典和最新的文献都没有引用，期刊编辑和审稿人会认为作者对行业的了解不够深入和全面，从而会对你的论文有负面评价。

十四、附录（Supporting Information）

在英文论文中，研究数据较多，视频、音频、动画和更细化的图表这些表达方式很难在正文中呈现，所以会以 Supporting Information（附录）的形式呈现。Supporting Information，顾名思义，就是补充信息，对研究论文本身有用，但不是关键结果，并未包含对论文理解的必需信息，但或许对英文论文中某些观点可以进一步解释说明，有利于读者理解研究论文的内涵。

传统印刷型的英文科技期刊难以准确地展现视频、音频、动画等多媒体数据，所以极少有 Supporting Information 部分。近年来，随着互联网时代的高速发展和 SCI-E 的流行，加上科研人员研究水平的逐步提高，研究某个问题愈加深入，表征数据更加丰富，呈现方式更加多样化，使得 Supporting Information 在现代的英文论文中越来越流行。

必须要声明的是，Supporting Information 部分并不是必需的，期刊对此并没有强制性规定和要求，完全根据作者的意愿和论文成果的必要性来决定。有无 Supporting Information 并不会影响编辑和审稿人对该论文的评判。如果作者要添加 Supporting Information，则必须按照期刊的要求进行操作，尤其是上传的附件不能太大，否则会影响编辑和审稿人的下载，期刊一般也会对上传的 Supporting Information 大小做限制。部分高水平期刊有时也会要求作者补充上传 Supporting Information，作者需按要求进行补充。

十五、图文摘要（Graphical Abstract）

图文摘要在英文论文中不是必需的，而是有选择性的，不同的期刊有不同的要求。图文摘要有以下几个特点：①仅看图文摘要就能了解到文章的研究主旨。②内容少而精。③有关键性文字说明。④排版精美。最终要达到的目的就是读者不看文章内容，仅看图文摘要就能了解文章大致内容。制作图文摘要的时候，请仔细阅读论文 Abstract 部分，其实就是图示化的 Abstract。

十六、亮点（Highlight）

Highlight 是论文的窗口，也是编辑、审稿人和读者在看完论文题目后最新看到的内容，所以对于论文的下载率和引用率至关重要，也是读者检索的重点。一般来说，Highlight 用 3~5 条短句来概括研究论文的研究方法、创新点、研究结论和意义等信息。撰写 Highlight 时，尽量使用简单、非专业性词语来使审稿人和读者更容易理解论文要点，切忌使用复杂的和生僻的词汇。每个期刊对于 Highlight 的字符数做了严格的限制，而且在撰写时不能使用缩略词，句子时态常用现在时。为了节省字符数，建议采用主动句句式来撰写。

总之，英文论文撰写的步骤不是按照论文中出现的各部分的顺序来写的，一般先完成引言部分（Introduction）和实验部分（Experimental）的撰写，这两部分的撰写是在作者边看文献、边做实验室的时候就可以完成的。实验做完，这两部分基本也要写完。另外，在做实验的时候就要边做实验边处理数据，处理好的数据就要制成目标期刊要求的标准的图和表，这个过程还可以录制一些小视频。把处理好的图和表放到结果与讨论部分，进行一些简单的分析，并把实验过程中观察到的现象详细记录在此。

等实验做完、数据处理完毕，就开始专心写结果和讨论部分（Results and Discussion）。撰写该部分的时候再对前面撰写部分的内容进行修正和完善，包括前期处理的图和表，每一个数据要用最恰当的方式来进行表达。完成了这部分的撰写后，进行论文总结撰写。然后再进行摘要（包括图文摘要）、关键词和亮点部分的撰写。最后再撰写一些形式上的内容，如无利益冲突、致谢和作者贡献等部分。

总之，好的英文论文就是让读者有进一步往下读的意愿，读完摘要，读前言，然后迫不及待地读作者采用了哪些新的实验材料和方法，取得了哪些重要的研究成果。然后再看结论。

英文论文的撰写其实是很难的，尤其对于英语是非母语的作者来说更是难上加难。所以，作者撰写完初稿后一定要抽时间进行多次修改，每隔一两天拿出来修改一遍，修改到自己满意为止。有时候，个别英文科技论文期刊还会要求作者请 Native Speaker 对论文进行英语润色，提升可读性，这是非必要的。

第二节 英文论文的文体特点

由于文化的差异和英语这门语言本身的特点，英语论文写作虽然在目的性上与其他语言形式的论文写作是相同的，但是它有自己的语言特征、文体要求和格式变化。在撰写过程中，必须遵照三个原则（3C），即Correct（正确）、Clear（清楚）、Concise（简洁），从而实现论文研究成果准确、清楚和表达简单的目标。

另外，作为学术论文，英文学术论文还有如下特点：

一、科学性

研究论文要体现科学性：第一，选题要科学，研究方案要合理；第二，数据准确无误。结果与讨论的数据依据充分，具有说服力，总之，不能出现无数据和现象支持的主观臆断的结果和结论。

二、专业性

词汇是最能体现一个文体区别于另一文体的特征，它是语言的建筑材料。科技英语的词汇基本分为三大类，即专业术语、半术语（准专业术语）和非术语（普通词汇）。科技领域的专业术语具有鲜明的国际性，这主要体现为其在不同的语言中是通用的，因此，英语词汇一般必须精确、专一，具有稳定性，不能产生歧义。这类词通常来自拉丁、希腊语，还有一些词汇利用了拉丁、希腊词的前缀和后缀构成了新词；这类词通常都词义范围狭窄，不易产生歧义或混淆，不会因频繁使用或文化发展而引起词形、词义的变化。专业术语的另一特点是其构词紧凑，常常把定语和中心词放在一起，因此，这种术语会很长，所以常使用缩略语也是专业术语的一个显著特点，达到以较少的词传达较多信息的目的。

三、创新性

英文论文需要刻意阐明创新点，如应用研究要着重介绍实验设备、测试分析技术、工艺方法等方面的更新或改进；基础研究则要侧重理论上的新见解。无论是理论创新还是技术创新，都要或多或少地介绍创新性，这是体现论文的意义所在。

四、学术性

透过对所研究的客体外象的观测，分析探讨其内在本质，将感性认识进行理论上的深化；切忌将一连串现象无分析归纳的无序堆砌，而将论文写成实验报告或工作总结，这是研究论文与其他报告的显著区别。

五、真实性

错误、虚假、失实将导致论文科学性和学术性的丧失，甚至可能涉嫌剽窃；不凭主观臆断和好恶随意取舍数据和素材，引证他人成果必须给出出处，但只提取与文章密切相关的重要信息用以引证，这些都是科研诚信重点打击的范围。

六、规范性

无论是哪个期刊，对于英文论文的撰写格式都有严格的书写要求，都比较规范。无论是语句的书写、图表的处理、文献的引用等方面，都是比较规范的。虽然不同期刊之间有差异，但作为独立的个体时都是规范的。

英文论文写作同其他论文一样，无论是修改了几个阶段，只要还未发表，其实都处于写作阶段，修改无止境。有些论文甚至在发表后都有继续修改的可能，尽量做到完美。

第七章 学位论文写作

【引言】学位论文的写作过程不仅是学生有计划、有目的地充实和提高专业知识的过程，也是培养科研和写作能力的过程。因此，选题对于学生的知识深化和能力提高至关重要，并且为毕业后的专业实践与发展奠定了良好的基础。

【思政小案例】人生的意义从何而来？

有人说，意义有两种来源：一种是从积累得来，是愚人取得意义的方法；另一种是由直觉得来，是大智取得意义的方法。积累的方法，是走笨路；用直觉的方法是走捷径。据我看来，欲求意义唯一的方法，只有走笨路，就是日积月累地去做刻苦的工夫，直觉不过是熟能生巧的结果，所以直觉是积累最后的境界，而不是豁然贯通的。大发明家爱迪生有一次演说，他说：天才百分之九十九是汗，百分之一是神。晋代王献之自小跟父亲王羲之学写字，从基础笔画练习到整字练习，锲而不舍，将自家院子里的十八缸水用完，最终成为著名的书法家。可见得天才是下了番苦功才能得来，不出汗绝不会出神的。所以有人应付环境觉得难，有人觉得易，就是日积月累的意义多寡而已。

参考资料：

[1] 胡适. 人生有何意义 [M]. 北京：民主与建设出版社，2015.

科学研究方法与论文写作

［2］中国学位与研究生教育学会．教育规律读本：育人三十六则［M］．北京：商务印书馆，2019．

第一节　写作要求与写作方法

学位论文是大学生、研究生必须完成的学习任务，也是对所学知识的综合考验和理论应用到实践的体现。学位论文需要学生在导师的指导下，独立完成学术问题的提出、理论分析、数据收集、数据分析、提出解决问题的对策等环节。

一、学位论文概念及类型

（一）学位论文概念

我国的国家标准《学位论文编写规则》（GB/T 7713.1—2006）要求，学位论文是作者提交的用于其获得学位的文献。国家标准《科学技术报告、学位论文和学术论文编写格式》（GB 7713—87）规定，学位论文是表明作者从事科学研究取得创造性的结果或有了新的见解，并以此为内容撰写而成、作为提出申请授予相应的学位时评审用的学术论文。

学位论文一般具有独创性的研究成果，能显示论文作者的专业研究能力。根据学位的层次不同，学位论文分为学士、硕士和博士三种类型。根据相关国家标准对于三种学位论文的要求，三种学位论文的差异如表7-1所示。

表7-1　三种学位论文的主要差异

学位层次	知识的掌握程度	创新度	科研能力要求	字数要求
学士论文	较好地掌握了本门学科的基础理论、专门知识和基础技能	有一定的创新	研究深度较浅，具有从事科学研究工作或承担专门技术工作的初步能力	一般来说，正文8000字以上

续表

学位层次	知识的掌握程度	创新度	科研能力要求	字数要求
硕士论文	在本门学科上掌握了坚实的基础理论和系统的专业知识	有较高的创新度，对所研究课题有新的见解	学术研究能力较强，具有从事科学研究工作或独立承担专门技术工作的能力	一般来说，正文3万字以上
博士论文	在本门学科上掌握了坚实宽广的基础理论和系统深入的专门知识	创新程度最高，在科学和专门技术上做出了创造性的成果	学术研究的深度极高，具有独立从事科学研究工作的能力	一般来说，正文10万字以上

不管是哪种层次的学位论文都是在导师的指导下完成选题、写作等工作，都需要遵循基本的条理性、逻辑性、严谨性等要求，恪守学术道德规范，文献引用、数字公式等满足学术写作基本规范要求，毕业论文最后还需要答辩环节，论文答辩将在第八章展开详细介绍。

◎思考题7-1：学术不端行为有哪些？

他山之石，可以攻玉：

学术不端是一种故意的没有学术诚信的行为。与学位论文相关的学术不端行为包括但不限于：

第一，歪曲，故意误传个人或他人的工作。

第二，伪造，编造或虚构数据、事实的行为。

第三，篡改，故意修改数据和事实使其失去真实性的行为。

第四，剽窃，采用不当手段，窃取他人的观点、数据、图像、研究方法、文字表述等，并以自己名义发表的行为。

除此之外，学术不端行为还包括重复提交、作业作假、考试违纪、考试作弊、抄袭、一稿多投和重复发表、引用不规范等。

参考资料：

[1] 吴子牛，白晨媛. 学位论文写作 [M]. 北京：北京航空航天大学

出版社，2019.

［2］四川大学《学术道德与学术规范》编写组．学术道德与学术规范［M］．成都：四川大学出版社，2018.

（二）学位论文特点

学位论文具有以下特点：

1. 学科专业的指导性

学位论文是指大学和研究机构的学生为了取得不同级别的学位而发表的论文，必须符合所获得学位的学科要求，毕业论文的选题要符合专业范畴。

2. 参考文献的合理性

在学位论文的所有部分，当前研究都应该与现有文献形成统一的整体（杜晖等，2010），参考文献的数量一般多于期刊学术论文等，内容全面，便于跟踪查找有关文献。

3. 研究内容的学术性

学位论文的研究对象是学术问题，研究内容的专业性和学术性随着学位层次的提高而增加，硕士学位论文、博士学位论文对于学术性的要求较高。"术业有专攻"，根据所学专业，进行科学严谨的论证，在理论和实践上有所创新和突破。

4. 撰写表述的规范性

学位论文的写作要按照要求完成，在表述的规范性方面要求也较高，需要选用具体的研究方法，将研究结果和结论通过一定的规范清楚表述出来，具有较强的可读性。

二、学位论文与期刊论文的共性与个性

学位论文是为获得某种学位而撰写的研究论文或研究设计，是对学生学习、研究与实践成果的全面总结，也是对学生基础知识的掌握情况和实践能力的全面检验。撰写学位论文的过程是学生在本科、硕士和博士学习阶段最后一个重要的学习环节，是学习深化和升华的过程。

　　学术论文的写作在第五章已做详细介绍，不赘述，学位论文和期刊论文是我们常见的两种学术论文，也是学生最常接触的论文，两者的共性比较明显，都要符合学术论文的基本写作范式，都需要一定的科研思维和科研能力。两者的差异性需要重点进行介绍，两者在结构上有所不同，将在下文展开介绍，其他差异如表7-2所示。

表7-2　学位论文与期刊论文的差异性比较

	学位论文	期刊论文
概述	俗称"大论文"，以毕业论文的形式呈现，按照学位要求与毕业流程，学生结合专业方向进行论文写作，用于完成学业的论文	俗称"小论文"，作者根据研究方向自行选题，结合期刊要求进行论文写作，主要用于期刊发表的论文
篇幅长度	学位论文根据学位层次不同，篇幅长度不同，比一般的期刊论文篇幅更长	期刊论文的篇幅根据期刊的要求有所差异，篇幅短的在5000字以下，篇幅长的可到10000字以上
写作对象	毕业生	从事学术研究的一切科研人员
选题要求	学位论文选题要符合专业培养要求，具有价值性、创新性、可行性、独创性等要求	要依据期刊的收稿范围、选题情况而定，要求论文在收录范围内具有创新性的原始研究成果
研究系统性	学位论文对于研究的系统性要求更高，从基本理论基础到实践应用都有较高的要求，进行系统、全面的整合、思考	期刊论文有一定的系统性，但篇幅受限，论文侧重研究过程及结果、结论的差异化展现，将学科相关的新观点、新方法、新实验数据或新结论输出
考察能力	考察作者的观察分析能力和综合归纳能力	考察作者的学术洞察力和社会敏锐性

◎思考题7-2：前面介绍的论文的创新性如何应用在学位论文上？

　　他山之石，可以攻玉：

　　第一，前人研究比较少或者梳理得不够好，你进行了很好的梳理。

　　第二，你的论文研究时间跨度大，材料多，材料新。

第三，论文运用了跨学科的研究方法。

如果提炼不出创新点，套用这个模板试一试。

参考资料：

[1] 尔雅老师 . 学位论文通关宝典 ［M］. 武汉：华中科技大学出版社，2019.

三、学位论文结构要求

每个高校的学位论文都有具体的结构及格式要求，基本的模板内容等，要求有所差异，但都包含学位论文的基本结构要求。根据《学位论文编写规则》（GB/T 7713.1—2006）要求，学位论文包括前置部分、主体部分、参考文献、致谢、附录、结尾部分。

1. 前置部分

前置部分包括封皮、版权页、中英文摘要和关键词、目次（目录）等内容。相比于一般的学术论文，学位论文有封皮、版权页和目录。

封皮页是学位论文不可缺少的内容，每个学校的封皮页有所不同，但基本都包括题目、作者姓名、导师姓名、专业、研究方向、日期、学位授予单位等。

版权页一般包括学位论文的使用声明和原创性声明，以及作者及导师的签字等。对于一些非公开保密要求的学位论文，还会有相应的版权声明。

学位论文的中英文摘要和关键词的写法可以参考第五章学术论文写作中摘要和关键词的写作思路。在写作深度和篇幅上有所增加，学位论文的摘要字数也根据学位层次有所不同。学位论文的摘要字数比期刊论文适当增加，一般学士学位论文的摘要 500 字左右、硕士学位论文摘要 500~1000 字，博士学位论文的摘要 1500 字左右（郭倩玲，2016）。

目录也是学位论文必备内容，因为学位论文篇幅较长，内容较多，因此，目录页放在主体部分前面，方便读者快速了解整篇论文的内容及结构框架。目录也是学位论文的提纲，可以给出整篇论文章节标题，更能体现出作者的学术思维水平。一般来说，学位论文的目录给到三级标题，标题要简短精练、高度概括，方便阅读，不能太长。学位论文的目录在编辑的过程中设置不同级别的标题，自动生成目录，内容调整页码变更后也能自动更新，方便读者随意准确查找具体章节内容。

2. 主体部分

主体部分主要包括引言、正文、结论等内容。学位论文的主体部分相比一般学术论文而言，研究内容更有深度，理论学术水平要求更高，具体内容更加翔实，论证过程更加充分。

3. 参考文献

学位论文的参考文献通常在论文主体部分之后。参考文献的写作要求具体参见本书第五章第二节。

4. 致谢

《学位论文编写规则》将致谢放在前置部分，一般学位论文的致谢放在参考文献后，表达对完成学位论文过程中有所帮助的个人、机构或组织的感谢。

5. 附录

附录是学位论文可选内容，是不方便编入正文的一些辅助材料，有利于整体论文的数据完整性和论证的可靠性。例如，汇总的原始数据、资料、详细公式推导、调查问卷或访谈提纲等。多个附录可按顺序排写，例如"附录1""附录2"等。

6. 结尾部分

结尾部分包括相关索引、作者简介等。相关索引是指专门的学术语索引、人名地名索引等，有利于读者准确找到论文中的相关信息。作者简介主要包括作者攻读学位期间发表的研究成果、工作经历等。大部分高校都要求给出导师简介，主要介绍导师的相关研究方向、学历、称号、获奖、主要研究成果等内容。

◎思考题 7-3：糟糕的论文有什么特点？

他山之石，可以攻玉：

第一，缺乏连贯性。

第二，缺乏对理论的理解。

第三，缺乏自信。

第四，研究的问题不合适。

第五，理论和方法相混淆。

第六，研究不具有原创性。

第七，在论文结尾不能解释该论文究竟提出了什么观点。

在写毕业论文的时候可以自己按照这个模板来检验论文的质量。

参考资料：

[1] 罗伊娜·默里. 怎样顺利通过答辩：论文答辩的策略与技巧 [M]. 高娟，译. 北京：新华出版社，2021.

第二节　开题报告

开题报告的撰写和答辩既是学生培养计划的一个环节，又是完成毕业论文的关键步骤之一。

一、开题报告概述

开题报告是作者对论文题目在调查研究的基础上进行论证的一种文字说明材料。一般来说，开题报告需要回答三个方面的问题，即计划研究什么，为什么研究，如何进行研究（杨利红，2018）。通过撰写开题报告，明确研究的主要内容、研究思路、研究方法、研究的创新性、研究计划、主要参考文献等，为后续论文的写作提供有效的论证和基础。

硕士和博士的开题需要开题答辩环节，学生提交开题报告后向答辩老师系统介绍自己的论文题目、前期基础、研究主要内容、难点等，答辩老师根据学生的陈述内容，对该论题进行评审，重点评价论文的创新程度、可行性、规范性等，最终决定开题是否通过。

二、开题报告的特点

（一）目的性强

从学位论文开题报告的性质来看，开题报告的目的就在于展示选题计划的科学性、创新性及可行性，因此，目的性强是开题报告的第一个特点。

（二）格式规范

学位论文的开题报告的规范性主要表现在开题报告有固定的写作内容和格式要求，主要包括课题名称、选题意义、文献综述、研究目标、研究的基本内容、研究方法、技术路线、技术可行性分析、特色或创新之处、研究计划进展等方面内容。

（三）简明扼要

学位论文的开题报告就是向有关专家、学者等评审专家陈述选题的依据，即为什么选这个题目，将怎么开展研究，研究的过程中可能会有什么难点问题，即如何解决这些问题等。因此，开题报告的写作要求之一就是简明扼要，力求精练，突出重点，以便评审专家能够快速对选题的研究思路及研究框架做出一个判断。

三、开题报告的结构与写法

（一）开题报告结构

开题报告一般具有固定的结构格式，主要包括以下几个方面：选题的目的与意义、文献综述、研究目标、研究的基本内容、研究方法、技术路线、可行性分析、研究计划、已具备条件和预期研究成果等。

（二）开题报告写法

1. 选题的目的与意义

开题报告的选题目的与意义要突出。开题报告首先要明确选题价值与意义，即回答选题的现实意义是什么，选题的研究价值在哪些方面以及选题背景等。从现实问题出发，提炼学术问题，选题目的和意义要具体客观，有针对性，不要泛泛而谈，切忌空洞无物。

2. 文献综述

开题报告的文献综述要有针对性，通过文献研究为选题的理论与方法做支撑，为自己理论框架的演绎逻辑寻找支撑点。如何撰写文献综述参考第五章内容。

3. 研究目标

开题报告的研究目标就是作者通过目标计划要解决验证的问题。因此，只有目标明确、重点突出，才能排除研究过程中各种因素的干扰，研究目标要求用词要准确、精练、明了。从研究目标与研究目的的关系来看，研究目标是比较具体的，是研究目的的细分，实现研究目标是达到目的的必要条件。因此研究目标是研究工作的方向所在，所以不能笼统地讲，必须详细地列出来。只有目标明确而具体，才知道研究的重点是什么，选题研究工作才能顺利进行。

4. 研究的基本内容

开题报告的研究内容需具体明确，但研究内容还细化不到论文目录，可以分部分展开论述。研究内容是根据研究目标来确定的，即把每一个研究目标具体细分成各个研究问题，各个研究问题的解决就是研究目标的实现。

5. 拟采取的研究方法或实验方法

开题报告选用的研究方法要根据选题方向及研究内容具体而定，关于研究方法的介绍，在本书的第三章已详细介绍，本章就不再赘述。但需要注意的是，研究方法是解决研究问题的工具，虽然研究方法创新是论文创新的一个体现，但是在确定研究方法时要叙述清楚"做些什么"和"怎样做"，研究方法要与研究内容相一致，不要一味地追求研究方法的创新性而忽略研究内容，否则容易出现研究方法与研究目标不符的问题。

6. 研究步骤及技术路线

研究步骤可以通过技术路线图展现，所谓"技术路线"，通常是研究的准备—启动—进行—再重复—取得成果的一个过程。技术路线的合理性并非意味着技术路线的复杂程度，技术路线是一种针对实现研究目的所做的技术手段、具体步骤以及解决关键问题的方式。

7. 可行性分析

开题报告的可行性，即保障该选题计划能够正常进行下去的主客观条件，否则一切的设计创新都是纸上谈兵。

研究可行性主要表现在研究条件及研究方法上。研究条件包括物质条件优势，如可免费获取的学校图书馆数字资源中的国内外文献资料；作者自身的资源优势，例如作者在研究对象单位实习过，导师的课题与研究相关等。研究方法的可行性就在于方法的适用性以及数据的可获得性等方面，如对研究方法已经通过统计学课程掌握方法的使用和软件操作；参与导师项目可获得完整数据资料等。

8. 研究计划

开题报告的研究计划主要以时间线为主，设计从选题到学位论文答辩的过程，并一步一步有条不紊地展开研究。研究计划的撰写根据作者的实际情况合理安排。整体研究在时间和次序上的安排要分步实施，每个时期的起止时间，对应的研究内容都要有一个清晰的定义，各个阶段之间不要中断，以确保研究进程的延续。

9. 完成该研究已具备的条件

开题报告中完成该研究已具备的条件可以从人员条件、物质条件、时间条件等方面进行阐述。一是人员条件，主要指个人及科研团队的条件，主要包括科研兴趣、基础知识、导师支持等；二是物质条件，包括场地、设备、现有材料、经费等；三是时间条件，主要从前期准备工作、撰写开题报告、搜集数据、撰写论文和报告等几个角度来反映。

10. 研究的预期成果

开题报告中研究的预期成果是指在该研究过程中，预计取得的成果，主要包括学位论文、发表期刊论文、专著出版等。

第三节　中期检查

中期检查也是学位论文写作过程中的一个环节，需要提交中期检查表。顾名思义，中期检查就是确定学位论文题目后，在完成过程中进行总结，归纳已有进度，提出存在问题，学生通过与导师及其他老师沟通交流后，为毕业论文的顺利完成提供工具。

一、中期检查表的概念

学位论文的中期检查表是指博士生、硕士生以及本科生在毕业论文进行过程中的过程文件，一份用于检查完成结果的书面考核文档。学生总结前一段工作的成果和经验，以便于检查研究进度。

二、中期检查表的内容

中期检查表需要学生填写的内容包含论文题目及个人基本信息和关键内容。关键内容涉及：

一是对自己前期工作进度的阐述。主要是说明作者做了哪些工作，搜集了哪些数据资料。

二是论文的进展情况。学位论文的中期检查是对前期工作进展的总结，例如初稿的完成情况，调研展开情况、数据获取情况等。

三是论文存在的问题及解决办法。学位论文的中期检查不仅包括前期已完成的工作，还有对未来的研究进行的规划，说明在论文进展过程中存在的问题。例如，对文献综述挖掘得不够深、缺乏创新点、数据不充足、实验情况不乐观、思维逻辑不够强等。根据发现的问题，明确下一步论文如何更好地展开研究，以提高论文的学术价值。

三、中期检查表写作注意事项

一是语言表述准确清楚。中期检查表的主要目的就是为了总结汇报论文的进度和实施情况，所以语言表述要清晰，不要只写"已完成""未完成""无问题"等，要具体给出已完成或未完成的内容是什么，准确明了。

二是内容真实。中期检查表中已完成和未完成的要实事求是，客观评价自己完成的工作，如实表明在研究过程中存在的实际困难，以便导师及时了解和掌握，有的放矢地给予帮助。

三是及时汇总与原计划有出入的内容。在中期检查表中及时汇报与原计划有变动的工作内容。例如，通过调查研究，找到了更加合适的研究方法或新的思路，应该及时在中期检查表中写明原因和打算怎么安排未来新的研究工作。

参考文献：

［1］杜晖，刘科成，张真继．研究方法论本科、硕士、博士生研究指南［M］．北京：电子工业出版社，2010.

［2］郭倩玲．科技论文写作（第2版）［M］．北京：化学工业出版社，2016.

［3］杨利红．学位论文写作教程：会计类［M］．西安：西北工业大学出版社，2018.

第八章 论文答辩

【引言】答辩是一场智慧与知识的"较量"，有"答"有"辩"，更有提问环节。答辩的一方是毕业生，另一方是答辩老师。通过答辩老师的不断提问，毕业生的不断回答，针对某个问题讨论或辩论，最终考核毕业生的毕业论文质量以及毕业生本身的学术水平及语言表述能力、灵活应变能力等综合素质。

【思政小案例】什么是学术道德？

学术道德作为一种道德要求和职业操守，把坚持"科学精神""人文精神""科学伦理"作为其基本内容。

第一，科学精神。科学精神是在科学发展中所形成的思维方式、价值取向、行为规范，是科学工作者应有的意志、信念、气质、品质、责任感、使命感的总和。

第二，人文精神。人文精神是对人性、人的主体地位和价值尊严的关注与高扬，是关于人的生命、生活、幸福、生存意义的终极关怀和价值取向。

第三，科学伦理。科学伦理肩负着规范并引导科学的发展以归正社会的进步方向，保障人类社会可持续发展的重任。

作为科研工作者要遵循学术道德，严禁学术不端行为。"千里之行，始于足下。"青年科技工作者、青年学生要上好学术生涯的第一课，向榜样学习，扎根科学道德大地、扎根学术优良土壤，恪守科学道德和优良学风的基本规范，学术人生才能沿着正确的方向发展，才能在科学研究的道路上不断前进。

参考资料：

[1] 四川大学《学术道德与学术规范》编写组.学术道德与学术规范 [M].成都：四川大学出版社，2018.

[2] 复旦大学研究生院.研究生学术道德与学术规范百问 [M].上海：复旦大学出版社，2019.

第一节 答辩的目的和意义

论文答辩对于每一个毕业生来说不仅仅是一次考验，更是对自己求学生涯的阶段性总结和提高，意义重大。

一、答辩的目的

答辩是学位论文完成的最后一个步骤，论文答辩是每个毕业生（以下称为答辩学生）必须经历的"考试"，也是对每个毕业生学习效果的一次考查。答辩是学校对学生毕业论文的质量的检验，也是学生对自己毕业论文深耕细作的有效途径。

一是论文质量的检验。毕业论文要经过指导老师审查、审阅老师审阅、答辩老师评价等一系列环节，最终进行完善和提交。论文答辩是对论文研究的深度和质量进行最后评价的关键环节，检验答辩学生独立完成论文的能力和汇报论文内容的综合素质。

二是学生进一步对论文进行深耕细作的途径。在答辩过程中，答辩老师会对答辩学生进行提问，同时给出一些建设性的建议，学生可以根据老师的意见进一步完善论文，提高论文的整体水平。

二、答辩的意义

答辩对于答辩学生而言，是学术生涯过程中的一次"洗礼"，除了考察基础知识掌握运用的情况外，还是语言表达能力、逻辑思维能力、灵活应变能力的一次全方面考验。

（一）答辩学生学习成果的集中呈现

毕业论文是答辩学生结合所学知识，对某一学术问题进行系统研究的成果。毕业论文是答辩学生对于所学知识的理解和应用以论文的形成体现出来，涵盖了答辩学生对于现实问题的研究思路和观点。论文答辩的一种形式是"答"，让答辩学生通过回答答辩老师提出的专业问题，将所学知识、理论系统呈现，以此呈现专业学习的基础知识的掌握程度。论文答辩的另一种形式是"辩"，让答辩学生对于答辩老师提出的学术性探索问题进行观点表述，将对所学知识的实践应用能力和对于问题的分析能力进行淋漓尽致的展现。最终，通过一次次地问答，将学习成果在仅有的答辩时间内容高度集中呈现。

（二）答辩学生全面展现自己的机会

答辩过程是答辩学生自身精神风貌的体现，更是全面展现自己语言表达能力、逻辑思维能力和灵活应变能力的大好机会。

1. 语言表达能力的展现

论文答辩对于答辩学生的语言表达能力的要求较高。因为答辩时间有限，答辩学生要在规定的时间范围内陈述论文的主要内容，这就需要较高的语言组织和表达能力。既高度凝练，又能突出重点；既精简规范，又能引人入胜。另外，当答辩老师提出问题后，要能在最短的时间内组织好语言，对答如流，让答辩老师精准地接收到答案信息。答辩的过程是答辩学生语言表达能力展现的机会，让自己的口才、智慧和自信展现出来。

2. 逻辑思维能力的体现

逻辑思维能力不仅是论文写作的关键，更是论文答辩过程中不可或缺的要素。不管是论文陈述环节，还是答辩老师提问环节，无一不体现着答辩学生的逻辑思维能力。答辩过程是答辩学生逻辑思维能力体现的机会。

3. 灵活应变能力的表现

灵活应变能力主要体现在答辩老师提问环节，应对答辩老师提出的问题，需要灵活应变能力。特别是答辩老师的问题自己完全没有准备，或者答辩老师对自己的论文有所质疑等情况下，更需要随机应变。

（三）答辩学生交流学习的机会

答辩对于答辩学生而言，是一次很好的学习机会。答辩老师有各自的研究方向，论文写作经验丰富，针对论文会给予不同视角的解读和思考，通过答辩环节，答辩学生可能会受到启发或得到一些针对性的建议，这是难得的一次学习交流的机会。

第二节 答辩的过程

答辩本身是一件十分有价值的事情，很多同学惧怕答辩，因为答辩坐立不安，也有同学对待答辩十分"轻描淡写"，随意准备，这两种心态都有失偏颇。答辩是答辩学生与答辩老师相互交流、相互探讨的过程，也是学生再次向老师请教学习的机会，也许是最后少有的机会。因为答辩老师一般要回避自己的导师，不同的老师会根据自己的专业判断给出相关的问题，是一个思想碰撞的过程，所以答辩学生应该认真准备，只要准备充分就不必过于紧张，但也不要随意对付，什么都不准备就参加答辩，避免影响正常的毕业。

◎**思考题8-1：答辩类似于一场口试，口试和笔试有哪些不同？**

他山之石，可以攻玉：

第一，笔试中所写的内容是考官看到的唯一答案。

第二，在答辩中，会提问题以及围绕你的答案展开讨论，考官可能会针对你的答案再次提问。

第三，在答辩中，你的答案会受到质疑，并且即使你能看到考官，你也不会知道他们对你答案的评价。

第四，考官可能会明确地告诉你，他们同意你的答案或者觉得你的答案可以接受，但是他们不会在你每次回答之后告诉你这个回答是"正确"还是"错误"。因此，你只能不停地回答问题，而不知道后面还会有多少问题，或者答辩还会持续多长时间。

答辩是一种新形式的高水准交流活动，那你就需要学习一些高级的言辞技巧和表现技巧。

参考资料：

［1］罗伊娜·默里. 怎样顺利通过答辩：论文答辩的策略与技巧［M］. 高娟，译. 北京：新华出版社，2021.

一、学生答辩前准备

毕业论文答辩是有计划、有组织地进行的，为了保证毕业论文答辩的顺利进行，答辩学生需要做好充足的准备。毕业论文在提交后，学生在答辩前应该对答辩资料、答辩状态等进行准备。

（一）答辩资料的准备

毕业论文答辩时学生可以携带毕业论文、答辩 PPT、相关的资料、签字笔等。相关内容的答辩策略在第三节中详细介绍。

1. 熟悉自己的毕业论文

答辩学生在答辩之前一定要对自己的毕业论文十分熟悉，对其中的关键内容、研究过程、研究结果及结论等了然于胸，以便更好地应答答辩老师提出的问题。还需仔细推敲论文中是否存在自相矛盾、谬误、片面或模糊不清的情况，及时予以修正与解说。

2. 答辩 PPT 的准备

答辩 PPT 的制作要精简大方美观，增加可阅览性，把毕业论文的关键性信息用一定的逻辑主线体现出来，起到方便答辩学生陈述毕业论文主要内容的作用。PPT 的制作技巧在第三节答辩策略中详细介绍。

3. 计时试讲

在答辩前要根据答辩 PPT 准备发言稿，提前预演。因为答辩的汇报一般有时间要求，不要超时，也不要过分简短。答辩陈述时，不要照着 PPT 逐字逐句念，PPT 只是起到发言提纲的作用，要结合自己的研究内容，把自己的毕业论文的关键信息，就像讲故事一样，完整地陈述清楚，把为什么做，怎么做，得到了什么等有序规范地表达出来，让答辩老师全方面了解自己的毕业论文。

4. 换位思考，提前准备可能遇到的问题

学会换位思考，根据自己的毕业论文内容设想答辩老师可能会提问的问题，准备好如何应答，有备无患，会让自己在答辩的过程中更加游刃有余。答辩过程中一些常见的问题，例如，为什么选择这个题目？为什么选用这个研究方法？论文的创新性体现在哪里？等等。

5. 做好记录

答辩过程中，答辩老师除了提问之外，还会给予一些中肯的建议，这时就要用笔做好记录，以方便答辩结束后的论文修改完善。

（二）答辩状态的准备

毕业论文答辩对于学生来说是一个比较关键的环节，答辩学生应以积极的心态去面对答辩，把答辩看作对自己学习成果的一次全面的考核。答辩前要避免以下心态：

1. 应付心态

不少学生对于答辩的重要性认识不足，甚至以为答辩就是走过场，都能通过，没必要准备。随便做个 PPT，应付一下。面对答辩老师提出的专业性问题时就会"手足无措""漏洞百出"，自己也会十分紧张和不安，担心答辩结果。

2. 恐惧心态

还有的同学对于答辩过于重视，有种十分恐惧的心理。总会惴惴不安，导致回答答辩老师问题的时候，过于紧张，大脑一片空白，进而引发较大的情绪波动，影响正常的发挥。

3. 比较心态

答辩基本都是分组进行的，该组的同学都需要参与旁听答辩的全过程，所以有的同学就会和其他同学进行比较，增加一些自己的心理负担。例如，自己和其他同学比较，为什么答辩老师提问自己的问题多，提问其他同学的问题少？是不是故意针对自己？等等。不要盲目地和其他同学比较，因为每个同学的论文主题不同，答辩老师会根据每个同学的论文进行针对性提问，或者对某一篇论文的研究主题更加感兴趣，想深入探讨一些问题等。因此要避免产生这种比较心理。

答辩学生应在答辩前积极准备，放平心态，消除紧张恐惧的心理，才能在答辩过程中出色发挥。

◎思考题8-2：答辩临近，你会以哪种心态面对？

第一，逃避心态——做把头埋在沙子里的鸵鸟，宁愿现在不去想。

第二，对立心态——他们（答辩老师）出来就是要对付我。

第三，讨论心态——我知道他们（答辩老师）想谈论什么，好比"温和的聊天"。

第四，磨难心态——我的头脑一片空白。

第五，形式心态——答辩就是一个过场。

第六，预测心态——我要提前准备什么才能通过？

参考资料：

[1] 罗伊娜·默里. 怎样顺利通过答辩：论文答辩的策略与技巧[M]. 高娟，译. 北京：新华出版社，2021.

二、毕业论文答辩过程

毕业论文答辩有规范的过程，大致可以分为以下环节：答辩开始、学生答辩报告、答辩老师提问、答辩结束。

（一）答辩开始

答辩由答辩委员会主席宣布答辩参会人员、答辩纪律、答辩学生的汇报顺序等要求及答辩学生汇报时的注意事项、汇报时间等，宣布答辩开始。陈述时间根据学位层次的不同有所差异，不同的高校对于同一学位层次的陈述时间要求也略有不同。一般来说，学士学位论文的陈述时间为10~20分钟，硕士学位论文的陈述时间为20~25分钟，博士学位论文的陈述时间为25~30分钟（崔桂友，2015）。

（二）学生答辩报告

该环节是答辩学生对论文相关内容进行展示的环节，其目的是向答辩老师讲解自己的论文内容，毕业论文的篇幅较大，所以答辩学生陈述时要抓住重点，语言简洁凝练，表达清晰明了。陈述时可以使用幻灯片作为辅助。

（三）答辩老师提问

答辩学生在汇报结束后，由答辩老师进行提问。一般来说，答辩老师在答辩之前就已经对学生提交的毕业论文内容进行了详细的审阅，加上学生自己的陈述，每位答辩老师会根据自己的对论文的整体理解提出自己的疑惑点或者问题，或者根据自己以往的研究经验在研究方法等内容上给出一些建设性意见。

提问顺序一般分为两种情况：一种是第一个答辩老师提出问题后，答辩学生进行回答，问答结束后，由其他答辩老师依次提问，学生逐个回答。另一种是所有答辩老师把问题给出，由答辩学生进行整理后进行统一回答。

在答辩老师提问的过程中，如果答辩学生没有理解老师所提出的问题，应及时反馈，理解问题后再给出回复。这个过程是答辩老师和答辩学生对于论文更深入的探讨环节，在该过程中能够得到不同老师的建设性意见，对答辩结束后论文的修改完善有一定的帮助。

（四）答辩结束

当答辩学生回答完所有答辩老师的问题后，答辩委员会主席会示意答辩结束，这时答辩学生退场。等所有答辩学生都结束后，答辩委员会的老师根据每位同学在答辩过程中的表现进行打分，最终决定答辩学生是否通过答辩。答辩委员会主席会对答辩的结果进行公布，并对论文存在的问题进行总结，同时对于论文的修改提出要求。答辩结束后，答辩学生及时将答辩老师的意见反馈给导师，同导师沟通后，完成论文的修改和完善。

第三节　答辩的策略

毕业论文答辩是每一位学生都要经历的一个过程，毕业论文答辩的通过是对自己学习成果的一种肯定。掌握毕业论文的答辩技巧，不仅能够顺利通过毕业论文答辩，也能够为毕业论文的最终答辩成绩锦上添花。答辩策略主要体现在答辩 PPT 准备策略、答辩资料准备的策略、答辩前演讲模拟的策略、答辩心态调整策略、答辩 PPT 展示环节的策略、回答问题的策略等方面。

一、答辩 PPT 准备策略

答辩 PPT 是答辩过程中的辅助工具，答辩 PPT 的制作质量会直接影响答辩的效果。如果答辩 PPT 制作得比较好，能够对整个答辩过程起到加分的作用。

（一）答辩 PPT 模板的选择

在进行答辩 PPT 制作时，应该在脑海中对整个 PPT 的结构设计有一定的预设，然后根据自己毕业论文内容的需要，选择适合自己的答辩 PPT 模板，同时在 PPT 模板选择时应该考虑选择简洁大方的模板，选择 PPT 背景颜色统一的模板，避免选择令人眼花缭乱的模板，避免一些版面设计幼稚的模板。为了更好地突出所属高校，可以将学校校徽或学校代表性的建筑等图片添加在 PPT 的模板中。

（二）答辩 PPT 的设计

1. 答辩 PPT 页面内容设计

一是总页数根据答辩时间进行控制。答辩学生应该将答辩的 PPT 页数根据答辩的时间要求设计在一定范围内。二是 PPT 版面内容凸显图表。答辩 PPT 的版面大小是有限的，因此在每一页 PPT 的内容设计上切忌将文字铺满整个 PPT 页面，切勿从论文中将一大段内容复制粘贴到 PPT 上，这样不仅不能够突出该页 PPT 内容的重点，还会给答辩老师一种繁琐复杂的印象。建议 PPT 内容设计上应尽量采用文字与图表相结合的设计，文字表达上凝练简洁，图表设计上可以用红色进行圈点，以突出图表上内容的重点，也可以对关键点和重要结论使用加粗和高亮突出的方式来进行强调。图表不仅能够直观地将自己的想法和观点表达出来，而且当答辩专家在进行长时间的聆听时，图表的出现能够在一定程度上缓解听力疲劳，调节答辩时的氛围。三是 PPT 整体内容安排要合理。答辩 PPT 的整体内容结构要根据论文内容进行合理安排，对于论文的研究背景、研究方法设计、研究数据来源、研究结果与结论、对策建议等，答辩学生可以根据自己研究的需要进行相应的调整。

2. 答辩 PPT 细节的注意问题

答辩过程中 PPT 细节问题较多，答辩学生经常忽视，以下是答辩 PPT 容易出现的细节问题：

一是答辩 PPT 文字的字体大小。答辩 PPT 文字的字体不要太小，尽量在 28 磅左右，字体样式可以选择宋体、楷体等，以保证答辩场地后排的同学也能够清楚地看到 PPT 内容，并且可以根据自己 PPT 上的内容进行字体的调整，同时应该保证各个 PPT 页面对应位置上字体样式、大小的一致性。字体颜色选择要与背景色成对比，例如，背景色是黑色，字体可以选用白色进行凸显。

二是图表设计。PPT 里使用图表时，图表的标题要进行标注，能够使答辩老师清楚该图表想要表达的内容。在 PPT 图片插入上，要选择清晰度高、质量高的图片进行插入，并根据 PPT 页面内容调整图片大小。

三是 PPT 细节内容的检查。PPT 细节内容的检查工作要仔细、到位。首先，页码内容的检查。对 PPT 中的错别字、多余空格、段落首行缩进等细节问题进行检查。其次，模板中自带的背景音乐、自动播放、页面切换等设置的检查。删除模板中自带的背景音乐，因为毕业论文的答辩是比较严肃的场合，不适合有背景音乐，除非专门要求。取消 PPT 自动播放的设置，因为每一页 PPT 内容的讲述时间是不一样的，将 PPT 设置为自动播放的状态会扰乱学生的答辩过程。设置合适的页面切换动画，避免设置带有音效的切换动画。

二、答辩资料准备的策略

答辩资料准备的齐全程度可以在一定程度上缓解答辩学生的紧张心情，答辩资料的准备包括两部分：一部分是答辩基础资料的准备，包括毕业论文纸质版、答辩发言稿等；另一部分是答辩老师可能提问的问题的准备。

（一）答辩基础资料的准备

一是答辩毕业论文纸质版的准备。答辩学生可以在携带的纸质版毕业论文上进行标注，对重点内容进行标明，以帮助梳理毕业论文的整体框架。二是答辩发言稿的准备。答辩学生可以将答辩 PPT 的内容转化为陈述文稿，把每一页 PPT 需要陈述的内容做成一个文档，整理出与答辩 PPT 相对应的发言稿，并在发言稿上将想要表达的重点内容进行加粗标记，以便在答辩陈述过程中应对突发情况。例如，当答辩 PPT 的展示电脑出现问题不能够顺利展示时，可以按照提前准备的 PPT 发言稿进行发言，以保证发言的顺利。

·188·

（二）答辩老师可能提问的问题的准备

整个答辩过程中最令答辩学生紧张的环节莫过于答辩老师的问题提问，答辩学生要知道答辩老师提问是为了检验自己所进行的学术研究是否具有一定的学术水平和研究深度。在这个过程中答辩老师通过听取学生的答辩和提问来对学生的学术水平进行评估，以确定学生是否能够通过论文评审。所以答辩老师提问目的并不是为难学生，而是检验论文成果。因此，答辩学生应该以放轻松的心态面对老师的提问，当对答辩老师可能提问的问题进行充足的准备时，可以在一定程度上减少学生的心理压力和负担。同时，答辩学生也应当准备相应的纸和笔，必要时记录下答辩老师提出的相关问题和意见，使得学生在记录的过程中转移心理上的压力，也可以在记录笔记的时间中快速思考如何回答老师提出的问题，缓解紧张情绪，进一步增强答辩信心。下面罗列了答辩过程中答辩老师可能提问的问题以及相应参考回答供答辩学生参考。

问题 1：你为什么选择这个研究方向（选择这个论文题目）？

参考回答：可以回答在×××课程上，我接触到了×××（因为某件热点事情或身边事件的发生），我对这个方向的内容产生了浓厚的兴趣，在检索了相关文献之后，有了一定的理论基础，我在进行思考之后觉得这个方向的内容具有一定的研究价值，在和指导老师商讨之后，确定了这个论文题目。也可以回答这个研究方向是导师课题研究的一部分，自己对导师的课题研究内容比较感兴趣，在经过导师同意之后选择了这个论文题目。

问题 2：你的论文研究的意义是什么？

参考回答：这个问题的答案一般在开题报告中有提及，正文中也有对应的小结内容进行说明，只需要对正文中的内容加以总结提炼即可，但是需要注意的是，一定要有清楚的逻辑表述，条理分明，不可以讲述过程中前后内容不连贯，东拼西凑地回答问题会给答辩老师留下不好的印象。这个问题的回答可以根据文章内容从现实意义和理论意义两方面进行回答。

问题 3：你的毕业论文的研究方法是什么？

参考回答：在答辩中可能不会重点考察论文中使用的研究方法，但是论文研究方法是一篇文章进行研究的基础，当研究方法比较新颖时或者这种方法答辩老师比较感兴趣时，答辩老师就会提问该问题，因此答辩学生要熟悉地掌握论文的研究方法和方法的使用逻辑，以便在讲解时能够把方法的使用步骤和需要注意的重点向答辩老师讲解清楚。回答该问题可以参考以下内容：通过对已有相关文献的查阅，使用×××和×××方法对本文进行研究，同时也采取了×××方法得出了×××结论，这也是本文研究的一个创新点。

问题4：你的论文的创新点是什么？

参考回答：答辩老师提问创新点是想了解文章的新颖之处，一篇论文的创新之处应该在整个文章框架构思之前就已知晓该篇文章的创新点所在，在回答创新点的时候要逻辑清楚，语言表达明确，文章的创新点可以从以下五个方面进行回答：第一点，理论上的创新，本文以×××理论作为切入点，以×××理论作为文章的主要贯穿点，整个文章围绕该观点进行阐述。第二点，研究框架有所创新，在借鉴国内外研究的基础上，采用了较为新颖的×××框架模式，以调研数据为基础，在获取大量数据的基础上，突破了以往理论研究的局限性。第三点，研究方法的创新，在经过查阅大量资料后发现，对于该课题的研究多数以定量研究为基础，本文则更加注重量化与质化的结合进行研究，利用×××方法进行研究，得出更加适合于实践应用的结果。第四点，研究对象的创新，以往在该方面的研究往往是对×××与×××之间的影响关系进行研究，本文的研究对象与以往该领域的研究对象相比更加微观，研究对象更加明确，研究得出的结果更加具有实践性。第五点，研究视角的创新性，过去已有的研究更加侧重于宏观方面的研究，本文的研究更加侧重于微观方面内容的研究。

问题5：你的论文中关于×××变量的测量指标是怎么构建的？

参考回答：当答辩老师提问这个问题时，是想衡量一下这个指标的构建是否合理，能否从文章的指标构建中体现出该变量。该问题的回答可以参照以下回答：在阅读了大量的相关文献之后，发现以往的研究从×××几个方面构建了该变量的测量指标，并且通过下载学习×××文件或×××会议内容，从以往学者的研究中选择了这几个测量指标，并且根据本论文研究的特点，又在这个基础上增加了适合本文研究的指标进行测量，以上是×××变量测量指标的构建。

问题6：你的论文研究数据的来源？

参考回答：论文研究数据的来源要根据实际来源进行回答，大多数的研究数据来源于《国家统计年鉴》《××省统计年鉴》，或者来源于特定的数据库，比如国泰安数据库等。但是当自己的研究论文数据来源于导师的调研数据时，可以在回答时补充说明部分数据来源于实地调研，这可以体现出你的论文的研究数据来源的多样性、真实性和可靠性，是答辩学生的一个加分项。

问题7：你所进行的研究想要解决的实际（现实）问题是什么？

参考回答：这个问题主要是考察本文所进行的研究能够带来的实际作用是什么。这个问题需要答辩学生对自己的论文有充分的了解，掌握文章的中心重点。比如可以回答：通过文章内容的研究，可以体现出×××在当前发展中的重要性，通过该研究，可以帮助加快×××的发展，增强×××的作用，提高×××对×××的影响。对该问题的回答，答辩学生需要根据文章能够解决的实际问题进行详细的回答。

在答辩老师进行问题提问环节，提出的问题是多种多样的，要站在答辩老师的角度去思考这篇论文答辩老师可能存在的疑惑点。例如，论文中某个概念可能答辩老师并不十分了解，或者答辩老师可能对某两个概念的界定存在疑惑，针对这些答辩老师可能存在的疑惑点进行答辩问题的准备。

三、答辩前演讲模拟的策略

一个人在演讲时从容不迫、自信大方的状态是可以通过反复的练习获得的。俗话说勤能补拙，如果自己在演讲时会有讲话不顺、吐字不清、逻辑混乱等问题，就可以通过不断的练习来弥补。答辩前不断地进行模拟训练，有利于提高答辩学生的论文掌握度、答辩时间控制和答辩表现力。

（一）论文掌握度

一是提高对答辩内容的熟悉程度。通过一次又一次的答辩演讲练习，可以使答辩学生更加了解每一页答辩 PPT 的内容，提高答辩学生的演讲熟练度，并且能够使其清晰准确地回答老师提问的问题。同时通过不断的答辩练习，加深对整个 PPT 内容框架的了解，使得在练习的过程中可以不断优化每一页 PPT 上的答辩内容，发现 PPT 中存在的不足并进行及时的修改。

二是可以灵活应对突发情况。答辩学生通过不断练习可以掌握论文中的重点部分，当出现突发情况，例如，临时要求答辩时间缩短时，答辩学生可以把每一页 PPT 中的重点讲述出来；或要求陈述时间延长时，答辩学生也可以对答辩内容进行适当的扩充。

三是脱稿陈述。随着答辩模拟演练中熟悉度的提高，答辩学生可以达到脱稿陈述的程度，并且能够逻辑清楚地较好地表达出每一页 PPT 所阐述的重点内容。在答辩的过程中进行脱稿演讲能够给整个答辩小组的老师留下比较好的印象，也能够让老师看到学生对于毕业论文答辩的重视和付出的努力。

（二）答辩表现力

在答辩时，和畏首畏尾、声音颤抖、眼神飘忽不定的答辩学生相比，自信大方、声音嘹亮、眼神坚定的答辩学生更能够吸引在场答辩老师的注意力，这种答辩过程中的表现力是可以通过不断的答辩练习获得提升的。

在答辩演练之前，可以学习有关演讲教学的视频，从中获取演讲表现的经验，可以找一面镜子进行答辩演练，在这个过程中注意锻炼自己的面部表情和肢体语言动作，能够更好地调动答辩现场的氛围。同时在演练的过程中应该注意咬字清晰、语速适中、声音自信嘹亮、举止大方、眼神坚定有神。可以在朋友同学面前进行演练，并由同学对自己的表现提出建议和意见，也可以让同学对自己的论文内容进行提问，在后面多次演练的时候注意改正在表现力上同学提出的意见以及对同学提出的问题进行思考和答案准备。通过答辩模拟，答辩学生可以逐渐提升自己的口头表达能力，使自己的答辩过程更加生动、有说服力。

四、答辩心态调整策略

在答辩前，很多学生会出现紧张、焦虑、担忧等负面情绪，这些情绪会影响答辩的表现。以下是一些答辩心态调整技巧，帮助答辩学生保持良好的心态，应对答辩挑战：

一是做好充分的准备。充分的准备可以提高自己的信心，减少对答辩的担忧。要确保对论文内容有充分的了解，熟悉自己的研究方法和结果，预演答辩，发现问题并及时改正。

二是积极调整答辩心态。答辩学生要正确看待毕业论文答辩，调整自己的心态，抱着学习的心态去面对答辩，即使答辩结果不理想，也可以从中吸取经验教训。

三是学会放松。答辩前可以通过深呼吸等方法缓解过度紧张焦虑的情绪。在答辩过程中，保持身体放松，有助于对答辩问题的思考和表达。在答辩过程中，要认真倾听答辩老师提出的问题，理解问题的含义，思考后再回答，不要急于回答以避免回答错误，也不要对回答不上来的问题过分紧张，以免影响后续答辩的表现。

四是保持自信和冷静。自信和冷静的心态是答辩成功的基础。在答辩过程中，要保持自信，要相信自己的研究成果和能力，即使遇到难题，也要保持冷静，从容应对。

五是注意仪表仪态。在答辩时要着装正式整洁，在答辩过程中，要注意自己的仪态，站姿要稳定，不要一直紧盯着答辩PPT看，要与答辩老师以及在场的答辩学生保持眼神上的交流，要表现出自信和专业的态度。

六是注意学习其他同学的答辩。在倾听其他同学答辩时，要一边听一边进行自我反思，及时总结前面同学表现出的问题，思考自己是否也存在相应的问题，及时进行自我反思，思考不足之处，为自己的答辩做好准备。

五、答辩 PPT 展示环节的策略

答辩 PPT 内容展示的环节是答辩学生表达自己论文思路及内容的一个重要环节。在答辩展示的环节中，要吸引答辩老师的注意力，适当活跃在场的环境氛围，让自己从容应对。

一是声音洪亮。讲话吐字清晰，声音洪亮，铿锵有力，自信地表达出自己的观点。适当搭配自己的肢体语言，在陈述过程中切忌表情、动作过于紧张僵硬，言谈举止要得体大方。

二是内容表达上要具有吸引力。思考如何最快地抓住别人的眼球，如何巧妙地引出问题，如何让答辩老师更快地了解全文的重点信息，整个内容设计和表达上要逻辑紧凑，因果对应，有理有据，重复体现出自己的工作量和研究成果。

三是互动交流。在答辩过程中，答辩学生既要依据时间限制把控语速和节点保持讲解的松弛有度，又要注重眼神互动和仪态辅助的作用增加陈述的自信。答辩学生要与答辩老师进行互动，包括眼神互动、语言互动等。切忌答辩时紧盯着屏幕看，全程与答辩老师没有眼神上的交流，给人不自信的感觉。答辩时表情轻松，面带微笑，在答辩环节，进行有"问"有"答"有"辩"的互动交流。

在答辩老师提问环节，要等答辩老师把问题提问完整后，再作答，不要抢答。如果对答辩老师的问题没有理解，可以和答辩老师沟通，理解问题后再做回答。

六、回答问题的策略

回答答辩老师的问题环节是整个答辩过程中最为紧张的环节，回答问题的技巧主要有以下几个方面：

一是听的技巧。答辩时，答辩学生可以随身携带纸和笔，在答辩老师提出问题时认真倾听，边听边用笔记下老师提的问题的重点核心，并在心中理解该问题，确保自己完全明白老师要表达的意思。可以在回答问题之

前对老师提出的问题进行简单的重复，以向老师确认自己接收理解的问题是否是准确的，如果没有听清楚老师的问题，要有礼貌地询问老师是否可以复述一遍，并解释第一遍没有特别理解老师的问题，切忌没有听清楚老师的问题就开始糊弄式地回答问题，如果答非所问，会影响答辩效果。

二是答的技巧。在回答之前，耐心倾听题意，弄清楚题目和题意，再完整、条理清晰地作答。面对答辩老师的提问，在有准备、有把握的情况下，不要绕弯子或回答偏离问题答案的内容，要回答重点内容，简洁明了，并且要尽量结合自己的研究结果和实例进行解释和说明。对答辩老师的问题不太清楚的情况下，可以审慎试着答，巧妙应对争取老师的提示。对于答辩老师的问题确实不清楚，实事求是表明情况，切忌强词夺理地狡辩，虚心向答辩老师请教，表明后续进一步研究和学习的态度，并对答辩老师给出的意见或建议表示感谢。

三是辩的技巧。在答辩过程中，可能会出现你的想法与老师的意见存在冲突的情况，这就需要辩的艺术。

对于同一个事物有不同的观点是很正常的，不要横冲直撞，采用回怼的表达方式。合理地把自己观点的形成理据表述出来，在尊重老师观点的同时，也论证自己的观点，能够自圆其说。这样答辩老师也会欣然接受不同的意见，从而留下好的印象。在结束答辩时礼貌性地向答辩老师表示感谢，感谢他们愿意抽出时间来听你的答辩，感谢他们给予的宝贵意见。

参考文献：

［1］崔桂友．科技论文写作与论文答辩［M］．北京：中国轻工业出版社，2015.

第三篇　案例篇

第九章　论文示例

范文一　数字普惠金融助推农业低碳发展的实证研究

数字普惠金融助推农业低碳发展的实证研究

付　伟[1]，李　龙[1]，罗明灿[1]，陈建成[2*]

（1. 西南林业大学　经济管理学院，云南　昆明　650233；

2. 北京林业大学　经济管理学院，北京　100083）

摘要：基于 2011—2020 年中国 30 个省（市、自治区）的面板数据，采用熵权 TOPSIS、SYS-GMM、中介效应和门槛效应模型，实证分析数字普惠金融对农业低碳发展的影响机制和作用机理。结果表明：数字普惠金融对农业低碳发展的推动作用显著，并通过促进农地流转来推动农业低碳发展；不同省份数字普惠金融发展水平的作用效果具有双重门槛效应，对农业低碳发展的提升存在边际递增特征；异质性分析中，在三大地区和粮食与非粮食主产区内，数字普惠金融对农业低碳发展的影响对西部地区和粮

　＊ 付伟，李龙，罗明灿，等. 数字普惠金融助推农业低碳发展的实证研究 ［J］. 农林经济管理学报，2023，22（01）：11-19.

食主产区推动效果更强，经济发展水平较高以及沿海省份的边际推动力更强，位于二级发展水平前列。据此，建议持续提高数字普惠金融发展水平，增加数字普惠金融科技创新投入；完善农地流转政策，促进农地流转标准化；加强区域协同发展，提升西部省份的边际推动效果。

关键词：数字普惠金融；农业低碳发展；中介效应；门槛效应

An Empirical Study of Digital Inclusive Finance to Facilitate Agricultural Low-Carbon Development

FU Wei[1], LI Longi[1], LUO Mingcan[1], CHEN Jiancheng[2]*

(1. School of economics and management, Southwest Forestry University, Kunming 650233, China; 2. School of economics and management, Beijing Forestry University, Beijing 100083, China)

Abstract: The impact mechanism and mechanism of action of digital inclusive finance on agricultural low-carbon development were empirically analyzed using the entropy-weighted TOPSIS, SYS-GMM, intermediary effect, and threshold effect models based on the panel data of 30 provinces (cities and autonomous regions) from 2011 to 2020 in China. The results show that digital inclusive finance plays a significant role in promoting agricultural low-carbon development by promoting agricultural land transfer. The level of digital inclusive finance development in different provinces has a double threshold effect, and that there exists a marginal incremental feature for the enhancement of agricultural low-carbon development. In terms of heterogeneity, the impact of digital inclusive finance on agricultural low-carbon development within the three major regions and major grain producing areas and non-grain major producing areas has a stronger driving effect in the western region and major grain producing areas, and the threshold effect shows a stronger marginal driving force in areas with higher levels of economic development as well as in coastal areas. Therefore, it is suggested to continually enhance the development of digital inclusive finance and boost investment in digital inclusive financial technology innovation, improve the policy of agricultural land transfer and encourage the standardization of agricultural land transfer, and strengthen the development of regional synergy and enhance the impact of marginal promotion in western provinces.

Keywords: digital inclusive finance; agricultural low-carbon development; intermediary effect; threshold effect

一、引言与文献综述

农业低碳发展是中国式农业现代化的重要发展方向，关系到国家粮食安全、生态环境保护和低碳发展进程。绿色低碳发展是当前人类社会可持续发展的核心议题，低碳减排转型发展已成为我国未来发展的重要战略方向[1-2]。党的二十大报告提出要加速发展方式绿色转型，推动形成绿色低碳的生产方式和生活方式。在低碳转型过程中，农业碳排放不容忽视[3-4]。农业生产活动难以避免会产生碳排放，这也是造成资源消耗和环境损害的主要原因之一[5]。随着数字经济的不断创新，以数字化推动农业低碳发展逐渐成为学者关注的焦点[6]。国务院印发的《2030 年前碳达峰行动方案》着重强调金融在碳减排中的重要作用。传统金融更多关注市场环境和经济效益，无法有效解决农村融资困难问题[7]，而服务成本较低、覆盖面更广的数字普惠金融可以有效提高金融服务的渗透性，将覆盖范围大幅提升至传统金融无法触及的农业领域[8]，为广大弱势农业生产群体指明一条便捷和高效的融资渠道[9-10]。因此，数字普惠金融为促进农业低碳发展提供新契机，成为实现农业"双碳"目标的重要路径之一[11]。

近年来，国内外学者围绕着金融发展对碳排放影响的研究已形成两种截然不同的观点。一种观点认为，金融发展能促进技术和产业结构等方面的创新，进而有效地降低碳排放[12]。部分学者从金融发展所导致的技术进步[13]、金融结构调整[14] 以及产业结构升级[15] 等角度分析其对减少碳排放的影响。另一种观点则认为金融发展不会减少碳排放量，甚至会提高碳排放[16-17]。区域经济发展水平的差异和学者们对金融发展指标选取的不同等导致这两种不同观点的出现[18]。由于传统金融与数字技术逐渐融合以及农村基础互联设施的不断完善，数字普惠金融成为助推农业农村发展的有效途径[19]。越来越多的学者开始关注数字普惠金融对农业农村发展的影响，并从数字普惠金融对农业产生的经济效益[20]、绿色生态效应[21] 以及技术创新[22] 等方面开展实证研究。大量学者研究分析数字普惠金融在打破地理距离阻碍[23]、减小城乡收入差距[24] 以及促进产业结构升级[25-26] 等方面带来的经济效益，但对数字普惠金融带来的绿色生态效应研究较少。

梳理现有文献发现，相较于数字普惠金融对农业农村经济效益提升的研究，数字普惠金融带来的绿色生态效应未能受到足够的重视，数字普惠金融在给农业带来经济效益的同时如何发挥其绿色生态效应的相关研究较少。另外，现有研究在数字普惠金融对农业低碳发展的影响机制和作用机理的剖析相对缺乏。不同区域在自然条件和经济发展水平等方面的差异是否会影响数字普惠金融作用于农业低碳发展的效果，由此带来的差异性问题也有待研究。基于此，本文选择 2011-2020 年中国 30 个省（市、自治区）的面板数据，从经济效益和绿色生态效应两方面探究数字普惠金融对农业低碳发展的影响机制、作用机理以及区域异质性，为助力绿色低碳转型发展、推动数字普惠金融高效结合农业低碳发展提供数据支撑和理论参考。

二、理论分析与研究假说

（一）数字普惠金融对农业低碳发展的直接影响

熊彼特[27] 的创新理论、新古典经济增长模型和内生增长理论提出，内生的技术进步在很大程度上会受到金融发展状况的影响[28]。因此，数字普惠金融可以通过提高科技创新能力助推农业低碳发展。在全面推进乡村振兴战略背景下，数字普惠金融具有成本低、覆盖面广等优点，在提高资源利用效率和保护生态环境等方面体现出较强的绿色低碳属性。数字普惠金融将传统的线下金融服务线上化，通过线上交易、移动支付等方式，实现金融服务低碳化，助推农业低碳发展[4,7,29]。

数字普惠金融在农业生产方式转型和农业环境保护等方面对农业低碳发展存在直接影响。第一，数字普惠金融的发展、金融科技的创新使线上交易、移动支付等便捷交易手段在全社会广泛应用，不仅能提供更为便捷的农村金融服务，还能提高农业资源的利用效率，在农业生产和发展方面固碳增效，对农业低碳生产方式发挥直接促进作用。第二，数字普惠金融为农业低碳生产方式提供金融资金的支持。由于农民融资手段的匮乏以及对新理念、新技术和新品种的接受缓慢，农业低碳生产推广困难，农业生产方式的低碳化转型缓慢。数字普惠金融能够有效缓解农民融资问题，从而促进高效、低碳的农业经营模式在农村广泛推广。第三，农民的生态意识被逐渐唤醒，由于数字普惠金融的便捷性，农民可以更直接地进行生态保护，缓解以往农村农民在生态保护上参与度不高的问题，对农业低碳转型发展作用显著。基于此，提出第一个研究假说：

H₁：数字普惠金融可以有效推动农业低碳发展。

（二）农地流转对数字普惠金融助推农业低碳发展的中介效应

土地作为研究农业发展的核心问题，是农业生产活动中无法被替换的生产资料。在农业转型发展过程中，数字普惠金融将金融服务更深入、更全面地与农户融资需求结合，通过缓解农户融资问题以推动农地流转，而农地流转进一步促进农业低碳发展。具体影响机制的分析在于：第一，数字普惠金融能有效促进农村土地的流入与转出。农民融资问题是限制农地流转和农业低碳生产方式转变的核心问题，数字普惠金融正好有效缓解这一问题。农地确权政策的实施为农地流转和抵押等活动明确土地产权，扩大农户的信贷效应[30]。在农村劳动力向城镇化转移趋势下，农户融资需求将进一步增加，进而限制劳动力的转移，阻碍土地流转[31]。与此同时，融资问题也阻碍土地大规模承包，限制农业生产规模化[32]。数字普惠金融建立农户共享信用数据，各地积极推出各种土地抵押贷款项目，实现数字普惠金融与农业大数据的有效结合，促进农村土地的流转和承包。第二，农地流转有助于推动农业低碳发展。农村融资问题的缓解，促进农村土地流转和承包，农地流转进一步对农业低碳发展具有推动作用。农地的整合和农业生产技术的提升能减少农业资源的浪费，避免因分散化种植产生资源浪费和低效率问题[33]。因此，数字普惠金融通过缓解农村信贷约束以促进农地流转规模，而农地流转进一步推动农业生产方式转型，进而助推农业低碳发展。基于此，提出第二个研究假说：

H_2：农地流转对数字普惠金融助推农业低碳发展存在中介作用。

（三）数字普惠金融助推农业低碳发展的门槛作用

数字普惠金融在不同地区发展不均衡，东部地区和沿海省份的经济发展水平较高，对应的数字普惠金融发展水平也相对较高，西部地区受自身地理位置限制，偏远农村的基础设施仍不完善，通信和互联程度仍然不通畅，造成当地数字普惠金融发展水平较低。区位条件的差异同时会降低各地农业生产总量和效率，表现为显著性的区域差异。此外，各地政府根据当地发展情况调整发展方向，也会导致各地区发展重点的差异。上述原因导致各地区数字普惠金融发展水平存在显著差距，也使得各地区数字普惠金融推动农业低碳发展的边际效用不同。基于此，提出第三个研究假说：

H_3：数字普惠金融发展水平助推农业低碳发展具有自身门槛作用。

三、数据来源、变量选取与模型选择

（一）数据来源

本文选择 2011-2020 年我国 30 个省（市、自治区）的面板数据作为研究样本。其中，数字普惠金融数据来源于北京大学数字普惠金融指数（2011-2020 年），农地流转数据来源于《全国农村经济情况统计资料》《中国农村经营管理统计年报》，互联网普及率数据来源于《中国互联网络发展状况统计报告》，其余数据来源于《中国农业统计年鉴》《中国能源统计年鉴》《中国统计年鉴》。

（二）变量选取

1. 被解释变量　本文被解释变量为农业低碳发展水平。考虑到农业低碳发展要满足农业低碳生产和农业经济发展两方面的特征，结合相关学者对农业低碳发展的指标构建体系[34-37]，综合选取经济发展、低碳生产以及能源效率等3个维度作为农业低碳发展的一级指标。二级指标的选取综合考虑数据可得性、指标整体性以及涵盖性原则。其中，经济发展侧重于地区的总体经济发展水平和人均经济收入水平，包括农业生产总值和农民人均纯收入指标；低碳生产主要侧重于农业生产既能保障国家粮食安全需要，又能提高资源利用效率，保护生态环境，包括化肥施用强度、农药使用强度、农膜使用强度和农业机械化水平等指标；能源效率侧重于能源使用的高效化和地区能源消费在农业方面的贡献度，包括柴油使用强度、单位柴油使用量GDP和地区能源强度等指标。在综合评价方法的选择上，运用熵权TOPSIS法对9个二级指标标准化处理，综合得到农业低碳发展水平（表1）。

表1　农业低碳发展评价指标体系

一级指标	二级指标	指标含义	指标属性
经济发展	农业生产总值		正
	农民人均纯收入		正
低碳生产	化肥施用强度	化肥折纯量/耕地面积	负
	农药使用强度	农药使用量/耕地面积	负
	农膜使用强度	农膜使用量/耕地面积	负
	农业机械化水平	农业机械总动力/耕地面积	正
能源效率	柴油使用强度	柴油使用量/耕地面积	负
	单位柴油使用量GDP	农业生产总值/柴油使用量	正
	地区能源强度	地区能源消费量/农业生产总值	负

2. 核心解释变量　本文核心解释变量为数字普惠金融。参考郭峰等[38]的研究，以北京大学数字金融研究中心发布的数字普惠金融指数报告（2011-2020年）对我国各省份数字普惠金融发展水平进行衡量。

3. 中介变量 本文中介变量为农地流转。选用农村居民家庭承包耕地流转面积与家庭承包经营耕地总面积的比值来衡量农地流转水平。

4. 控制变量 为了更精确地涵盖影响农业低碳转型发展的各个因素，加入以下指标作为控制变量：城镇化、农业固定资产投资、产业结构。各变量说明与描述性统计如表 2 所示。

表 2　变量说明与描述性统计

变量类别	变量名称	变量定义	均值	标准差
被解释变量	农业低碳发展	农业低碳发展水平	0.529	0.058
解释变量	数字普惠金融	数字普惠金融指数，取对数	5.219	0.668
	覆盖广度	覆盖广度指数，取对数	5.075	0.820
	使用深度	使用深度指数，取对数	5.201	0.648
	数字化程度	数字化程度指数，取对数	5.510	0.698
中介变量	农地流转	农地流转水平	0.381	0.0607
控制变量	城镇化	城镇与居民人口比值	0.318	0.164
	农业固定资产投资	农业固定资产与农业总投资比值	0.217	0.166
	产业结构	农业产值与农林牧渔业总产值的比值	0.533	0.086

（三）模型选择

1. 基准回归模型 检验数字普惠金融作用于农业低碳发展的效果，设定回归模型为：

$$\mathrm{DEV}_{it} = \alpha_0 + \alpha_1 \mathrm{DFI}_{it} + \sum \alpha_j \mathrm{Control} + \varepsilon_{it} + \mu_i + \omega_t \quad (1)$$

式（1）中：i 表示省份；t 表示年份；DEV、DFI 分别表示农业低碳发展水平和数字普惠金融发展指数；Control 为控制变量；α_0 为常数项；α_1 为回归系数，反映数字普惠金融对农业低碳发展的总效应；ε_{it} 为随机干扰项；μ_i、ω_t 分别表示个体和时间效应。

2. 中介模型 为验证农地流转在数字普惠金融推动农业低碳发展的传导作用，设定如下中介模型：

$$\mathrm{LT}_{it} = \beta_0 + \beta_1 \mathrm{DFI}_{it} + \sum \beta_j \mathrm{Control} + \varepsilon_{it} + \mu_i + \omega_t \quad (2)$$

$$DEV_{it} = \gamma_0 + \gamma_1 DFI_{it} + \gamma_2 LT_{it} + \sum \gamma_j Control + \varepsilon_{it} + \mu_i + \omega_t \qquad (3)$$

式（2）~式（3）中：LT 表示农地流转水平；γ_1 为数字普惠金融对农业低碳发展的直接效应；β_1 反映数字普惠金融对农地流转的效应；γ_2 反映控制数字普惠金融影响后，中介机制对农业低碳发展的效应。

3. 门槛模型　为检验数字普惠金融影响农业低碳发展的门槛作用，设定如下门槛模型：

$$DEV_{it} = \delta_0 + \delta_1 DFI_{it} \times I(DF \le \theta_1) + \delta_2 DFI_{it} \times I(\theta_1 < DF \le \theta_2) + \cdots +$$
$$\delta_n DFI_{it} \times I(\theta_{n-1} < DF \le \theta_n) + \delta_{n+1} DFI_{it} \times I(DF > \theta_n) +$$
$$\sum \delta_i Control + \varepsilon_{it} + \mu_i + \omega_t \qquad (4)$$

式（4）中：DFI 为门槛变量；θ 为门槛值；$I(*)$ 为门槛模型的示性函数，如果括号内为真，I 为 1，否则为 0。

四、结果与分析

（一）基准回归分析

首先，方差膨胀因子检验所有变量的 VIF 值均在 1.89 以内，无多重共线性。其次，将数字普惠金融作用于农业低碳发展效果进行回归，参考黄永春等[7] 的做法，分别利用混合最小二乘（OLS）、个体固定效应（FE）以及 SYS-GMM（系统 GMM）进行回归比较（表 3）。

表 3　基准回归结果

变量名称	混合最小二乘模型		个体固定效应模型		系统 GMM 模型	
	未加入控制变量	加入控制变量	未加入控制变量	加入控制变量	未加入控制变量	加入控制变量
农业低碳发展					0.9800*** (0.0134)	0.9760*** (0.0184)
数字普惠金融	0.0259*** (0.0015)	0.0171*** (0.0022)	0.0261*** (0.0014)	0.0158*** (0.0022)	0.009.0*** (0.0023)	0.0128*** (0.0027)

续表

变量名称	混合最小二乘模型		个体固定效应模型		系统 GMM 模型	
	未加入控制变量	加入控制变量	未加入控制变量	加入控制变量	未加入控制变量	加入控制变量
城镇化		0.0882*** (0.0183)		0.1050*** (0.0185)		0.0094 (0.0073)
农业固定资产投资		0.0257** (0.0116)		0.0208* (0.0115)		0.0013 (0.0032)
产业结构		0.152*** (0.0397)		0.140*** (0.0417)		0.0024 (0.0103)
常数项	0.3930*** (0.0115)	0.3250*** (0.0240)	0.3430*** (0.0097)	0.2810*** (0.0193)	0.0308*** (0.0109)	0.0469*** (0.0129)
省份效应			是	是		
R^2	0.0280	0.0450	0.9260	0.9370		
观测值	300	300	300	300	270	270

注: *、**和***分别表示在10%、5%和1%的统计水平上显著;括号内为标准误。

由表3可知,无论是否考虑控制变量,在 OLS 模型、FE 模型与 SYS-GMM 模型回归结果中,数字普惠金融均显著推动农业低碳发展,且均通过1%的显著性水平。只是作用效果在逐渐减弱。三种回归结果一致,据此,H_1得以验证。在控制变量方面,根据三种回归结果,产业结构对农业低碳发展的正向作用最大,农业固定资产投资和城镇化也存在正向影响,但影响效果较小。

数字普惠金融指数包括覆盖广度、使用深度和数字化程度等3个子维度。为了检验自变量维度对农业低碳发展的影响效果,将其作为解释变量分别进行 OLS 回归。表4的结果显示,数字普惠金融覆盖广度、使用深度和数字化程度均对农业低碳发展具有推动作用,且在1%的置信水平上显著。其中,其影响系数分别为0.0117、0.0158和0.0131,表明使用深度对农业低碳发展的推动作用最强,原因在于使用深度显示数字普惠金融与农业农村结合的效果,可以用数字普惠金融所提供的多种金融服务来体现,这就导致农民可以利用更多类型的融资项目,进而推动农业低碳发展转型。数字化程度和覆盖广度的作用效果依次减弱，可能的原因是数字化程度体现技术创新，可以更多减弱农户信息不对称问题，对农业资源高效利用，覆盖广度展现数字普惠金融覆盖广度大的特点，可以将机会辐射到更多的低收入农户。数字普惠金融使用深度能满足更多的融资需求，因此推动农业低碳发展效果更强。

表4　数字普惠金融对农业低碳发展的实证检验　　　　　n=300

变量名称	混合最小二乘模型			
	农业低碳发展水平	覆盖广度	使用深度	数字化程度
数字普惠金融	0.0259***	0.0171***		
	(0.0015)	(0.0022)		
覆盖广度		0.0117***		
		(0.0017)		
使用深度			0.0158***	
			(0.0023)	
数字化程度				0.0131***
				(0.0020)
城镇化	0.0882***	0.1110***	0.1090***	0.113***
	(0.0183)	(0.0173)	(0.0173)	(0.0178)
农业固定资产投资	0.0257**	0.0321***	0.0225*	0.0250**
	(0.0116)	(0.0119)	(0.0117)	(0.0118)
产业结构		0.1520***	0.1490***	0.1700***	0.1610***
		(0.0397)	(0.0405)	(0.0402)	(0.0406)
常数项	0.3930***	0.3250***	0.3480***	0.3170***	0.3300***
	(0.0115)	(0.0240)	(0.0239)	(0.0252)	(0.0250)
R^2	0.0280	0.0450	0.0285	0.0302	0.0508

注：*、**和***分别表示在10%、5%和1%的统计水平上显著；括号内为标准误。

（二）中介效应检验

在数字普惠金融作用于农业低碳发展的影响机制分析中，考虑到农地流转可能是中间的传导路径，因此依照式（1）、式（2）、式（3）分别进行三次回归以检验中介机制。表5展示数字普惠金融作用于农业低碳发展的总效应、数字普惠金融对农地流转的影响效应以及数字普惠金融、农地流转与农业低碳发展三者间的内在影响效应，均通过 1% 的置信水平。数字普惠金融作用于农业低碳发展的总效应的影响系数为 0.0158，从而解释数字普惠金融推动农业低碳发展的效果。数字普惠金融对农地流转的影响效应的影响系数为 0.0280，解释数字普惠金融推动农地流转的效果。数字普惠金融、农地流转与农业低碳发展三者间的内在影响效应的影响系数为 0.0089 和 0.2490，进而解释数字普惠金融通过促进农地流转推动农业低碳发展，且农地流转在其中的中介效应为 44.13%（0.0280×0.2490/0.0158），而数字普惠金融的直接效应为 56.33%（0.0089/0.0158）。基于此，H_2 得以验证。

表5　农地流转的中介效应检验　　　　　　　　　　　　　　　　n=300

变量名称	农业低碳发展水平	农地流转	农业低碳发展水平
	未加入中介变量	OLS 模型	加入中介变量
农地流转			0.2490***
			(0.0484)
数字普惠金融	0.0158***	0.0280***	0.0089***
	(0.0022)	(0.0027)	(0.0025)
R^2	0.9367	0.9140	0.9424

注：*、**和***分别表示在 10%、5% 和 1% 的统计水平上显著；括号内为标准误；省份效应和控制变量均已控制。

(三) 面板门槛检验

数字普惠金融在不同地区的发展水平不同，导致不同地区的数字普惠金融作用于农业低碳发展效果不同，可能存在自身门槛效应。因此，进行面板门槛检验。检验步骤如下：第一步，将数字普惠金融作为门槛变量检验门槛值，利用 Bootstrap 方法重复自举抽样 300 次对门槛变量进行门槛检验，结果如表6所示。由表6可知，单一和双重门槛的 F 值在 1% 的置信水平上显著，但三重门槛未通过 10% 检验。因此，数字普惠金融作用农业低碳发展的效果为自身双重门槛，单一门槛值为 5.3187，置信区间为 [5.2546，5.3254]，双重门槛值为 5.7585，置信区间为 [5.7356，5.7757]。

表6 门槛效应检验

门槛变量	门槛性质	F统计值	P值	10%临界值	5%临界值	1%临界值
数字普惠金融	单一门槛	44.11	<0.001	35.5380	47.2915	62.8760
	双重门槛	42.71	<0.001	14.0531	18.0306	25.7328
	三重门槛	41.29	0.740	48.5734	57.3254	66.1108

第二步，进行门槛回归，在各个门槛区间，数字普惠金融对农业低碳发展均存在推动作用，且均通过1%的置信水平（表7）。由表7可知，在数字普惠金融≤5.3187、5.3187<数字普惠金融≤5.7585、数字普惠金融>5.7585 的门槛区间时，影响系数分别为0.0090、0.0115 以及0.0160，分别表示当数字普惠金融处于不同门槛区间时，数字普惠金融发展水平每提高一个单位，农业低碳发展会相应上升0.90、1.15 和1.60 个百分点。这种现象解释了随着数字普惠金融发展水平的上升，其对农业低碳发展的推动作用越来越强。据此，H_3 得以验证。

表7 门槛回归结果   n=300

变量名称	农业低碳发展
数字普惠金融≤5.3187	0.0090 *** （0.0024）
5.3187<数字普惠金融≤5.7585	0.0115 *** （0.0027）
数字普惠金融>5.7585	0.0160 *** （0.0027）
城镇化	0.0361 （0.0290）
农业固定资产投资	0.0199 ** （0.0090）
产业结构	0.1390 ** （0.0620）
常数项	0.3800 *** （0.0363）

变量名称	农业低碳发展
R^2	0.7660

注：＊、＊＊和＊＊＊分别表示在10％、5％和1％的统计水平上显著；括号内为标准误。

（四）稳健性及内生性检验

本文采用剔除样本和工具变量法进行稳健性及内生性检验。

1. 剔除样本　将样本中4个直辖市剔除进行稳健性检验，结果如表8所示。表8的检验结果显示，数字普惠金融对农业低碳发展的推动效果均通过1％的置信水平。对比剔除样本前后的回归结果发现，剔除样本后，数字普惠金融对农业低碳发展的推动效果依然显著，说明研究结果可信。

表8　剔除样本稳健性检验　　n＝260

变量名称	农业低碳发展水平	
	未加控制变量	加入控制变量
数字普惠金融	0.0248＊＊＊ （0.0015）	0.0170＊＊＊ （0.0024）
R^2	0.9026	0.9151

注：＊、＊＊和＊＊＊分别表示在10％、5％和1％的统计水平上显著；括号内为标准误；省份效应已控制。

2. 工具变量　考虑到数字普惠金融与农业低碳发展之间可能存在内生性，或在模型设定过程中未能涵盖推动农业低碳发展的重要变量，可能会造成结果误差，因此利用工具变量法检验数字普惠金融推动农业低碳发展的效果。本文选择互联网普及率为工具变量，替代数字普惠金融以检验内生性。在两阶段最小二乘（2SLS）中利用工具变量进行检验，无论是否考虑控制变量，结果均通过1％的置信水平，作用效果分别为0.0381与0.0291（表9）。此结果与文中的基准回归结果一致，说明结果可信。

表 9 工具变量检验 n = 300

变量名称	IV-2SLS	
	未加控制变量	加入控制变量
数字普惠金融	0.0318***	0.0291***
	(0.0032)	(0.0062)
R^2	0.0282	0.0810

注：*、**和***分别表示在10%、5%和1%的统计水平上显著；括号内为标准误。

（五）异质性分析

1. 地区异质性分析 本文从东部、中部和西部三大地区进行空间异质性分析。数字普惠金融均推动东部、中部和西部地区的农业低碳发展，东部和西部地区通过1%的置信水平、中部地区通过5%的置信水平（表10）。西部地区的数字普惠金融对农业低碳发展的推动效果最强（0.0227），其次是东部（0.0190），最后是中部（0.0091）。可能的原因在于：第一，相较于东部和中部而言，西部地区的农业和数字普惠金融发展均比较落后，造成数字普惠金融辐射到乡村地区的时间有所延迟。因此，西部地区的促进作用更大。第二，东部的经济发展位于全国前列，数字普惠金融可以充分发挥缓解融资约束等方面的作用。而中部由于人力资本价格较低，研发投入和升级农业生产技术积极性不高，导致中部的推动作用又稍弱于东部地区。

表 10 三大地区、粮食与非粮食主产区分析结果

变量名称	三大地区			粮食与非粮食主产区	
	东部	中部	西部	粮食主产区	非粮食主产区
数字普惠金融	0.0190***	0.0091**	0.0227***	0.0190***	0.0143***
	(0.0041)	(0.0045)	(0.0033)	(0.0045)	(0.0025)
R^2	0.9671	0.7821	0.8527	0.8066	0.9413
观测值	120	90	90	130	170

注：*、**和***分别表示在10%、5%和1%的统计水平上显著；括号内为标准误；地区效应和控制变量已控制。

2. 粮食和非粮食主产区的异质性分析　由于区位条件的差异，各省份的粮食生产能力和生产效率存在显著差异。目前，13 个粮食主产区集中在东北和中部省份，农业生产比例较大，土地面积大，种植大量的粮食作物，不仅粮食生产效率高，粮食主产区的农业碳排放量也较高。因此，本文对粮食和非粮食主产区的子样本分别回归来观测数字普惠金融推动农业低碳发展效果在两个区域的差异。表 10 显示，粮食和非粮食主产区的数字普惠金融均有推动作用，且均在 1% 的置信水平上显著。推动效果分别为 0.0190 和 0.0143，粮食主产区比非粮食生产区的作用效果更强。可能是因为粮食主产区土地面积大，农业经营规模化程度高，对农业生产技术的升级接受程度高。数字普惠金融有效缓解农民的融资约束，对粮食主产区的农业低碳生产方式的转型推动更强，促使对粮食主产区农业低碳发展的影响大于非粮食主产区的影响。

3. 门槛区间等级划分　在门槛效应的分析过程中，根据门槛值的划分，将数字普惠金融指数划分为数字普惠金融在 5.3187 及以下、5.3187 ~ 5.7585 以及大于 5.7585 三个区间，并且按照该区间划分为三级水平（数字普惠金融 ≤ 5.3187）、二级水平（5.3187 < 数字普惠金融 ≤ 5.7585）和一级水平（数字普惠金融 > 5.7585）。根据 30 个省份 10 年的数字普惠金融指数均值排名，我国 30 个省（市、自治区）全部居于二级和三级水平（表 11）。根据各省份的具体排名情况，贵州（5.0255）、甘肃（5.0287）、青海（4.9751）和新疆（5.0692）等西部地区居于三级水平，而北京（5.5236）、天津（5.3495）、上海（5.5391）、江苏（5.3826）、浙江（5.4855）、广东（5.3931）以及福建（5.3834）等经济发展水平较高和沿海的省市处于二级水平的前列。

表 11　数字普惠金融年均值等级

等级	省份
一级水平	—
二级水平	北京、天津、上海、江苏、浙江、广东、福建
三级水平	河北、山西、内蒙古、辽宁、吉林、黑龙江、安徽、江西、山东、河南、湖北、湖南、广西、海南、重庆、贵州、四川、云南、陕西、甘肃、青海、宁夏、新疆

五、主要结论与政策建议

基于 2011-2020 年中国 30 个省（市、自治区）的面板数据，探究数字普惠金融助推农业低碳发展的影响效果、作用机制以及门槛效应，实证分析农地流转在数字普惠金融助推农业低碳发展中的间接影响作用及数字普惠金融助推农业低碳发展的门槛作用。主要得到如下研究结论：第一，整体上看，数字普惠金融显著推动农业低碳发展。在影响机制上，数字普惠金融通过促进农地流转来推动农业低碳发展。第二，数字普惠金融作用农业低碳发展的效果为自身双重门槛，数字普惠金融发展水平越高，对农业低碳发展的边际推动作用越强。第三，区域异质性视角下，在三大地区和粮食与非粮食主产区内，数字普惠金融对农业低碳发展的影响对西部地区和粮食主产区推动效果更强，经济发展水平较高以及沿海省份的边际推动力更强，位于二级发展水平前列。

基于上述研究结论，提出如下政策建议：第一，持续提高数字普惠金融发展水平，增加数字普惠金融科技创新投入，坚持数字金融产品和服务创新，完善农村数字金融体系建设，结合农业保险与农业信贷，充分调动数字普惠金融的创业效应。第二，完善农地流转政策，促进农地流转标准化，规范农地流转过程并健全农地经营流转法律法规，确保农地流转过程更便捷、更可靠，加大政府对农户农地流转的补贴力度，调动农民农地流转积极性。第三，加强区域协同发展，提升西部省份的边际推动效果，加快农村农民思想意识观念更新，提高农业区域群众对数字普惠金融服务感知能力和农产品经营户对数字普惠金融的接受能力。

参考文献：

[1] ZOU C, XIONG B, XUE H. The role of new energy in carbon neutral [J]. Petroleum Exploration and Development, 2021, 48 (2): 480-491.

[2] MALLAPATY S. How China could be carbon neutral by mid-century [J]. Nature, 2020, 586 (7830): 482-484.

［3］金书秦，林煜，牛坤玉．以低碳带动农业绿色转型：中国农业碳排放特征及其减排路径［J］．改革，2021（5）：29-37.

［4］程秋旺，许安心，陈钦．"双碳"目标背景下农业碳减排的实现路径：基于数字普惠金融之验证［J］．西南民族大学学报（人文社会科学版），2022，43（2）：115-126.

［5］王留鑫，姚慧琴，韩先锋．碳排放、绿色全要素生产率与农业经济增长［J］．经济问题探索，2019（2）：142-149.

［6］郑万腾，赵红岩，赵梦婵．数字金融发展有利于环境污染治理吗？［J］．产业经济研究，2022（1）：1-13.

［7］黄永春，黄瑜珊，胡世亮，等．数字金融能否助推绿色低碳发展？［J］．南京财经大学学报，2022（4）：88-97.

［8］温涛，陈一明．数字经济与农业农村经济融合发展：实践模式、现实障碍与突破路径［J］．农业经济问题，2020（7）：118-129.

［9］黄益平，黄卓．中国的数字金融发展：现在与未来［J］．经济学（季刊），2018，17（4）：1489-1502.

［10］黄益平，王敏，傅秋子，等．以市场化、产业化和数字化策略重构中国的农村金融［J］．国际经济评论，2018（3）：106-124+7.

［11］黄卓，王萍萍．数字普惠金融在数字农业发展中的作用［J］．农业经济问题，2022（5）：27-36.

［12］SHAHBAZ M，TIWARI A K，NASIR M. The effects of financial development，economic growth，coal consumption and trade openness on CO_2 emissions in South Africa［J］．Energy Policy，2013（61）1452-1459.

［13］严成樑，李涛，兰伟．金融发展、创新与二氧化碳排放［J］．金融研究，2016（1）：14-30.

［14］叶初升，叶琴．金融结构与碳排放无关吗：基于金融供给侧结构性改革的视角［J］．经济理论与经济管理，2019（10）：31-44.

［15］何运信，许婷，钟立新．金融发展对二氧化碳排放的影响效应及作用路径［J］．经济社会体制比较，2020（2）：1-10.

［16］OMRI A，DALY S，RAULT C，CHAIBI A. Financial development，environmental quality，trade and economic growth：What causes what in MENA countries［J］．Energy

Economics，2015（48）：242-252.

［17］张丽华，任佳丽，王睿．金融发展、区域创新与碳排放：基于省际动态面板数据分析［J］．华东经济管理，2017，31（9）：84-90.

［18］蔡栋梁，程树磊，陈建东．金融节能、金融发展对碳排放变化的影响研究［J］．中国人口·资源与环境，2017，27（10）：122-130.

［19］王瑶佩，郭峰．区域数字金融发展与农户数字金融参与：渠道机制与异质性［J］．金融经济学研究，2019，34（2）：84-95.

［20］何宏庆．数字金融助推乡村产业融合发展：优势、困境与进路［J］．西北农林科技大学学报（社会科学版），2020，20（3）：118-125.

［21］贺茂斌，杨晓维．数字普惠金融、碳排放与全要素生产率［J］．金融论坛，2021，26（2）：18-25.

［22］潘爽，叶德珠，叶显．数字金融普惠了吗：来自城市创新的经验证据［J］．经济学家，2021（3）：101-111.

［23］张林．数字普惠金融、县域产业升级与农民收入增长［J］．财经问题研究，2021（6）：51-59.

［24］周利，冯大威，易行健．数字普惠金融与城乡收入差距："数字红利"还是"数字鸿沟"［J］．经济学家，2020（5）：99-108.

［25］杜金岷，韦施威，吴文洋．数字普惠金融促进了产业结构优化吗？［J］．经济社会体制比较，2020（6）：38-49.

［26］葛和平，钱宇．数字普惠金融服务乡村振兴的影响机理及实证检验［J］．现代经济探讨，2021（5）：118-126.

［27］熊彼特．经济发展理论［M］．北京：中国社会科学出版社，2009：143-147.

［28］张帆．金融发展影响绿色全要素生产率的理论和实证研究［J］．中国软科学，2017（9）：14.

［29］蒋庆正，李红，刘香甜．农村数字普惠金融发展水平测度及影响因素研究［J］．金融经济学研究，2019，34（4）：123-133.

［30］周南，许玉韫，刘俊杰，等．农地确权、农地抵押与农户信贷可得性：来自农村改革试验区准实验的研究［J］．中国农村经济，2019（11）：51-68.

［31］米运生，曾泽莹，高亚佳．农地转出、信贷可得性与农户融资模式的正规化［J］．农业经济问题，2017，38（5）：36-45，110-111.

［32］路晓蒙，吴雨．转入土地、农户农业信贷需求与信贷约束：基于中国家庭金融调查（CHFS）数据的分析［J］.金融研究，2021（5）：40-58.

［33］匡远配，张容．农地流转对粮食生产生态效率的影响［J］.中国人口·资源与环境，2021，31（4）：172-180.

［34］谢淑娟，匡耀求，黄宁生，等．低碳农业评价指标体系的构建及对广东的评价［J］.生态环境学报，2013，22（6）：916-923.

［35］朱玲，周科．低碳农业经济指标体系构建及对江苏省的评价［J］.中国农业资源与区划，2017，38（5）：180-186.

［36］巩前文，李学敏．农业绿色发展指数构建与测度：2005-2018 年［J］.改革，2020（1）：133-145.

［37］邓悦，崔瑜，卢玮楠，等．市域尺度下中国农业低碳发展水平空间异质性及影响因素：来自种植业的检验［J］.长江流域资源与环境，2021，30（1）：147-159.

［38］郭峰，王靖一，王芳，等．测度中国数字普惠金融发展：指数编制与空间特征［J］.经济学（季刊），2020，19（4）：1401-1418.

范文二 农民合作社研究的多维度特征与发展态势分析——基于 1992~2019 年国家社科和自科基金项目的实证研究（综述类）

农民合作社研究的多维度特征与发展态势分析[*]

——基于 1992~2019 年国家社科和自科基金项目的实证研究①

张连刚　陈　卓　李　娅　谢彦明

摘要： 国家基金项目的资助情况可以在一定程度上反映某一学科或研究方向的基本特征和研究动态。本文以 1992~2019 年国家社会科学基金与国家自然科学基金立项的以"合作社"为主题的 165 项数据为样本，利用 SQL Server 数据库管理系统和 ROST NAT 软件，对合作社项目的基本情况、研究群体特征和热点主题进行实证分析。研究结果表明：第一，合作社项目具有重大项目立项较少、理论研究不足、国家自科基金的项目论文产出比总体高于国家社科基金等特征。第二，合作社研究群体具有核心研究机构不够突出、研究力量区域分布不均衡、大多数项目负责人对合作社研究的延续性不够等特征。第三，合作社项目研究热点主要集中在合作社制度和机制、合作社法律、合作社治理等方面。在综合分析合作社的研究热点、政策及文献的基础上，本文认为，合作社与乡村治理、合作社规范化、股份合作社、合作社产业化经营、合作社的文化和社会功能等主题值得学界重点关注和深化研究。

---

* 本文研究受到国家社会科学基金项目"林业专业合作组织满意度评价及提升路径研究"（批准号：14XJY012）资助。感谢北京林业大学陈建成教授、匿名审稿专家和编辑部老师提出的意见和建议。作者文责自负。

① 张连刚，陈卓，李娅，等. 农民合作社研究的多维度特征与发展态势分析——基于 1992~2019 年国家社科和自科基金项目的实证研究［J］. 中国农村观察，2020（01）：126~140.

关键词：合作社　国家社科基金　国家自科基金　研究热点　发展态势

中图分类号：F321.42　　文献标识码：A

一、引言

近年来农民合作社（以下简称"合作社"）研究快速发展，并迅速成为"三农"研究中最重要的主题之一。针对合作社问题，国内学者从不同视角展开研究，取得了丰富的研究成果。基于这些研究成果，国内学者对合作社研究现状进行分析（郭红东、钱崔红，2005；王军，2010；梁巧、黄祖辉，2011；徐旭初，2012）。这些研究主要是应用归纳和演绎分析方法，对合作社研究现状和进展进行分析，为后续相关研究提供了重要参考。然而，这些研究主要是基于少量相关文献进行定性评述，很难全面了解国内合作社研究现状。为了解合作社研究全貌，韩国明等（2016）以2000~2015 年 CSSCI 来源期刊上刊发的 1060 篇合作社论文为样本，利用文献计量法，系统地分析了国内合作社研究的热点主题和演化路径。这是国内应用文献计量法，对合作社现状问题分析较为全面和深入的研究。除此之外，王普（2014）基于 2013 年 1 月至 2014 年 4 月期间刊发的 136 篇相关文献，利用文献计量法分析了国内合作社领域的研究现状。尽管王普（2014）从研究机构、基金项目、期刊分布及研究领域等视角分析了国内合作社研究现状，但由于研究样本的时间跨度较小，分析不够全面。

基于期刊数据库对某一学科或研究方向进行分析，是一种较为通用和常见的研究设计。除此以外，基于资助项目数据对特定领域进行分析，也可以集中反映该领域的研究特征及研究热点（王平，2010）。因此，本文尝试以1992~2019 年国家社会科学基金（以下简称"国家社科基金"）和国家自然科学基金（以下简称"国家自科基金"）资助项目为样本，实证分析以合作社为主题的国家基金项目的研究群体特征和研究热点，进而分析国家基金项目在合作社研究方面的规律、特征和趋势。这既可以为学者选题及项目申报提供参考，又可以为未来合作社领域的国家基金项目资助提供参考意见。

本文以下部分结构安排如下：第二部分简要说明本文的数据来源与研

究方法；第三部分基于样本数据分析合作社项目的基本情况；第四部分基于样本数据分析合作社项目负责人的群体特征；第五部分基于样本数据分析合作社项目的研究热点及发展态势；第六部分是结论与启示。

二、数据来源与研究方法

（一）数据来源

本文数据来源于两个渠道。其一，登陆全国哲学社会科学工作办公室网站，在"国家社科基金项目数据库"的"项目名称"栏输入"合作"关键词，搜索得到 958 条记录。然后，逐一检查并删除与合作社研究主题不相关的项目。其二，登陆国家自然科学基金委员会网站，在"资助项目检索"的"申请代码"中逐一输入"G01"、"G02"、"G03"和"G04"，然后在"资助类别"中逐一选择"面上项目"、"重点项目"等 18 个项目类别，最后逐一选择"批准年度"。最终，本文筛选出符合"合作社"主题的国家基金项目 165 项。其中，国家社科基金 128 项，国家自科基金 37 项。

（二）研究方法

本文的主要研究方法和研究步骤如下：首先，将获取的立项项目样本数据导入 SQL Server 数据库管理系统；其次，利用 SQL Server 数据库管理系统进行统计程序设计；再次，利用 Excel 对样本数据进行统计（孟凯、王东波，2018）。第四，利用 ROST NAT 软件，对样本数据中的项目名称进行关键词抓取，然后构建关键词的社会网络分析图谱。最后，以该图谱为基础分析合作社的研究热点，并以这些研究热点为基础分析合作社研究的发展态势。

三、基于样本数据的项目基本情况分析

本文从合作社项目的数量、类别、学科分布和研究成果等 4 个方面进行统计分析，探究合作社研究的基本情况。

（一）项目立项数量分布

图 1 反映出合作社项目的数量及时间分布情况。总体来说，合作社项目主要具有以下特征：①从增长趋势上看，无论是国家自科基金立项数、

国家社科基金立项数，还是国家基金立项总数，总体上都在不断增长。②从立项总量上看，国家社科基金立项数明显高于国家自科基金立项数。③从时间分布上看，国家社科基金从 2002 年开始，每年都有项目立项，而国家自科基金则在 2006 年、2008 年和 2018 年未有项目立项。具体而言，1992~2019 年合作社项目的数量分布大体上可以分为以下三个阶段：

1. 低迷徘徊阶段：1992~2004 年。这一阶段，合作社研究立项项目数量较少，立项数在 1 项左右徘徊。具体而言，1994 年和 1995 两年无项目立项，1992 年、1996 年和 1998 年的立项数均为 2 项。除此以外，其他年份的立项数目均为 1（见图 1）。该阶段合作社研究立项数较少，与这一时期中国合作社缓慢的发展水平有一定关系。这一阶段，合作社数量和质量都不高，未引起中央政府的足够重视。因此，中央政府鲜有出台支持合作社发展的政策性文件。同时，合作社的低水平发展也未引起学界对合作社研究的重视。在政府和学界对合作社都未广泛关注的情况下，合作社研究的立项数自然较少。

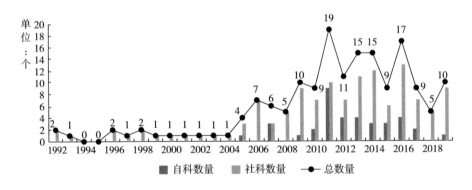

图 1　1992~2019 年国家社科和自科基金合作社研究立项项目数量分布图

2. 快速增长阶段：2005~2011 年。这一阶段，合作社研究立项数量快速增加，立项数从 2005 年的 4 项，增长至 2011 年的 19 项（见图 1）。该阶段合作社项目数量的快速增长与中央政府的高度重视密不可分。从 2004 年开始，几乎每年的中央"一号文件"都会涉及支持合作社发展的指导意见（张连刚等，2016）。2006年《中华人民共和国农民专业合作社法》的颁布，既是中国农业产业组织制度变革的重要时间节点，也是国内合作社数量快速扩张的重要发展节点（黄祖辉，2018）。合作社数量和规模双重扩张也产生了诸如发展不规范和成员异质性等问题。这些现实问题的解决需求，在一定程度上推动了合作社项目数的增长。

3. 稳中有降阶段：2012~2019年。这一阶段，立项数波动幅度较大且总体上呈下降趋势，从2016年的17项到下降2018年的5项。这一阶段，合作社在数量和规模上继续加速扩张，使得其在促进农民增收等方面的优势进一步得以体现。合作社的快速发展不仅使得中央政府对合作社的重视和扶持力度不断增加，也使得学界进一步关注合作社研究。合作社的高速发展、中央政府的高度重视和学界的广泛关注共同推动着合作社研究立项项目数量维持在相对较高的水平。图1还显示，从2011年以来，国家基金立项了较多的以"合作社"为主题的项目。这些项目的完成少则需要2~3年，多则需要5年甚至更长时间。在从事合作社研究的专家、学者数量没有大幅增加的情况下，合作社项目数呈现稳中有降的趋势较为正常。

（二）项目类别分布

国家社科基金的项目类别包括重大项目、重点项目、一般项目、青年项目、西部项目和后期资助项目，而国家自科基金的项目类别包括重大项目、重点项目和面上项目等18类。为了便于统计分析，根据国家社科和自科基金各个项目类别的设立宗旨、定位和资助金额，本文对部分项目类别进行合并处理。具体情况如下：面上项目并入一般项目，青年科学基金项目并入青年项目，地区科学基金项目并入西部项目，重点项目并入重大项目。最终，本文统计的项目类别包括重大项目、一般项目、青年项目、西部项目和后期资助项目5类。表1反映了合作社研究立项项目类别的分布情况，主要具有以下三个特点：

第一，从项目类别集中度来看，立项项目主要集中于一般项目和青年项目。如表1所示，一般项目立项数为90项，占立项总数的54.5%；青年项目立项数为44，占立项总数的26.7%。一般项目和青年项目合计占比超过立项总数的 80%，达到 81.2%。一方面，一般项目占比较高是因为大多数项目申请人具有高级职称，他们在该领域具有较为丰富的积累和研究经验，从而有利于他们成功申报项目。另一方面，青年项目占比相对较高。这既反映出国家重视和支持青年学者开展项目研究，又反映出青年学者开始关注合作社研究。

第二，从项目类别分布来看，重大项目立项数较少。表 1 显示，重大项目立项数仅为 6，占立项总数的 3.6%。其中，何光于 1992 年最早获得合作社重大项目立项。在 2010 年和 2013 年，黄祖辉先后获批 2 项重大项目（其中 1 项属于国际合作与交流项目，资助经费为 164 万元，并入重大项目进行统计）。其他 3 个重大项目负责人分别是李远行、孔祥智和万江红，立项年份集中于 2007~2009 年。重大项目立项数较少的可能原因是，重大项目涉及比较宏观的主题，这对学者的研究积累和科研能力要求都较高。前已述及，从 2006 年起，中国合作社的快速发展，迫切需要合作社研究在重大理论和现实问题方面有所突破，以便为合作社发展提供理论和政策支撑。因此，2006 年以来，合作社研究重大项目立项数相对较多。

第三，青年项目和西部项目分别从 2008 年和 2011 年开始逐渐增多。①青年项目方面。如图 2 所示，在 2007 年之前，青年项目立项数在 0~1 之间变动；在 2008 年之后，青年项目的平均立项数为 3，并在 2011 年立项数最多，达到 7 项。青年项目立项数逐渐增多的趋势，一方面反映出国家重视并加大对青年项目的资助力度，另一方面反映出越来越多的青年学者重视合作社研究。②西部项目方面。在 2010 年之前，除了 2006 年立项西部项目 1 项，其他年份西部项目立项数均为 0。从 2011 年开始，西部项目立项数开始增多。需要说明的是，2004 年以来国家社科基金设立了西部项目专项。该项目的设立，一方面旨在推动学界对西部地区重大理论和现实问题的研究，另一方面旨在促进西部地区研究队伍的建设和稳定。然而，在 2004~2010 年，西部项目立项数相对较少，其在合作社研究方面的导向性作用发挥不够明显。

表1 1992~2019年项目类别分布情况

项目类别	数量	百分比
重大项目	6	3.6%
一般项目	90	54.5%
青年项目	44	26.7%
西部项目	21	12.7%
后期资助项目	4	2.4%

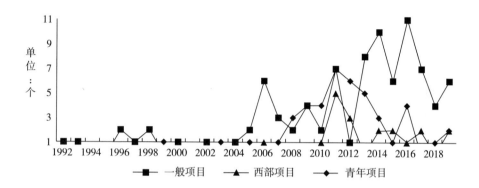

图2 1992~2019年一般、西部和青年项目立项数量分布

（三）项目所属学科类型分布

从项目所属学科的分布情况来看，立项项目主要具有以下三个特点：

第一，立项项目广泛分布于管理学、经济学、社会学、法学和中国历史等多个学科领域，突出了合作社研究的多学科属性。从表2可以看出，立项项目涉及11个学科，涉及面较广。具体来说，合作社项目主要涵盖4个方面的主题，即社会性、经济类、政治类和文化类。其中，社会性主题立项项目最多，涉及管理学、社会学和法学三个学科，占46.1%；经济类主题立项项目也较多，涉及理论经济和应用经济两个学科，占38.8%；政治类主题涉及民族学问题研究、政治学、党史·党建、马列·科社等学科，占12.1%；文化类主题立项数相对较少，涉及中国历史和中国文学两个学科，占3.0%。

表 2 1992～2019 年项目所属学科类型分布情况

学科类型	数量	占比	学科类型	数量	占比
管理学 *	52	31.5%	政治学	5	3.0%
应用经济	48	29.1%	党史·党建	4	2.4%
社会学	19	11.5%	中国历史	3	1.8%
理论经济	12	7.3%	马列·科社	3	1.8%
法学	9	5.5%	中国文学	2	1.2%
民族问题研究	8	4.8%			

注：＊表示在 52 项管理学学科立项项目中，有 37 项来自于国家自科基金。

第二，立项项目学科类型以管理学和应用经济两个学科为主，突出了合作社研究的应用性主题。由表 2 可知，管理学和应用经济两个学科共立项资助 100 个，占立项总数的 60.6%。进入 21 世纪以来，国内合作社在快速发展的同时也存在较多的问题，这从客观上推动了学界以问题为导向，围绕现实问题展开深入研究。因此，国家基金立项资助了较多的以解决现实问题为主的应用性项目。

第三，理论经济学科立项数相对较少，理论研究显得不足。表 2 显示，理论经济学科立项数为 12 项，占 7.3%。为了鼓励学界将自然科学和社会科学结合，并运用科学方法探索管理与经济活动规律，以便为解决管理问题提供理论支撑，国家自然科学基金委员会自 1986 年成立之日起，就设立了管理科学组①。然而，近年来，国家自科基金立项的一些合作社研究项目更加注重实践问题的解决，对合作社的基础理论研究相对较少。理论创新是提高学科发展质量的根本。当前，应特别关注小农户与现代农业发展等乡村振兴中的重大理论与实践问题，提出具有原创性的理论观点。这既可以为乡村振兴和推进农业现代化提供有力学理支撑，又可以为中国农业经济学发展贡献创新性理论成果（苑鹏，2019），以此改变当前国内经济学研究偏重应用研究和政策探讨而忽视理论研究的现状，从而实现理论研究与应用研

---

① 为适应新形势的需要，国家自然科学基金委员会于 1996 年将管理科学组升格为管理科学部。

究双轮驱动（史晋川、叶建亮，2019）。正如黄祖辉（2018）所指出的，研究当前中国农民合作社的问题，既不能就合作社论合作社，又不能弱化理论指导，而要用系统观、理论观和历史观去观察、分析和把握。

（四）项目研究成果分析

阶段性和最终成果是项目研究的结晶和最终体现。因此，全部研究成果的数量和质量直接决定项目完成的质量，进而影响项目的影响力和贡献力。一般来说，国家基金项目的成果形式主要涉及专著、研究报告和论文（集）三类。本文从项目研究的成果形式和成果数量两个方面，大体反映合作社项目的完成情况。总体来说，立项项目的研究成果具有以下两个特点：

第一，从项目预期成果形式来看，研究报告类型的成果形式最多。由于国家自科基金未完全公布项目成果形式的数据，因此，本文只统计国家社科基金的立项项目数据。考虑到国家社科基金项目数据库中绝大多数项目的成果形式未公布，本文用预期成果形式来反映项目成果形式。统计结果显示，国家社科基金项目成果形式为研究报告、专著和论文（集）的数目分别为87、45和37。由此，研究报告占全部成果形式的51.5%。研究报告的应用性特点和研究报告类成果形式占比超过一半的实际情况，从另一侧面反映出合作社项目的应用性特征。

第二，从项目论文产出比来看，国家自科基金明显高于国家社科基金。在1426篇以合作社为主题并得到国家基金资助的论文中：①受国家社科基金（119项）资助的论文数为840，项目论文产出比为7.1①。其中，在中文核心期刊刊发的论文数为484，项目核心期刊论文产出比为4.1。②受国家自科基金（36项）资助的论文数为586，项目论文产出比为16.3。其中，在中文核心期刊发表的论文数为320，项目核心期刊论文产出比为8.9。这样的结果差异可能与国家社科、自科基金项目的不同定位有关。国家社科基金强调应用性，注重以研究报告和专著等成果形式考核项目，而国家自科基金注重以论文形式考核项目。

---

① 由于2019年度国家基金项目立项时间较短，依托这些项目所发表论文数较少，故本文不统计2019年度受国家基金项目资助所发表的论文数。

四、基于样本数据的研究群体特征分析

（一）项目负责人主持合作社项目的频次分布

从项目负责人主持合作社项目的频次分布可知，主持 1 个项目的人数为 125，占项目负责总数（146）的 85.6%；主持 2 个项目的人数锐减，共 21 人，占比仅为 14.4%。其中，8 位学者（董进才、郭翔宇、侯小伏、马彦丽、徐旭初、颜华、李旭、娄锋）主持 2 个一般项目，6 位学者（崔宝玉、邓俊森、邓衡山、冯开文、罗建利、张社梅）先后主持青年项目与一般项目各 1 个，2 位学者（王伟、赵晓峰）先后主持一般项目与后期资助项目各 1 个，2 位学者（郭锦墉、胡平波）主持 2 个西部项目，1 位学者（杨丹）主持 2 个青年项目，1 位学者（孔祥智）先后主持一般项目与重大项目各 1 项，1 位学者（黄祖辉）主持 2 个重大项目。总体来说，主持 2 个及以上合作社项目的学者比例较低。这在一定程度上反映，大多数项目负责人对合作社研究的延续性不够，这不利于合作社研究的深化。

（二）项目负责人职称分布

合作社项目负责人职称主要包括正高、副高和中级 3 个类别。在项目负责人职称统计数据中，有 5 个项目负责人的职称数据缺失，故不参与统计。通过统计可知，项目负责人中具有正高职称的有 66 人次，占 41.3%；具有副高职称的有 63 人次，占 39.3%，两者合计占 80.6%；具有中级职称的仅有 31 人次，占 19.3%。由此可见，高级职称学者是合作社项目研究的中坚力量。呈现这一现象的可能原因有两个：一是国家基金项目对于项目申请人的职称和学历等都有一定的要求，这在一定程度上限制了中级及以下职称的学者申报国家基金项目。二是具有中级及以下职称的学者对合作社问题的研究积累和关注度不够。中低职称学者对合作社研究的低关注度和低参与度，可能造成合作社研究后备力量不足和研究人才梯队结构失衡，进而导致合作社研究出现后继乏人的局面。

（三）项目负责人工作单位分析

国家基金资助项目获得立项较多的单位是该领域的核心研究机构，其

获得资助项目数量，在一定程度上可以反映这些研究机构的研究地位和总体实力（王平，2010）。通过表 3 可以看出，项目负责人工作单位的分布具有以下两个特点：

第一，合作社核心研究机构不够突出。通过统计数据可知，105 个单位承担了 165 项国家基金项目，承担 3 项及以上的单位共有 16 个。其中，承担 6 项的有 1 个单位，承担 5 项的有 4 个单位，承担 4 项的有 1 个单位，承担 3 项的有 10 个单位。

第二，合作社项目主要由农林类高校、财经类高校与综合类高校 3 类研究机构承担。表 3 显示，承担过合作社项目的农林类、财经类和综合类高校数量分别为 6、4 和 4。一般而言，农林类高校聚集了相对较多的涉农研究学者。因此，该类高校承担了最多数量的合作社项目。另一方面，部分财经类和综合类大学设立了涉农学科或学院，这为合作社研究聚集了相对较多的专家、学者。总体来说，农林类、财经类和综合类高校在研究方向、人才队伍和研究优势等方面都具有各自特色，从而有利于促进合作社研究的交叉化、专业化和综合化发展。

表3　1992~2019 年项目负责人工作单位分布情况

单位名称	项目数量	单位名称	项目数量
东北农业大学	6	四川农业大学	3
浙江大学	5	温州大学	3
福建农林大学	5	安徽财经大学	3
江西农业大学	5	山西财经大学	3
沈阳农业大学	5	西北农林科技大学	3
江西财经大学	4	内蒙古财经大学	3
中国人民大学	3	中南民族大学	3
中国社会科学院	3	云南大学	3

注：由于部分高校出现过合并，本表只按合并后的单位名称进行统计。

（四）项目负责人毕业院校分布

为了解国内合作社研究人才培养机构的分布情况及其与项目负责人工

作单位分布的关联性，本文统计了项目负责人的毕业院校。考虑到资料收集的可获得性和准确性，本文只统计项目负责人硕士、博士毕业院校和博士后科研工作站（或流动站）的分布情况。如果项目负责人的硕士、博士毕业院校和博士后工作站部分相同，就按 1 次进行统计。需要说明的是，尽管博士后不是学位，而是一段工作经历，但博士后设站单位的招收培养情况也可以在一定程度上反映人才培养机构的研究实力。因此，本文在统计项目负责人毕业院校分布时，将博士后工作经历一并统计。

为了清楚地显示项目负责人的毕业院校（含博士后工作站，下同）分布情况，本文只列出了统计频次为 3 次及以上的院所。如表 4 所示，浙江大学和中国人民大学两所高等院校的频次分布高于其他院校，这反映这两所院校为国内合作社人才培养做出了较大贡献。另外，将表 3 和表 4 进行比较分析后可以看出，浙江大学、中国人民大学、西北农林科技大学、沈阳农业大学、中国社会科学院、东北农业大学和江西农业大学等 7 所院校或学术机构不仅是合作社研究的主要机构，而且是合作社人才培养的主要机构。

表 4　1992~2019 年项目负责人毕业院校分布

院校名称	频数	院校名称	频数
浙江大学*	16	北京大学	4
中国人民大学*	9	东北农业大学*	4
西北农林科技大学*	6	东北师范大学	3
沈阳农业大学*	6	华中师范大学	3
华中农业大学	5	福建师范大学	3
中南财经政法大学	5	华中科技大学	3
中国社会科学院*	5	江西农业大学*	3
南京农业大学	4		

注：＊表示该院校与表 3 中项目负责人工作单位重复出现。

（五）项目负责人所在省（区、市）分布

通过合作社项目负责人所在省（区、市）的分布情况可知，总体来说，东部和中部地区的立项数量多于西部地区。具体而言，立项数量最多的是北京和浙江，分别为 16 和 14；其次是江西、湖北、安徽和黑龙江 4 省，立项数分别为 12、10、9 和 9。在西部地区，云南和四川两省的立项数相对较多，立项数分别为 8 和 6，其他西部省份立项数相对较少。由此可见，合作社项目负责人所在省（区、市）项目立项数的频次分布与中国经济发展水平的梯次分布总体一致。这既反映地区经济发展水平在一定程度上影响该地区合作社研究力量，又表明合作社研究力量的区域分布不均衡。

五、基于样本数据的合作社研究热点及发展态势分析

（一）合作社项目研究热点分析

项目名称是对项目研究内容的概括，它可以反映某一领域的研究热点和发展方向。因此，本文运用 ROST NAT 软件，采用"提取高频词、过滤无意义词、提取行特征"等方法对收集数据进行处理。在此基础上，本文通过应用 ROST NAT 分析工具中的"社会网络与语义网络分析"技术，构建高频关键词的社会网络分析图谱，以此呈现 1992~2019 年国家社科和自科基金中合作社项目的研究热点和发展态势。

应用 ROST NAT 软件，本文构建社会网络分析图谱的操作步骤如下：①将立项项目名称输入文本文档。②应用 ROST NAT 软件对项目名称数据进行行处理，得到研究样本。③选择"社会网络与语义网络分析"栏目，将研究样本导入 ROST NAT 软件，得到 1992~2019 年合作社项目高频词的社会网络分析图谱（见图 3）。在该图谱中，本文以网络密度、中心性等指标作为研究热点分析的依据。

由图 3 可知，所有节点主要围绕在"合作社"、"合作组织"、"农民专业合作社"、"机制"、"农民合作社"、"政策"、"治理"和"法律"等主题热词周围。这些主题热词及其相互关系在一定程度上反映了合作社研究方向的聚焦所在。图 3 还显示，这些主题热词已经初步形成以合作社制度和机制研究为核心圈层、合作社法律研究为中间圈层、合作社绩效和治理研究为外部圈层的三层社会网络分析图谱。由内至外，合作社研究的视角、主题和内容不断拓展。

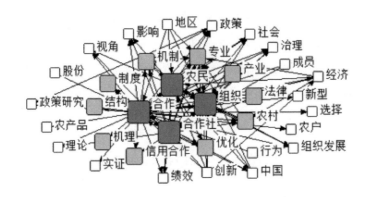

图3　1992～2019年合作社研究高频关键词的社会网络分析图谱

根据社会网络分析图谱（见图3），并结合主题热词的时间维度分布（见图4），本文发现：第一，在1992～2004年期间，大多数年份的合作社研究立项项目数为1，且研究主题较为分散。第二，在2005～2019年期间，随着合作社项目数的不断增加，研究主题也更为聚焦。具体来说，研究主题热词主要集中在以下四个方面：

1. 合作社制度和机制问题。合作社制度和机制是合作社宏观层面的问题。合作社制度决定合作社机制运行的方向，良好的合作社机制也有助于合作社制度的实施。在165个合作社项目中，涉及"机制"主题的有34项，涉及"制度"主题的有8项，两者合计占25.5%，几乎占立项总数的1/4，是合作社项目研究最多的主题。图4还显示，在合作社制度和机制研究方面，除了1999年和2004年分别立项1个项目以外，从2006年起，每年立项2个左右的项目，2016年的立项项目数甚至达到7个。前已述及，2006年是中国合作社数量快速增长的重要节点。合作社的快速增长需要合作社制度和机制研究的及时跟进，从而为合作社实践提供理论支撑。由此可见，合作社制度和机制的构建、创新、变迁与中国合作社的发展进程密不可分。在合作社不同的发展阶段，合作社制度和机制也需要发生相应的变化，从而为合作社发展提供制度和机制保障。因此，合作社制度和机制就成为合作社领域的专家、学者长期以来一直关注的问题。

2. 合作社法律问题。在 165 个合作社项目中，涉及"法律"主题的有 10 项。归纳起来，这些"法律"主题主要包括《中华人民共和国农民专业合作社法》（以下简称"合作社法"）及其相关法律法规的制定、修订或完善等两个方面。一方面，与合作社法制定和修订相关的研究项目主要集中在 2006 年和 2016 年两个年份前后。因为在这两个年份前后，合作社法的制定和修订是当时亟待解决的重大问题。另一方面，合作社相关法律法规主要是涉及合作社运营过程中面临的具体法律问题，这些问题往往不会在合作社法中明确提及，这就需要通过相应的具体法律或法规等予以明确。因此，在合作社法制定和修订结束以后，合作社在发展过程中出现的具体法律问题，从客观上推动了与合作社具体法律或法规相关的项目立项。

3. 合作社治理问题。合作社创立后如何实现有效治理，是一个长期的研究主题。尤其是在合作社规模扩大后，成员的异质性问题更加突出且可能导致普通社员的利益受到侵害，以至于背离合作社成立的初衷（韩国明等，2016）。这些现实问题推动着学界围绕合作社治理问题展开项目研究。图 4 显示，在 165 个合作社项目中，直接和间接涉及"治理"主题的有 17 项。该主题项目最早出现在 2005 年，随后集中出现在 2013~2017 年，基本上每年都有 2~3 个相关的项目立项。这表明，合作社发展过程中存在的主要问题已经从发展初期的如何建立、规模扩张等基本问题，延伸到发展中后期的有效治理和规范化等深层次问题。为了满足合作社实践需要，学界加大了对合作社治理问题的研究。合作社治理机制的好坏和治理水平的高低既关系到合作社能否坚持真正服务社员的基本原则，又关系到合作社绩效的高低。因此，合作社治理就成为学界长期重点关注的问题。

4. 合作社绩效问题。从图 4 可以看出，合作社绩效研究项目于 2011 年开始出现。随着 2013 年底习近平总书记"精准扶贫"思想的提出，以合作社扶贫为主题的项目数量开始增加，项目数基本维持在 2~4 项。通过进一步分析数据可知，在 165 个研究项目中，从扶贫、减贫和增收等视角研究合作社绩效的有 16 项。其中，直接涉及合作社组织发展绩效的有 8 项，且这些项目主要是从经济绩效视角展开研究。合作社经济绩效是其经济功能实现的重要体现。在合作社发展初期和当前国家决胜脱贫攻坚背景下，更充分地发挥合作社经济功能尤为必要。合作社经济绩效的高低虽然可以充分体现合作社的经济功能，但当合作社发展到一定阶段后，合作社可以根据实际情况逐渐发挥其在农村社会管理、教育和培训等方面的社会功能。合作社经济和社会功能的全面发挥，不仅可以更好地体现合作社作用，还可以助推中国乡村振兴战略的顺利实施。

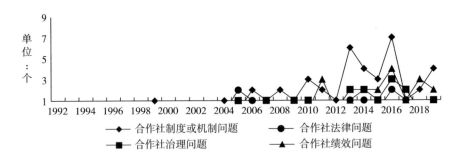

图 4 1992~2019 年合作社研究主题热词的时间维度分布

（二）合作社研究发展态势分析

根据样本数据，结合中央"一号文件"的政策导向，本文认为，未来合作社研究应当以合作社发展中的"问题"为导向。继续围绕发展什么样的合作社，怎么发展合作社以及如何构建具有中国特色的合作社理论体系等问题展开深入研究。具体来说，未来合作社研究有以下五个重点方向：

1. 合作社功能的再认识及实现问题。国际合作社联盟确立了合作社基本原则，其中包括教育、培训和信息，关注社区两个方面。然而，当前国内合作社研究更加注重合作社经济价值的发挥（任晓冬等，2018）。这与美国合作社相似，但与欧洲合作社同时注重合作社经济价值和社会价值的情形不同（杨雅如，2013）。合作社经济功能的盲目扩容不仅会加大成员利用合作社的难度，还会损害小农户的自我组织能力（曲承乐、任大鹏，2019）。在当前中国乡村振兴战略实施的大背景下，合作社的文化和社会功能实现就更加必要。目前，国内一些地区的农村集体经济组织作用弱化或名存实亡，合作社可以发挥互补作用（刘观来，2017），成为乡村振兴战略实施的重要抓手和组织载体。因此，在继续充分发挥合作社经济功能的同时，如何更好地发挥其在教育、培训和社区治理等方面的文化和社会功能，就成为未来合作社研究的重要方向。

2. 合作社规范化发展问题。自 2007 年《中华人民共和国农民专业合作社法》实施以来，中国的合作社快速发展（黄祖辉，2018）。然而，在合作社数量突飞猛进的同时，"名实不符""有名无实""假合作社""翻牌合作社""大农吃小农"等问题也层出不穷（潘劲，2011；邓衡山等，2016）。随着邓衡山和王文烂（2014）提出并论证"中国到底有没有真正的农民合作社"命题，国内学界和实践界对合作社不规范问题的关注度空前高涨。在 2019 年 3 月，中央农村工作领导小组办公室等 11 部委联合发文，决定在全国范围内开展合作社"空壳社"专项清理工作。这一合作社专项清理工作，又进一步引起学界和实践界对合作社不规范问题的关注，并将合作社规范化建设和研究问题都提升到新高度。未来一段时期，国内学界将继续围绕合作社规范化相关问题展开深入研究。

3. 合作社与乡村治理问题。该问题主要包括两个方面：第一，合作社作为主体参与乡村治理。当前国内已经有少数文献（阎占定，2012；赵泉民，2015；王进、赵秋倩，2017）围绕合作社参与乡村治理的必要性与可能性、嵌入结构等问题展开研究，但这些研究还不够全面。第二，合作社作为载体创新社会管理。对于该问题，国内学者研究不多，未能就合作社的党建工作开展、合作社成员的管理参与意识和能力等问题展开深入研究。研究表明，合作社不仅可以提高其成员收入，还可以提高成员的合作意识、民主意识、守法意识和责任意识（陈辉，2010；许锦英，2016）。因此，在中国乡村治理现代化建设的背景下，深入研究合作社对农村社区治理优化的作用机理、乡村治理过程中合作社的社会及文化功能嵌入等问题，具有非常重要的现实意义。

4. 股份合作社问题。股份合作社包括土地股份合作社和其他要素入股的股份合作社（黄祖辉，2018）两个方面。首先，土地股份合作社问题。2014年11月，中共中央办公厅、国务院办公厅发布了《关于引导农村土地经营权有序流转 发展农业适度规模经营的意见》。意见指出，进一步在坚持农村土地集体所有的前提下，实现所有权、承包权、经营权三权分置。农村土地三权分置的实施进一步推动了学界研究土地股份合作社问题，但土地股份合作社在法律地位、法律规范、内部治理和农户利益保护等方面的问题还未解决（孙中华等，2010；韩国明等，2016）。这就需要学界继续围绕这些问题展开深入研究。其次，其他要素入股的股份合作社问题。其他要素入股的股份合作社是指资本、技术、农村集体资产等要素入股形成的股份合作社。2016年12月，中共中央、国务院颁布了《关于稳步推进农村集体产权制度改革的意见》。意见指出，要着力推进经营性资产确权到户和股份合作制改革，并指出农村集体经济组织是特殊经济组织，可以称为经济合作社，也可以称为股份经济合作社。该意见的出台，将进一步推动以农村集体资产入股而形成的股份经济合作社的发展。因此，股份经济合作社的治理、股权设置和股权退出等问题需要学界进一步深入研究。

5. 合作社产业化经营问题。推进农村一二三产融合，是实现农业产业化经营目标，延伸农业产业链和促进农民增收的重要举措。通过农业产业化经营，合作社可以延长农产品的产业链和价值链，使得农民可以分享农产品加工增值收益（张连刚等，2016）。尽管中央"一号文件"已经多次提出支持和鼓励合作社通过各种形式开展农业产业化经营，但目前国内合作社仍然以服务功能提供为主，其在产业化经营方面未取得明显突破。合作社在一二三产融合过程究竟应该发挥什么作用以及如何发挥作用等问题，都值得进一步深入研究。另外，合作社、龙头企业、家庭农场和专业大户等新型农业经营主体在产业化经营过程中，如何建立分工协作机制，提高组织间的协同度和利益共享度等问题也值得研究。这些问题的解决，对于降低不同新型农业经营主体之间的交易费用，实现小农户与现代农业发展的有机衔接都具有重要的现实意义（黄祖辉，2018）。

六、结论与启示

综合前文分析，本文主要的结论和启示如下：

第一，合作社的理论研究与实践发展相互推动。合作社发展水平在一定程度上影响合作社研究的方向和深度，合作社理论研究反过来又可以指导合作社实践，更好地推动合作社发展。

第二，国家基金青年项目和西部项目的设立发挥了一定的作用，但合作社研究力量的区域不平衡性仍然较为突出。总体来说，国家基金项目既扶持了青年学者和西部地区学者，也提高了青年学者和西部地区学者对合作社问题研究的参与度。然而，西部地区合作社研究力量薄弱的现实应该引起相关部门的重视和关注。

第三，合作社重大项目立项数较少。合作社研究重大项目立项数量的增长，既需要学者持续关注并不断增加在该领域的研究积累，也需要国家相关部门进一步重视和关注合作社问题，从而在合作社研究重大项目立项方面给予适当的倾斜。

第四，合作社项目的应用性和对策性研究较多，理论性研究相对较少。过多地突出合作社实践和应用研究，可能会导致学界忽视合作社理论研究，难以实现合作社理论研究从根本上实现突破。在未来，一方面，国家基金项目可以适当提高对合作社理论研究项目的资助比重；另一方面，学者也应当增强理论自觉，积极思考中国特色的合作社研究如何在理论建构与理论创新方面有所突破。

第五，在合作社项目成果形式中，研究报告占比最高，且国家自科基金项目的论文产出比总体高于国家社科基金项目。目前，国家社科基金项目的研究报告尚未公开，以致于研究报告的作用发挥有限，论文则是项目研究成果向社会传播的重要途径之一。在未来，一方面，国家社科基金成果中的研究报告可以向社会免费开放；另一方面，国家社科基金还可以在论文数量和质量上对项目结项成果作一定的要求，从而更好地发挥国家基金项目的作用。

第六，合作社研究力量相对分散，核心研究机构不够突出。研究力量的分散既不利于团队的组建与合作，又不利于合作社研究重大项目的立项和重大问题的协同解决。

第七，以往合作社项目研究的热点主要集中在合作社制度和机制、合作社法律、合作社治理等方面。未来合作社研究可以围绕合作社与乡村治理、合作社规范化、股份合作社、合作社产业化经营、合作社的文化和社会功能等问题进行深入研究。

参考文献

1. 陈辉，2010：《如何更好发挥农民专业合作社的作用》，《人民日报》，10月29日第7版。

2. 邓衡山、徐志刚、应瑞瑶、廖小静，2016：《真正的农民专业合作社为何在中国难寻？——一个框架性解释与经验事实》，《中国农村观察》第4期。

3. 邓衡山、王文烂，2014：《合作社的本质规定与现实检视——中国到底有没有真正的农民合作社？》，《中国农村经济》第7期。

4. 郭红东、钱崔红，2005：《关于合作社理论的文献综述》，《中国农村观察》第1期。

5. 韩国明、朱侃、赵军义，2016：《国内农民合作社研究的热点主题与演化路径——基于2000~2015年CSSCI来源期刊相关论文的文献计量分析》，《中国农村观察》第5期。

6. 黄祖辉，2018：《改革开放四十年：中国农业产业组织的变革与前瞻》，《农业经济问题》第11期。

7. 梁巧、黄祖辉，2011：《关于合作社研究的理论和分析框架：一个综述》，《经济学家》第12期。

8. 刘观来，2017：《合作社与集体经济组织两者关系亟须厘清——以我国《宪法》的完善为中心》，《农业经济问题》第11期。

9. 孟凯、王东波，2018：《中国"三农"问题研究现状及其成果评价——基于国家社科基金项目及其成果论文的计量分析》，《重庆大学学报（社会科学版）》第3期。

10. 潘劲，2011：《中国农民专业合作社：数据背后的解读》，《中国农村观察》第6期。

11. 曲承乐、任大鹏，2019：《农民专业合作社的价值回归与功能重塑——以小农户和现代农业发展有机衔接为目标》，《农村经济》第2期。

12. 任晓冬、张国锋、薛俊雷，2018：《农民专业合作社的功能实现、经验总结与政策启示——基于贵州省纳雍县九黎凤苎麻合作社的个案分析》，《农村经济》第5期。

13. 史晋川、叶建亮，2019：《新中国经济学创新发展70年》，《人民日报》，4月8日第9版。

14. 孙中华、罗汉亚、赵鲲，2010：《关于江苏省农村土地股份合作社发展情况的调研报告》，《农业经济问题》第8期。

15. 王进、赵秋倩，2017：《合作社嵌入乡村社会治理：实践检视、合法性基础及现实启示》，《西北农林科技大学学报（社会科学版）》第5期。

16. 王军，2010：《合作社治理：文献综述》，《中国农村观察》第2期。

17. 王平，2010：《国内知识管理研究若干维度的特征分析——基于自科、社科立项的实证研究》，《图书馆学研究》第16期。

18. 王普，2014：《基于文献计量法分析我国农民专业合作社研究现状》，《浙江农业科学》第10期。

19. 许锦英，2016：《社区性农民合作社及其制度功能研究》，《山东社会科学》第1期。

20. 徐旭初，2012：《农民合作社发展研究：一个国内文献的综述》，《农业部管理干部学院学报》第1期。

21. 阎占定，2012：《新型农民合作经济组织参与乡村治理的经济分析》，《郑州大学学报（哲学社会科学版）》第2期。

22. 杨雅如，2013：《我国农村合作社的制度供给问题研究》，北京：人民出版社。

23. 苑鹏，2019：《提高农业经济学学科发展质量》，《人民日报》，4月8日第9版。

24. 张连刚、支玲、谢彦明、张静，2016：《农民合作社发展顶层设计：政策演变与前瞻——基于中央"一号文件"的政策回顾》,《中国农村观察》第 5 期。

25. 赵泉民,2015:《合作社组织嵌入与乡村社会治理结构转型》,《社会科学》第 3 期。

(作者单位:西南林业大学经济管理学院)

Multi-Dimensional Characteristics and Development Trend of Research on Farmers' Cooperatives: An Analysis Based on Empirical Study of Projects Sponsored by National Social Science Fund of China and the National Natural Science Foundation of China in 1992-2019

Zhang Liangang　　Chen Zhuo　　Li Ya　　Xie Yanming

Abstract: To a certain extent, the projects sponsored by national funds can reflect the basic characteristics and research trends of a certain discipline or research direction. Based on a sample of 165 projects selected from a list of projects themed "cooperatives" sponsored by the National Social Science Fund of China and the National Natural Science Foundation of China from 1992 to 2019, this article uses SQL Server and ROST NAT software to conduct an empirical analysis on the basic situations and characteristics of research groups and hot topic. The results show that, firstly, the projects of cooperative studies have been characterized by less key-type projects, insufficient theoretical research, and a higher output ratio of project papers sponsored by the National Natural Science Foundation. Secondly, the cooperative research groups have been featured by a lack of prominent core research institutions, unbalanced regional distribution of research forces, and insufficient continuity in cooperative studies of the majority of project leaders. Thirdly, cooperatives studies have mainly focuses on cooperative system and mechanism, cooperative laws and cooperatives governance. Through a comprehensive analysis of hot topics, current central policies and related journal literature, this study holds that the following topics in cooperative studies deserve the attention and further in-depth research, namely, cooperatives and rural governance, standardization of cooperatives, shareholding cooperatives, industrialized operation of cooperatives, as well as cultural and social functions of cooperatives.

Key Words: Cooperatives; National Social Science Fund; National Natural Science Foundation; Research Focus; Development Trend

范文三 农民专业合作社参与和乡村治理绩效提升：作用机制与依存条件——基于4个典型示范社的跨案例分析（个案研究）

农民专业合作社参与和乡村治理绩效提升：作用机制与依存条件[*]

——基于4个典型示范社的跨案例分析[①]

张连刚　陈星宇　谢彦明

摘要：中国乡村治理作为国家治理的重要组成部分，面临治理主体缺位、农村公共产品供给缺乏村集体经济支撑等结构性困境。农民专业合作社的参与重塑了乡村公共领域的治理结构，有效推动了乡村治理现代化进程。本研究通过建立"动因-行为-绩效"和"主体禀赋-场域支持"两个逻辑分析范式，构建了分析农民专业合作社参与乡村治理动态过程的理论框架。本研究基于4个典型案例解构农民专业合作社提升乡村治理绩效的作用机制，揭示农民专业合作社提升乡村治理绩效的依存条件。研究发现，农民专业合作社参与乡村公共事务治理的行为机制为：利益互嵌-协同联动机制、矛盾调解-长效稳定机制和民生普惠-扶持保障机制；农民专业合作社参与乡村公共服务供给的行为机制为：资源整合-节本增收机制、村社共建-固基强村机制、"培训+就业"助农机制和认知驱动-文化造血机制。同时，"村'两委'+合作社"共治模式能更显著地提升乡村治理绩

---

　　[*] 本文得到国家自然科学基金项目"农民合作社参与对乡村治理绩效的影响机理及效果研究"（编号：72163030）的资助。感谢匿名审稿人和北京林业大学陈建成教授的宝贵建议，但文责自负。本文通讯作者：陈星宇。

　　[①] 张连刚，陈星宇，谢彦明. 农民专业合作社参与和乡村治理绩效提升：作用机制与依存条件——基于4个典型示范社的跨案例分析［J］. 中国农村经济，2023（06）：139-160.

效。为充分发挥农民专业合作社主体禀赋、村庄场域支持网络两类依存条件的积极作用，一要充分激发农民专业合作社参与乡村治理的潜力与动力；二要健全乡村治理格局中农民专业合作社与村"两委"之间的良性互动机制；三要健全农民专业合作社带头人的选育机制；四要拓展农民专业合作社参与乡村治理多元化新思路。

关键词：农民专业合作社 乡村治理 作用机制 跨案例分析

中图分类号：F324 **文献标识码：**A

一、引言

乡村治理是国家治理的重要基石，是国家治理体系和治理能力建设的重要内容，也是全面推进乡村振兴的重要保障。家庭联产承包责任制实施后，村集体经济趋于瓦解，加之集体行动的困境，致使农村公共产品和服务供给严重不足。同时，在后农业税时代，村级组织不再承担农业税征收工作，由此导致村级组织与农民之间的直接联系大幅减少。"粮食直补"等惠农强农政策的实施，使得农民与国家的联系绕过了村集体（张连刚等，2016）。这些制度和政策的实施，使得农村公共产品供给缺乏村集体经济支撑、乡村治理主体缺位、农民与村集体联系弱化等治理难题凸显，而这些难题已成为当前乡村治理亟待改进的关键环节，直接关系到乡村治理现代化进程（俞可平，2001；贺雪峰，2023）。为摆脱中国乡村治理的困境，中央政府围绕"促进乡村治理主体多元化""激发基层自治活力"等重要现实问题，相继提出一系列鼓励社会组织深度参与乡村治理的政策主张。党的十九大报告提出要"加强社区治理体系建设，推动社会治理重心向基层下移，发挥社会组织作用，实现政府治理和社会调节、居民自治良性互动"①。2019 年《关于加强和改进乡村治理的指导意见》提出要

---

① 参见《习近平在中国共产党第十九次全国代表大会上的报告》，https：//www.neac.gov.cn/seac/c100472/201710/1083685.shtml。

"支持多方主体参与乡村治理"[①]。国家政策营造了乡村治理"多元共治格局"的良好氛围，使得农民专业合作社（以下简称"合作社"）参与乡村治理并提升治理水平成为可能。2013年中央"一号文件"强调合作社是"创新农村社会管理的有效载体"[②]。在政策的引导下，合作社逐渐承担起乡村治理方面的经济社会职能。已有文献表明，在政治建设上，合作社的影响力已超过了宗族组织，逐渐发展成为影响村庄选举的重要力量（韩国明和张恒铭，2015）。在社会民主化管理上，作为农户与村"两委"沟通的桥梁，合作社能在村庄事务决策中充分反映成员的利益诉求，并为成员争取合法权益（蔺雪春，2012），增进农村地区的社会信任感（赵昶和董翀，2019）。然而，对于现阶段合作社能否有效参与乡村治理以及如何提升治理绩效等问题，学界并未给出答案。因此，该问题值得学界重点关注和进一步深入研究。

学界关于合作社参与乡村治理的早期研究，主要集中于讨论合作社参与乡村治理的必要性和可能性（贾大猛和张正河，2006），以及合作社与村委会等其他治理主体关系（潘劲，2014）等问题。随着中国乡村治理新问题的不断出现和合作社经济社会影响力的不断扩大，学界开始重视合作社对乡村治理效能影响的研究。近年来，合作社在促进农村经济发展的同时，不仅对社区利益整合、社区公共产品供给等方面产生了重要影响，还凭借其经济影响力，通过参与乡村民主选举、参与村务公开等方式渗透到乡村政治生活，改变了农村社区治理结构（阎占定，2015）。综观既有研究成果可知，合作社对乡村治理效能的影响，不仅直接体现在促进乡村经济发展和带动农户增收等物质方面，还间接体现在提升农民主体性、促进乡村民主和村务公开、增加乡村公共品供给等方面（崔宝玉和马康伟，2022；赵昶和董翀，2019）。然而，上述相关研究较多地集中于合作社参

---

① 参见《中共中央办公厅 国务院办公厅印发〈关于加强和改进乡村治理的指导意见〉》，http：//www.gov.cn/zhengce/2019-06/23/content_5402625.htm。

② 参见《中共中央 国务院关于加快发展现代农业进一步增强农村发展活力的若干意见》，http：//www.gov.cn/zhengce/2013-01/31/content_5408647.htm。

与影响乡村治理绩效的描述性分析，并未构建系统的理论分析框架，且缺乏对合作社如何参与并提升乡村治理绩效的质性研究。此外，既有关于合作社影响乡村治理的定性描述多为个案研究（蔡斯敏，2012；韩国明和张恒铭，2015），鲜有深层次的实践检视支撑。目前，部分研究虽关注到合作社对优化乡村治理结构和提升乡村治理绩效具有积极影响（赵晓峰和刘成良，2013；于水和辛境怡，2020），但仍欠缺对合作社提升乡村治理绩效的内在作用机制，以及合作社提升乡村治理绩效的依存条件等关键要素的深入探索。

鉴于此，本研究拟从以下 3 个方面着手探究：首先，构建合作社参与乡村治理作用机制的理论框架；其次，利用跨案例分析法，解构合作社对乡村治理绩效提升的作用机制，并揭示合作社提升乡村治理绩效的依存条件；最后，基于研究结论，提出促进合作社有效参与乡村治理的政策建议。本研究的理论边际贡献在于：构建理论分析框架，拓展合作社功能与乡村治理两个领域的研究视角，回答"合作社影响乡村治理绩效的作用机制"等理论问题。在实践意义上，本研究所选取的 4 个合作社参与乡村治理的典型示范案例，可为合作社有效参与乡村治理提供路径选择和现实参考。同时，本研究是"推进国家治理体系和治理能力现代化"的具体实践，有利于将理论体系转化为现实指导，对破解新时代乡村治理主体缺乏及其内生动力不足等问题具有一定参考价值。

二、合作社参与乡村治理：理论基础与理论框架

（一）乡村治理的内涵界定

目前，学界对于乡村治理的内涵界定还不统一。就本质而言，乡村治理是对社会文化习俗、自然资源以及公共服务等乡村社会公共资源的配置（党国英，2017）。就范围而言，中国目前的乡村治理应解决精神思想、社会管理和公共服务等环境建设和秩序建构中的重大问题（秦中春，2020）。就着力点而言，乡村治理的核心不是自上而下的控制和约束，而是治理主体弥补公共事务治理缺位、精准配置公共资源，促进农村由行政本位转向村庄本位（俞可平，2001；崔宝玉和马康伟，2022）。概括起来，乡村治理主要涵盖乡村公共事务治理（赵晓峰和刘成良，2013）和公共服务供给（阎占定，2015）两个方面。值得注意的是，考虑到增加农民收入仍然是当前农村需要重点解决的关键性问题，现阶段乡村治理还应关注农村经济发展（张连刚和张宗红，2023）。因此，经济发展必须被摆在乡村治理的关键位置（赵泉民，2015）。综合上述观点，本研究认为，乡村治理是指多元治理主体为最大化满足广大村民共同利益而参与乡村公共产品或公共服务提供的互动过程。同时，乡村治理应以乡村公共领域为切入点和落脚点，着重解决农村地区经济发展落后、村务管理不规范、公共服务相对滞后等经济、政治和社会 3 个层面的问题。为此，本研究将从公共事务治理和公共服务供给两个方面考察合作社对乡村治理效果的影响路径，并识别合作社提升乡村治理效能的作用机制和依存条件。

（二）理论基础

1. 理性选择理论。在"理性人"假设下，行动者能够预先对预期成本和效益进行充分的比较，从而选择净收益最大的行动策略（魏建，2002）。在理性选择理论下，行动者的"利益"由其自身的需要和偏好构成，包括物质上、精神上和社会关系上的选择偏好。行动者往往利用自己拥有的资源（物质资本、认知和素质等），采取各种社会行动获取新的资源，实现既定目标（Coleman，1992）。其中，理想的社会行动分为效用合理性行动（亦称目的合理性行动）和情感价值行动两种类型（陈彬，2006）。按照理性选择理论的预设前提，本研究仔细甄别了合作社参与乡村治理的内在动因。通过案例和访谈资料可知，案例合作社参与乡村治理的首要动因都是为了实现合作社自身的发展壮大，基本符合该理论中"理性人"的行动逻辑。

2. 参与式治理理论。参与式治理是"参与式民主"在社会治理中的具体实践，是指公共利益相关主体（包括政府、社会组织和个体公民）平等参与公共事务决策和公共资源分配，并进行互动合作的过程（顾丽梅和李欢欢，2021）。参与式治理旨在黏合个体与组织间的关系，重视回应个人诉求，以此提升公共服务质量和公共福利（Speer，2012）。该理论为解构合作社参与乡村治理的行为机制提供了新的切入点。在乡村治理中，参与式治理的实质是治理主体发挥自身优势，通过辅助支持与协同响应等方式，弥补其余主体在乡村治理中的短板，共同推进乡村社会民主化进程和乡村社会管理创新（陈剩勇和徐珣，2013）。其中，协同是参与式治理的核心原则，是实现治理权力"下移"、治理资源共享和构建民主协商平台，从而激发多元主体参与乡村治理的必然要求（沈费伟，2019）。本研究遵循这一原则，初步将合作社参与乡村治理行为界定为响应并辅助基层政府向农民提供公共品，积极维护农民话语权，从而保障农民成为乡村治理的最大受益者。在后续案例分析与讨论中，本研究将参与式治理理论作为解构合作社参与乡村治理行为及其作用机制的重要理论基础和方法工具。

3. 资源依赖理论。合作社作为乡村治理的重要主体之一，其自身发展和参与治理所需的资源与条件都存在于复杂且多元化的乡土社会。资源依赖理论从重视组织生存到重视组织如何获取、分配生存资源（Pfeffer and Salancik，2003），并强调组织以资源交易为媒介，通过与其他组织进行一系列依赖性互动实现既定目的（邓锁，2004）。由此，可将组织与环境的联系描述为一种以资源交换为核心纽带而产生的双向关系（卢素文和艾斌，2021），从而突出组织内外部资源对其行为的重要影响。组织作为行动者在既定范围内开展活动，所依赖的资源既包括组织拥有的社会资本及其成员的认知程度，还受到其他主体与该组织互动关系调整的影响（高强和孔祥智，2015）。基于此，本研究利用资源依赖理论，从合作社主体资源禀赋和外部场域支持两方面识别合作社提升乡村治理绩效的依存条件。

（三）作用机制的分析范式：动因-行为-绩效

关于合作社参与乡村治理作用机制的研究，张义祯（2016）提出以主体嵌入、技术嵌入和制度嵌入为核心要素的"嵌入治理机制"。此机制具有系统性、时代性和本土化的优势，可用于剖析合作社参与乡村治理的深层机制。作为乡村治理的重要主体之一，合作社的嵌入改变了村庄内部治理结构，即在村域层面建构起"多方参与、多元治理主体'合作共治'"的治理机制（赵泉民，2015）。具体到村庄现实中，合作社与乡村治理呈现深度嵌入和高度耦合的趋势。这是否能成为未来乡村治理的常态化运行机制呢？为了回答这一问题，本研究基于参与式治理理论，并结合"主体嵌入-行为结构-治理绩效"的分析逻辑（郑军南，2017），提出由"动因-行为-绩效"3个要素构成的逻辑分析范式，作为解构合作社参与提升乡村治理绩效作用机制的基准。

1. 合作社参与乡村治理的动因。《中华人民共和国农民专业合作社法》（2017年修订）指出，合作社作为互助性经济组织，以其成员为主要服务对象。因此，合作社参与乡村治理的行为必须符合全体成员利益，或者说，其行为底线是不能损害全体成员的共同利益。由理性选择理论也可知，作为"理性人"的合作社，其参与乡村治理的首要动因是满足自身发展壮大和维护全体成员的利益。然而，乡村治理需要平衡农民的多元化利益，以实现对村庄的有效管理，其本质更强调"服务""稳定""协调"等社会属性。实践还表明，部分具有公益性质的合作社参与乡村治理的行为，似乎并不能直接用理性选择理论解释。因此，仅仅以追求合作社自身和成员利益来考量，难以全面解释合作社参与乡村治理的生发逻辑。综合现有观点，本研究将合作社参与乡村治理动因总结为3个方面：一是出于维护自身权益和参与政治的需要（赵泉民，2015）；二是为了拓展社会关系网络（阎占定，2015），规避市场风险；三是缘于带头人与村庄的"情感维系"（于水和辛璟怡，2020），即实现社会价值或获得社会认可。合作社带头人往往是由当地具有一定经济实力和社会影响力的政治、经济精英或能人担任。基于乡村精英的身份，加上家庭社会网络、熟人情面关系等非正式制度的驱动，合作社带头人往往有着根植于内心深处的乡土情怀。因此，合作社带头人的决策往往源于深厚的乡村社会"土壤"，容易受到面子、人情等情感因素影响。综合上述分析，可将合作社参与乡村治理的动因归纳为满足自身发展需求（利己）和关心社区发展①（利他）两个方面。

2. 合作社参与乡村治理的行为。综观参与式治理理论的内涵可知，协

---

① "关心社区发展"是国际合作社联盟于1995年重新修改并确立的合作社七项基本原则之一。该原则指出，合作社及其成员通过与所在社区良好互动，打下更好的经营基础。

同和参与是参与式治理的核心要素（陈剩勇和徐珣，2013）。这些要素为分析合作社参与乡村治理的具体行为提供了理论基础。合作社作为乡村治理的重要参与主体，要配合基层政府解决乡村公共领域治理中存在的问题。为使理论投射于实践，还需进一步明确合作社在乡村公共领域治理中具体的参与行为。党的十九大报告围绕加强和创新社会治理问题，提出"完善公共服务体系，保障群众基本生活"[①]的要求。据此，本研究将从农村公共事务治理和公共服务供给两方面深入探索合作社参与乡村治理的行为。其中，公共事务是指超出家庭和个人能力范围，在政治、社会等公共领域能满足大多数成员的基本生活需求，且能体现公平分配和资源共享的事务（周义程，2007）。据此，公共事务包括畅通居民表达政治诉求渠道和保护居民个体权益等方面。相对地，公共服务是指以实现社会基本公平和公共利益均等化为目标，由政府或社群组织向群众免费或低价提供的服务，包括教育、医疗和就业等民生事业，属于社会再分配范畴（柏良泽，2008；李延均，2016）。由于兼具经济属性和社会属性（马太超和邓宏图，2022），合作社既能带动农户增收，又能为农村社区提供一定的社会救助和公益服务。综上，本研究认为：合作社参与乡村治理，在公共事务上主要包括参与村庄民主政治、化解社会矛盾纠纷和改善社会民生等；在公共服务上主要包括提供生产性服务、就业培训和公共文化服务，以及完善公共基础设施建设等。

3. 合作社参与乡村治理的绩效。治理绩效是指参与治理的各类主体，由主动行为所创造的价值、业绩和成效（彭继裕和施惠玲，2021）。具体到农村场域，乡村治理绩效可具体表现为：在公共事务上，合作社通过提高农民话语权、保障农民基本需求等行为，加快农村基层自治进程，有效管理农村综合事务（沈费伟，2019）。在公共服务上，合作社通过提供生产建设、培训教育和观念文化等服务，弥补以往乡村地区公共品供给缺位（赵泉民，2015），为乡村发展注入更多动力（Speer，2012）。然而，测度

乡村治理绩效是一项系统且复杂的工作，应从多个角度精准剖析合作社提升了哪些方面的乡村治理绩效。从最终结果看，衡量乡村治理绩效的关键维度包括"公共性""社会性""有效性"3个方面（吴新叶，2016）。进一步而言，一些学者将治理绩效评估标准分为促进农村基层民主、提高乡村社区和谐程度和优化农村社会有序发展三类（卢福营，2011）。在"公共参与"体系下，乡村治理绩效内容，一要衡量现行制度框架是否促进农民减负增收（郭正林，2004），二要体现乡村社会的公平分配状况，三要驱动公共参与以增强主体信任（梅继霞等，2019），四要考虑村庄秩序与村民行为是否满足乡风文明的要求。综合考量，本研究谨慎选取促进基层民主公平（赵昶和董翀，2019；彭继裕和施惠玲，2021）、形塑乡村文明风气（顾丽梅和李欢欢，2021）、夯实乡村发展基础（贾大猛和张正河，2006；秦中春，2020）和紧密村庄联结纽带4个基本维度，作为衡量合作社影响乡村治理绩效的指标体系，以系统描绘合作社提升乡村治理绩效的应然状态。

（四）依存条件的分析范式：主体禀赋-场域支持

依存条件是影响合作社参与能否实现乡村有效治理的关键因素，能促进或制约合作社参与乡村治理的有效性。资源依赖理论为深入考察合作社提升乡村治理绩效的依存条件提供了动态分析视角。该理论将组织拥有的优势条件与可获取的外部支持视作重要资源，并强调在组织内部要实现资源的合理配置，在组织外部要通过资源交换与其他组织形成良性互动关系（卢素文和艾斌，2021）。因此，在注重地缘、亲缘关系的乡土社会中，合作社不仅要根据实际情况明晰并优化自身拥有的资源，还应关注并及时调整合作社与村"两委"等基层政府、其他社会组织等主体的动态关系。总体来说，合作社提升乡村治理绩效的依存条件表现在两方面。其一，合作社的经济实力和社会影响力是其参与乡村治理的物质基础。从动态视角来看，影响乡村治理效能的4个要素分别为目标、主体、资源和权力（于水和辛璟怡，2020）。以上要素以目标为导向，将主体拥有的资源与权力外化为治理能力，最终转化为地方治理效能。其二，合作社依靠来自外部的资源与支持参与乡村治理。在治理生态学视角下，李传喜（2020）借助

"条件-形式"分析框架，进一步证实了环境条件对基层治理形式和体系变迁的重要影响，并强调社会力量等外部资源是实现乡村有效治理的重要条件。本研究吸收并整合以上理论，构建"主体禀赋-场域支持"逻辑范式，以揭示合作社提升乡村治理绩效的依存条件。

1. 主体禀赋。从微观主体看，乡村治理绩效与合作社所具备的"资源禀赋"（赵泉民，2015）多寡及组合方式密切相关。资源禀赋既是合作社参与乡村治理的重要基础，也是合作社获取并运用各类资源的能力体现。一方面，合作社经济实力是其参与乡村治理的物质基础，直接关系到其在乡村治理中的影响力；另一方面，合作社带头人的社会责任感等非物质因素，是影响合作社对村庄公共领域治理贡献程度的重要依托。乡村治理是一种需要长期持续投入，并具有公益或半公益性质的活动过程。因此，合作社参与能否有效提升乡村治理绩效，与其带头人的担当精神和责任意识的强弱密切相关。

为直观显示合作社经济实力及其带头人社会责任感对乡村治理的综合影响效果，本研究将不同的治理效果绘制如图1所示。一般来说，当合作社经济实力强、带头人社会责任感弱时，合作社参与乡村治理可能产生无序治理现象；当合作社经济实力弱、带头人社会责任感强时，合作社参与乡村治理则可能出现低效治理现象；当合作社经济实力和带头人社会责任感都弱时，乡村则无法实现有效治理，即出现"零"治理现象；只有当合作社经济实力和合作社带头人社会责任感都较强时，乡村才能实现有效治理。总之，经济实力是合作社参与乡村治理的基础条件，而合作社带头人的社会责任感则是推动乡村治理符合农民利益的重要保障。

图1 合作社主体禀赋与乡村治理效果的关系

2. 场域支持。合作社参与乡村治理总是在特定的社会环境下运行，呈现出既依赖于内生环境的资源支撑，又在特定社会场域与环境进行资源交换（Bourdieu，1983）的特点。农村社区和乡土环境是合作社产生与发展的"摇篮"（胡平波，2013），合作社参与乡村治理对农村社区有很强的依附性（高强和孔祥智，2015）。场域支持网络涵盖了以下两方面。其一是一系列正式组织与非正式社会网络要素，包括中央和地方各级政府的资金或项目支持、村庄自治程度与主体信任程度（梅继霞等，2019）、其他社会主体的支持与配合程度等。其二是村域发展水平差异。中国幅员辽阔，不同地区之间的经济发展、历史文化和习俗观念等存在较大差异。因此，村庄区位条件、合作社的发展阶段等方面的差异所带来的正负效应，对合作社参与乡村治理的模式和侧重点均有着深刻影响。多重结构要素耦合而成的村庄场域支持网络，为合作社参与乡村治理提供了信任基础与支撑机制。

（五）合作社参与提升乡村治理绩效的理论框架

学界对于集体行动下公共资源治理的分析，多是借助奥斯特罗姆"制度分析框架"中的"行动–情境"结构分析范式（王群，2010；罗哲和单学鹏，2020）进行阐释。该范式强调，在制度规则赋权下，公共资源治理主体的身份实现了由"观察者"到"行动者"的转变。在中国特色的行政体系下，政府政策、地方制度的引导与约束，是基层组织开展行动的逻辑前提。该范式对分析乡村治理主体的行为逻辑有一定的启发和借鉴作用。然而，具体到"合作社参与乡村治理"的实践过程中，"行动–情境"范式的局限性也较为明显。一方面，"行动"范式过于"宏大"，无法完整且细致地勾勒出合作社参与乡村治理的生发机制和动态路径。另一方面，"情境"范式忽略了合作社组织中"人"的因素，即合作社带头人及其成员内生的能动性。基于上述考量，本研究试图在汲取理性选择理论、参与式治理理论以及资源依赖理论的基础上，通过对合作社参与影响乡村治理绩效的作用机制与依存条件两个维度进行细分阐释，构建适用于分析合作社参与乡村治理并提升治理绩效这一动态过程的框架。

结合上述理论分析与逻辑范式，本研究结合"动因-行为-绩效"和"主体禀赋-场域支持"两个逻辑范式，构建分析合作社参与乡村治理并提升治理绩效这一动态过程的理论框架（如图2所示）。然而，此框架能否综合反映合作社参与乡村治理的实然状态，仍需通过具体案例进一步验证。综上，本研究拟通过剖析4个典型案例，系统地探析合作社参与对乡村治理绩效提升的作用机制和依存条件。

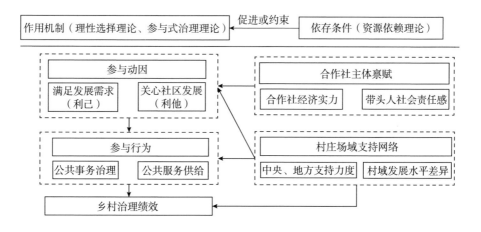

图2 合作社参与提升乡村治理绩效的理论框架

三、研究方法与案例背景

（一）研究方法与数据采集

案例分析是社会科学研究中相对独立的研究方法，属于实证定性研究（王金红，2007）。本研究聚焦于作用机制和依存条件两方面，涉及"how"和"what"的范畴，宜采用案例分析（Eisenhardt，1989）。合作社参与乡村治理是一个多元主体相互嵌入耦合、互动的过程，包含诸多环节。比起单案例研究，多案例分析能在构建理论框架的基础上，更直观生动地反映合作社参与乡村治理的实然状态（刘志迎等，2018）。综上，本研究利用跨案例分析法（Pan and Tan，2011）进一步验证前文所构建的理论分析框架，从实践层面展开作用机制与依存条件的分析。

本研究通过以下渠道获得案例资料：①半结构化访谈和实地观察。课题组先后于 2021 年 3 月赴江苏省和睦涧村、6 月赴陕西省东风村、8 月赴山东省南小王村调研，并通过线上回访进一步确认相关信息。调研过程中，课题组成员重点对 3 个村庄的合作社成员和村民进行多次半结构化访谈，实地观察合作社参与乡村治理取得的实际成效。另外，课题组于 2021 年 7 月对甘肃省前进村前进奶牛专业合作社成员进行线上访谈，共计时长 125 分钟，以此形成研究所需的一手资料。②采集二手资料。从 CNKI 数据库、农业农村部推荐案例、媒体公开报道中收集与案例样本相关的资料进行对比和补充。本研究遵循三角测量法（刘志迎等，2018），在案例分析过程中，将访谈资料与多方信息进行交叉比对，反复验证和实时更新，确保所选案例覆盖面广、普适性强，力图保证研究结论的信度、效度和说服力。

本研究案例样本选择主要从以下 3 个方面考虑：第一，案例数据可靠性和代表性较高。样本合作社均为国家级或省级示范社，各社参与乡村治理产生的正向效应显著，且被当地政府、媒体作为示范宣传，从公开渠道均可查询所选案例的佐证资料。同时，为使案例资料更具有效性和客观性，本研究综合了合作社负责人、合作社社员以及本地村民的陈述并进行相互佐证。第二，所选案例与前述预设的理论情境基本吻合。4 家合作社参与乡村治理均是基于自身发展需要与内部共识而产生的理性行为。实地调查发现，各社参与乡村治理的资金运用和项目进展情况公开透明，不存在损害社员利益的现象。第三，所选案例典型性较高，4 个样本案例具有较为集中的共性特征。样本合作社都属于农民专业合作社，成立时间较早且均是由当地经济、政治精英牵头领办。经过多年经营，各社在当地具备一定经济实力和社会影响力。各社参与乡村治理是为了响应国家政策和适应市场变化，是中国大部分地区合作社发展与演化过程的一个"缩影"；样本合作社参与乡村治理都面临税费改革后，乡村在经济、社会、文化等公共领域内部出现供需失衡的共性困境；样本合作社虽分布于中国西北、东南、东部地区，但各社都立足自身实际，为乡村治理事业做出贡献。总而言之，所选案例基本符合中国乡村治理的现实情境，也满足从案例上升到理论分析的逻辑基础，具有较强的可外推性。

（二）案例背景介绍

案例 1，甘肃省前进村前进奶牛专业合作社。前进村共有 389 户 1596 人，1874 亩耕地。2008 年，村内能人马某牵头成立合作社，主营良种奶牛和肉牛养殖繁育、鲜奶和有机肥生产。该社于 2018 年被评为国家级示范社。前进奶牛专业合作社收益按照 1.5：1：7.5 的比例进行分配，预留年终盈余的 15% 作为公积金，用于扩大经营；提取年终盈余的 10% 作为公益金，用于公益事业；剩余盈余按照成员出资比例以股金的形式分红。该社以产业优势为依托，已连续 5 年投入于乡村治理事业。

案例 2，陕西省东风村东丰种养殖农民专业合作社。东风村下辖 6 个村民小组，共计 273 户、1960 亩耕地。村支书冯某用早年承包工程积攒的 17 万元，联合部分村"两委"成员创办合作社。经过多年妥善经营，东丰种养殖农民专业合作社于 2020 年被评为省级示范社。该社计提当年 20% 和 10% 的纯利润分别作为公积金和公益金，用于参与村庄公用事业。

案例 3，江苏省和睦涧村淳和水稻专业合作社。和睦涧村共有 856 户 2820 人，耕地 5185 亩，区位与资源优势突出。村支书魏某 2008 年牵头成立淳和水稻专业合作社，该社从此形成以村党支部为主导，村集体经济组织领办的运营模式，并于 2015 年被评为国家级示范社。2015-2020 年，合作社每年从纯利润中提取 5%~10% 作为公积金，共计 207 余万元，部分用于社员培训和公益事业。另外，淳和水稻专业合作社还积极参与村内高标准农田建设、土地整治配套设施试点等项目。

案例 4，山东省南小王村晟丰土地股份专业合作社。南小王村常住人口 105 户共 300 余人，耕地 508 亩。2008 年 10 月，村"两委"动员村民组建合作社。在合作社带头人孙某的带领下，晟丰土地股份专业合作社走出了一条集蔬菜种植、加工销售和乡村旅游为一体的三产融合发展之路，并于 2015 年被评为省级示范社。该社还提取 5% 的公益金以及 10% 的公积金，投入乡村公益事业和精神文明建设，提升了基础设施"硬件"，改善了乡风文明"软件"，获得村民一致好评。

上述各合作社参与乡村治理均是在完成利润分红、保证社员收益和正常开支的前提下进行的。同时，各社参与乡村治理已在大多数成员之间达成共识，未损害成员基本利益且符合社内成员和普通村民的共同愿景。为方便表述，下文统一对案例合作社的名称进行简化。所选案例基本信息如表1所示。

表1　所选案例基本信息

	案例 1	案例 2	案例 3	案例 4
合作社名称	前进奶牛专业合作社	东丰种养殖农民专业合作社	淳和水稻专业合作社	晟丰土地股份专业合作社
合作社所属省份和村庄名称	甘肃省前进村	陕西省东风村	江苏省和睦涧村	山东省南小王村
领办类型	能人领办	村干部领办	能人+党支部领办	村委会+党支部领办
合作社带头人	马某	冯某	魏某	孙某
主营业务	奶牛和肉牛养殖繁育、鲜奶和有机肥生产	经济作物种植、桑蚕禽类养殖、农副产品加工	粮食加工、食品生产、食品销售	蔬菜种植、加工销售和乡村旅游
示范社等级	国家级示范社	省级示范社	国家级示范社	省级示范社

四、合作社参与影响乡村治理绩效的作用机制

（一）合作社参与乡村治理的触发动因

1. 满足发展需求。由前述理性选择理论可知，合作社参与乡村治理的最初动机就是为满足自身发展壮大的需要。一方面，合作社需要拓展自身权利（崔宝玉和马康伟，2022）和树立良好形象。案例1前进合作社带头人马某说："2017年合作社干得正红火，我跟他们（社员）说要趁热打铁，多为村里做些事，把合作社名声打出去。"前进合作社积极为村庄提

供就业服务，既培养了乡村人才，又获得了好口碑。另一方面，合作社需要进一步扩大规模和提高经营效益。案例2东风村地形崎岖，交通不便。东丰合作社为提高农作物产量和降低农业生产成本，开展土地平整和清理工作。同时，为提高合作社自身的生产资料和农产品运输效率，东丰合作社筹资硬化了村内部分道路。东风村村民薛某说道："一开始，合作社在制达（陕西方言，意为'这里'）修路其实也就是为自己送货方便，但这路也确实方便了村里的乡亲，他们都夸这活做得倭也（陕西方言，意为'妥当'），这可不是一举两得的好事咧？"东丰合作社在服务自身发展需要的同时，也间接完善了当地乡村公共基础设施建设。

2. 关心社区发展。一是合作社带头人及社员凭借强烈的"使命感"和担当精神参与处理村内事务。案例2东丰合作社带头人冯某说："咱既是合作社领导，也是村支书，要连村里人生活都怂管（陕西方言，意为'懒得管'），那可不像话咧。"社会责任感使冯某始终心系村内社会民生事务，积极帮助困难群众，调解矛盾纠纷。同样地，案例4晟丰合作社也是出于增进村内邻里感情和丰富村民文化生活的目的，为村庄改善并增加文化设施，建设文明乡风。二是合作社带头人出于奉献精神和乡土情结参与乡村治理。案例3淳和合作社带头人魏某说："咱刚办合作社时，除了债务啥也没有，是村委会和村民的拉扯（江苏方言，意为'帮助'），合作社才有今天的光景。做人不能忘本，对生我养我的村子，肯定得感恩啦。"基于此，魏某才有动力带领合作社用实际行动回报家乡。

综合上述分析可知，满足发展需求和关心社区发展是驱动合作社治理公共事务、提供公共服务以参与乡村治理的关键动因。

（二）合作社参与乡村公共事务治理的行为与绩效

1. 利益互嵌-协同联动机制。合作社所秉持的"民办、民管、民受益"原则，契合村民自治"自主组织、自主服务和自主管理"的要求。农民在高度关心合作社效益且民主管理意识高涨时，会将参与合作社管理的基本做法移植到村庄治理（王勇，2010）。合作社参与村庄公共事务治理，有效凝聚了农民关注并参与村庄事务的共识，重新将农民个体利益和村庄公共利益

"绑定"为新的共同体。合作社主要从以下两个方面影响村庄民主进程。

一是参与村组织建设。为提高自身在村庄的话语权，减少与村"两委"冲突和博弈的成本，合作社往往会主动参与村庄政治活动与村组织建设。主要表现为：合作社带头人参选村干部或村干部领办合作社，形成"双向嵌套、交叉任职"的"党支部＋合作社"模式，提高了村"两委"的办事效率和合作社参与乡村事务的深度。案例3淳和合作社以基层党建为引领，将党组织的政治优势转化为村庄发展优势。日常工作中，该社推行"三先"工作法则，设党员先锋岗、示范岗，制定党员结对帮扶制度，带领村民抱团发展，协商村庄发展思路和村社建设等事宜。带头人魏某定期入户走访，询问村民对村组织工作的满意度。案例4晟丰合作社和村"两委"联合起草了新的村民规范章程草案，组织村民代表反复讨论、修改。经村民代表大会讨论完善的新村规民约，成为村民自觉遵守的行为规范。民主议事流程充分体现了农民的主体地位，有效激发了村民的民主意识和参与意识（潘劲，2014）。

二是合作社凭借组织影响力监督村庄事务，促进村务公开透明。为提高社员利益分配的公平性，案例4晟丰合作社通过设立集体账户、引进财会软件处理账务等方式完善了资金管理制度，并按季度公开财务，鼓励社员监督合作社运营情况。另外，晟丰合作社的各种服务项目明码实价对外公开，农户可根据需要自愿选择所需服务。在取得良好管理效果后，村"两委"借鉴了晟丰合作社的管理理念，将每个季度的往来明细表、村集体经济收益分配表在村务公开栏公示，有效化解了信息不对称带来的村庄信任危机。案例3淳和合作社采用职业农民代表制度，通过"说账"的方式，让社员对资金使用和大小村务"看得懂，看得全"。为提升合作社在村内的政治影响力，淳和合作社将该制度在村内推广。从此，村民代表定期在村民大会上详细汇报近期工作要点、财务收支和项目进度。村委会也主动畅通村民意见反馈渠道，设立了匿名投诉信箱，自觉接受监督。一系列措施不仅有效解决了村民对村务决策缺乏专业识别和判断能力的问题，还打消了村民参与村庄民主管理的顾虑。和睦涧村村民刘某说："咱在这面（江苏方言，意为'这里'）说话没啥分量，有什么对村子好的想法也不晓得去哪说。现在合作社派代表把咱的意见反映上去，一想到能在村里说上话，咱心里也高兴哩。"合作社为村民提供了建言献策的平台，将个体力量整合为强大的组织合力，激发了村民参与管理村庄事务的积极性。

2. 矛盾调解–长效稳定机制。改革开放以及工业文明逐步将农民推向市场经济，催生乡村社会分工分层。由此，村民之间的家庭收入、个人行为观念出现的差异，成为影响农村社会和谐稳定的重要因素。事实上，合作社已成为除乡村基层调解组织之外有效化解矛盾纠纷的重要力量（阎占定，2015）。案例2东风村70多岁的王某的房屋因修建高速公路受损，村里把父子俩迁入了57平方米的新居，但新居离自家承包地太远，他们拒绝任何补偿，并要求回原来的房屋居住。村支书兼合作社带头人冯某一直关心王某父子的生活，在与内部成员达成共识的前提下，利用合作社的公益金帮助王某修缮房屋，赠予其1头牛、60只鸡和7头猪，帮助其患病的儿子办理低保。由此可见，合作社参与乡村治理有效化解了村庄内部矛盾。案例4南小王村村民朱某说道："村里人每闪（山东方言，意为'以前'）有啥处得不合，都是村主任或辈分高的老人来劝一下，但也不是每次都让人服气哩。合作社办起来后，在村里越干越大，大家都参加合作社，赚的钱多，对一些小事情也计较得少了。还有个啥大的纠纷，村里学合作社民主那套鼓捣了个投票制度，大家一块评理，比啥都好使。"可见，合作社的参与，为化解村民之间的纠纷与矛盾提供了更有效的途径，切实促进了农村社区邻里和谐。

3. 民生普惠–扶持保障机制。关注民生是合作社社会属性的本质要求，也是合作社成员回报家乡和践行社会责任的直接体现。案例4晟丰合作社每年提取分红后盈余的5%作为公益金，对村内困难户、受灾户进行帮扶救助。案例3淳和合作社将财政扶持的项目资金平均量化给70户低收入家庭，拓宽其增收渠道。和睦涧村69岁的王某，因残疾只能耕种少量田地，家中儿子患病需长期服药，全家主要靠低保维持生计。在淳和合作社的引导下，王某用财政扶持资金和自有田地入股合作社，每年可获得4500元股份分红。合作社还介绍王某到村里担任保洁员，月工资800元，改善其生活条件。为支援当地抗洪救灾任务，淳和合作社投入农机设备参与清淤和搬运工作，并出资 10 万元帮助灾民恢复生产。不仅如此，淳和合作社还与当地养老院建立长期帮扶关系，定期为老年人送大米。由此可见，随着嵌入农村社区的深度不断增加，合作社已拓展出诸多公益属性，逐渐成为参与乡村民生事务的中坚力量。

综上所述，在乡村公共事务治理方面，合作社的参与行为形成了三种行为机制（见表2）。合作社的参与，促进了乡村基层民主公平，形塑了乡村文明风气。

表 2　合作社参与乡村公共事务治理的行为机制与治理成果

行为机制	事实依据及成果体现
利益互嵌–协同联动机制	事实依据：参与村组织与党组织建设；促进村务公开，办事透明 成果体现：避免村级党组织工作虚化，激发农民参与民主自治的热情；化解村庄信任危机，增进村民与村"两委"之间的信任和联系（促进基层民主公平）
矛盾调解–长效稳定机制	事实依据：以物质援助解决村民生活困难，化解村内纠纷 成果体现：有效实现乡村社会秩序长期稳定（形塑乡村文明风气）
民生普惠–扶持保障机制	事实依据：对困难群体提供资金帮扶和人文关怀，参与救灾、慰问等社会民生事务 成果体现：使乡村治理更有"温度"，让治理成果惠及农民生活（促进基层民主公平）

（三）合作社参与乡村公共服务供给的行为与绩效

1. 资源整合–节本增收机制。合作社通过优化生产资源配置、更新经营理念等方式，在一定程度上提高了自身的持续盈利能力并保障了成员收益（张连刚等，2016）。合作社整合各项优质资源，为社员提供优质的生产服务，进一步推动乡村治理提质增效（作用逻辑如图3所示）。

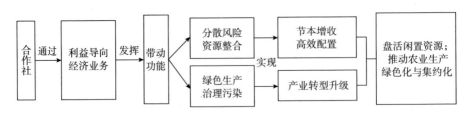

图 3　合作社促进乡村产业提质增效的逻辑过程

一是盘活村庄闲置资源。为提高生产效率，案例 2 东丰合作社将土地分别规划为良种繁育区和特色养殖区，并在各区域匹配了经验丰富的生产能人，实现劳动力和生产资料等要素的合理配置。同时，东丰合作社对村内低产农户的托管和烘干费用实行减免优惠，使这些农户每亩地少支出300 元，大大减少低产农户的生产成本和经济负担。为扩大合作社经营规模，案例 1 前进合作社以党员和群众联名担保的形式，动员村内 50 多位村民将自养奶牛、闲置房产和农用机械入股农家乐建设项目。由此可见，合作社在促进生产提质增效的同时，也将村庄分散和闲置的低效资源整合为统一经营的优质资产。

　　二是推动农业生产绿色化与集约化。为提升产品品质、降低生产成本，案例 2 东丰合作社遵循"种养结合、农牧循环、绿色发展"的思路，组织社员回收农药瓶和农膜，改善 450 余亩土地质量，为收割机安装除尘设备，减少生产过程中的扬尘污染。该社使用有机肥耕作，用生物菌防治病虫害，把控农业污染面源，并向全村推广示范性保护耕作、深松深耕和测土配方施肥等绿色生产理念。为准确对接消费者对绿色、有机食品的新需求，案例 4 晟丰合作社于 2017 年搭建科技化蔬菜大棚，并引进"生物技术处理蔬菜秸秆垃圾"项目，将蔬菜秸秆发酵成有机肥。该社严格规定农药和化肥的施用种类及标准，为产品匹配二维码，构建农产品质量安全可追溯机制。合作社在生产技术和理念上的革新，不仅节约了生产成本，还在一定程度上平衡了农村产业转型中的经济效益与生态效益。

　　2. 村社共建-固基强村机制。2020 年的中央农村工作会议强调要"继续把公共基础设施建设的重点放在农村，在推进城乡基本公共服务均等化上持续发力，注重加强普惠性、兜底性、基础性民生建设"①。在乡村振兴的新阶段，合作社往往由于劳动联合的本质规定与公平导向的价值诉求，被政府作为政策落实和项目实施的载体（崔宝玉和马康伟，2022）。合作社参与乡村人居环境整治工程，有效改善了村容村貌，形成了"村社共

---

　　①　参见《习近平出席中央农村工作会议并发表重要讲话》，http：//www.gov.cn/xinwen/2020-12/29/content_5574955.htm。

建"的双赢局面。2017 年 7 月，案例 2 东丰合作社带头人冯某协调资金在村里架设无线网络发射器，为村内年轻人发展电商业务创造条件。同年，该社还参与新建 5 座饮水塔，协助村"两委"解决了村民的饮水安全问题。为提高农药、化肥等生产物资和农产品的运输效率，2018 年，该社协助村集体新建道路 13 公里、硬化路面 10 公里。案例 4 晟丰合作社于 2015 年利用盈余公积金建成了 7 栋公寓楼，优先安置居住条件落后的村民。该社还于 2017 年出资兴建 28 套老年公寓，配有紧急呼叫等设备，实现全村 65 岁以上老年人免费拎包入住。案例 3 淳和合作社配合村集体兴建高标准党员活动室，硬化村内巷道，新打深井，更新自来水管道。合作社的参与提升了村民的幸福感和获得感，有效改善了农民的生活质量。

3. "培训+就业"助农机制。2018 年中央"一号文件"明确提出要"创新培训机制，支持农民专业合作社、专业技术协会、龙头企业等主体承担培训"①。可见，合作社是培育新型职业农民、建设农村专业人才队伍的重要载体。一方面，为提升市场竞争力，扩大增收渠道（包括对外收取培训费用），合作社往往会为社员和非社员提供培训和教育服务。案例 2 东丰合作社通过"观摩+实践"的手段，丰富了村民农技农艺、施肥用药等专业知识。案例 3 淳和合作社建有 120 平方米的电教培训室，购入电教设施 30 余套。在此基础上，该社累计承办水稻种植技术等实操教学活动 40 余场，培训农民 3123 人次，推动农民由传统兼业向职业化转型。案例 4 晟丰合作社于 2016 年建成了集食宿、学习、会议于一体的新型农民培训基地。该基地优先聘用本地农民作为服务员，缓解了当地"就业难"的问题。同年，该社开辟 3000 多亩现场教学试验田，打造"田间教室"，共计培训 210 多位新型职业农民。

另一方面，相较于其他经济社会组织，合作社作为农村产业发展和实现农民组织化的主要载体，在引导农民就业和岗位设置上，更贴近村庄实际和农民需求。合作社为当地创造了更多就业岗位，且更倾向于吸纳当地

---

① 参见《中共中央 国务院关于实施乡村振兴战略的意见》，http://www.gov.cn/zhengce/2018-02/04/content_5263807.htm。

家庭经济困难人员、闲散人员以及返乡人员等群体。案例1前进合作社利用社内公益金设立村级奖学金，奖励每位考上大学的学生3000~5000元，鼓励他们学有所成后不忘建设家乡。同时，该社吸纳了本村100多名生产能人入社，并通过"配车子、奖票子、分房子"等措施，增加优秀社员的生产积极性和凝聚力。合作社提供的稳定岗位和优厚待遇，聚合了村庄资源，更聚拢了人心，让农村留得住人才。案例3淳和合作社充分发挥产业带动作用，提供收购、分拣、包装等岗位，带动当地农村剩余劳动力就业。2018年，合作社长期雇工达到80余人，农忙高峰期日均额外用工50多人。"现在大家都有事干、有钱拿，村里不正干（江苏方言，意为'不务正业'）的人安分许多哩"，该社带头人魏某说道。可见，合作社参与乡村治理不仅直接带动了当地农民就业，还间接优化了村庄社会秩序。此外，该社还为符合用工条件的老年人和妇女提供了保洁、食堂兼职等工作，充分照顾了特殊群体的就业需求。同样地，案例4晟丰合作社为拓展业务和规模，新增加了打包、装卸、堆垛、运输、快递等就业岗位，优先安排当地低收入农民和闲散人员，并承诺支付每人3000元的保底月薪。优越的就业条件吸引了大量外出务工的农民返乡，实现村民在"家门口"就近就业。年轻人的回流，不仅增加了农村劳动力，还在一定程度上缓解了乡村留守儿童和老人无人照顾的问题。

4. 认知驱动-文化造血机制。一是合作社以宣传和激励为抓手，促进乡村文明和谐。为遏制销售农产品时出现以次充好、缺斤少两等现象，案例2东丰合作社将常见的法律知识编排成通俗易懂的山歌小品开展普法宣传，还将社内的诚信经营公约推广至村内，使法治与诚信观念深入人心。另外，该社成立"道德积分超市"，通过积分兑换农资的形式，对村内道德标兵和模范家庭等给予奖励。合作社的参与更新了村民的认知与观念，重塑了优良乡风。二是合作社举办文体活动。为提升合作社产品知名度，案例3淳和合作社以"稻乡"文化为主题，组建地戏队、山歌队等文化组织，打造"文化广场+百姓舞台"，协助村庄恢复传统农耕节日。合作社积极组织乡村文化活动，不仅拓展了自身营销渠道，更充分发掘了勤奋踏实的优秀传统文化内涵，增进了村民对本地乡土文化的了解和认同。三是合作社提供乡村文化建设的"软硬件"。案例4 晟丰合作社为回报村民在合作社成立初期给予的支持和帮助，用社内公益金为村内图书室购置了电脑、投影和一体机等设备，新增各类图书1500余本；建设棋牌室、文化活动室、健身房等文体设施，并在公共场所建设中融入社会主义核心价值观以及廉洁、节俭等元素，以潜移默化的方式弘扬了时代精神，突出了"德治"在乡村治理中的引领作用。

综上所述，在提供乡村公共服务方面，合作社的参与行为形成了4种行为机制（见表3）。合作社的参与，取得了夯实乡村发展基础、紧密乡村联结纽带的治理效果。

表3 合作社参与乡村公共服务供给的行为机制与治理成果

行为机制	事实依据及成果体现
资源整合-节本增收机制	事实依据：盘活村庄闲置资源；促进农业生产绿色发展、集约化发展 成果体现：高效配置优势资源和集体资产；实现产业转型升级与农户节本增收（夯实乡村发展基础）
村社共建-固基强村机制	事实依据：改善居住条件；电路改造升级；提升用水安全；方便交通出行 成果体现：改善村容村貌；加速乡村社区化进程；推进乡村治理和农民生活深度融合，提升村民幸福感和获得感（紧密乡村联结纽带）
"培训+就业"助农机制	事实依据：提供培训和就业服务，促进农民职业化、专业化；创造具有社会公益性质的就业岗位，增加农民收入渠道 成果体现：培训并吸纳各类人才建设乡村，提升农民就业竞争力；促进劳动力返乡就业，在一定程度上缓解了农村"空心化"问题并间接优化村庄秩序（夯实乡村发展基础、紧密乡村联结纽带）
认知驱动-文化造血机制	事实依据：通过宣传和激励引导村庄和谐风气；举办各类文体活动；参与供给村庄文化"软硬件"设施 成果体现：实现乡风文明和谐；唤醒乡土认同感，增进村民互动；丰富精神文明建设内涵，提升农民文化生活质量（紧密乡村联结纽带）

五、合作社提升乡村治理绩效的依存条件

（一）合作社主体禀赋

1. 合作社经济实力。经济实力是合作社参与乡村治理的前提保障。经

营状况越好、经济实力越强的合作社参与乡村治理的有效性越高（赵泉民，2015）。样本案例中，各合作社均为国家级或省级示范社。经过多年发展，这些示范社规模较大。因此，上述合作社具有更强的带动力和影响力，有实力更好地参与乡村治理。具体来说，案例3淳和合作社在发展初期时雇工需求较少，直到规模扩大后才有能力为村民提供更多就业岗位。同样地，案例2东风村村民廖某说道："先前合作社办起来时，在村里并没闹多大动静。后来可不得了，咱隔几天就能听见合作社的消息，合作社的领导在村里说话也越来越管事，我看这合作社的作用是越来越大哩。"案例4晟丰合作社带头人孙某也认为："只有自己条件硬了，才有余力帮衬村里。"由此看来，合作社自身经济实力等"硬性条件"，是其有效参与乡村治理的物质基础。

2. 合作社带头人的社会责任感。如果说经济实力解决了合作社"能不能"的问题，那么合作社带头人的社会责任感就决定了合作社"愿不愿意"参与乡村治理的选择。合作社带头人往往是村干部或精英能人（潘劲，2014；马太超和邓宏图，2022），如果其不能摆脱功利主义和逐利倾向的诱导，那么乡村治理就可能出现"精英俘获"等异化现象。因此，由"乡土情怀"内生的社会责任感是驱动合作社参与一系列公益或半公益事业的关键因素。具体表现为：案例2东丰合作社带头人冯某密切关注村庄事务，并认为"只有把村子建设好，才对得起乡党（陕西方言，意为'乡亲'）的信任和支持"。同样地，案例3淳和合作社带头人魏某认为"能力越大，责任就越大，在能力范围内的事情，咱能搭把手就搭一把"。魏某常带领社员主动为生活困难的村民排忧解难。案例4晟丰合作社带头人孙某也是基于"让街坊们多联系，村里热热闹闹的才像样"的考虑，带领合作社参与村内文娱设施改造。

（二）村庄场域支持网络

1. 村"两委"支持力度。根据资源依赖理论，组织进行社会活动总是离不开外部力量的支持。与外部力量实现良性互动，是为组织自身创造有利生存环境的前提（邓锁，2004；高强和孔祥智，2015）。就现实而言，掌握着基层行政权力和乡村大多数公共资源的村"两委"，仍是主导乡村治理工作的核心。村"两委"对合作社的支持力度在一定程度上决定着合作社行动的成败（王勇，2010）。这是因为：一方面，村"两委"能减少合作社参与乡村治理的阻力。案例3淳和合作社带头人魏某具有体制内外的"双重身份"。因此，淳和合作社和当地村"两委"已成为荣辱与共的"利益相关者"，村社之间深度耦合的强信任关系降低了合作社参与乡村治理的机会成本。同样地，案例4晟丰合作社和案例2东丰合作社参与村务协商与监督，均归因于村"两委"共享信息和资源、让渡权力空间的助力。相反，由于缺乏一定的制度支持，案例1前进合作社参与治理乡村公共事务的影响力就不如其他3个合作社显著。另一方面，村级党组织为合作社参与乡村治理把握了正确方向。2014年中央"一号文件"作出"推动农村基层服务型党组织建设。进一步加强农民合作社、专业技术协会等的党建工作"[①]的要求。在党建引领下，案例3淳和合作社遵循以人为本和公平公正的原则，坚持在民生一线参与乡村治理。由此可见，合作社要想有效参与乡村治理，离不开村"两委"的引导与支持。

2. 村域禀赋差异。囿于特定经济社会环境，不同合作社所在地区的资源禀赋和约束条件导致各合作社形成、变迁与演化路径的差异化（马太超和邓宏图，2022）。具体而言，村域禀赋包括区位条件、经济水平、社会关系网络和历史文化习俗等方面，构成影响乡村治理效果的外部因素。

第一，村庄区位条件和经济水平的差异，引发村民对乡村治理不同的价值诉求，导致各合作社参与乡村治理的工作重心不尽相同。例如，位于中国西北地区的案例1前进合作社所在村庄的经济发展水平较低。因此，该社参与乡村治理工作更多体现的是"稳中求进"的特点，即首先要促进村庄经济发展，然后才是追求社会效益。相反，案例3淳和合作社和案例4晟丰合作社皆位于东部地区，村庄"先天"条件更优越，合作社参与乡村治理的重心更倾向于促进民主公平和提升村民幸福感等方面。

---

① 参见《关于全面深化农村改革加快推进农业现代化的若干意见》，https://www.gov.cn/zhengce/2014-01/19/content_2640103.htm。

第二，村民信任和支持等社会关系网络为合作社参与乡村治理提供了正向反馈。农村是一个"熟人社会"，这构成社会信任和合作的基础（朱启臻和王念，2008）。合作社所积累的良好口碑，经熟人关系网络扩大，进一步增强了合作社与村民之间的信任。案例4晟丰合作社带头人孙某说："俺们一直寻思咋让大家生活得更好，村里的伙计都看在眼里，都念咱的好。这不，这几年合作社搞乡村建设，村里的伙计都很支持，都认为跟着合作社干不会错。大家的信任给俺们很大的安慰，让俺更有干劲。"可见，村民的广泛认可和积极反馈，反过来又提高了合作社参与乡村治理的积极性。

第三，乡土社会的地缘关系和历史文化强化了村民对村庄的认同感，从而激发了村民参与乡村治理的意愿。村民对村庄的认同感越强，越容易支持并配合所在合作社参与乡村治理。案例2东丰合作社所在的石泉县文化底蕴厚重，大禹传说、鬼谷子文化和古丝绸之路都在当地留有印记。多年的耕作经验使桑蚕产业成为东丰合作社的优势产业，悠久的地域历史使当地人对家乡有较强的自豪感和认同感。合作社带头人冯某说道："咱这儿属于川陕革命老区，艰苦奋斗、团结进取的红色精神都在我们这些后生心里咧。听说合作社在为村里修路，乡党们（陕西方言，意为'老乡'）都非常支持。"

综合上述分析，本研究进一步阐明了合作社参与乡村治理并提升治理绩效的作用机制与依存条件，以及二者之间的动态作用关系，具体如图4所示。

六、结论与启示

（一）研究结论

本研究遵循"动因-行为-绩效"及"主体禀赋-场域支持"两个逻辑范式，构建分析合作社参与乡村治理动态过程的理论框架。在此基础上，通过4个典型示范合作社的跨案例分析，解构合作社参与乡村治理的实然状态。研究发现：第一，满足自身发展需求和关心社区发展是驱动合作社

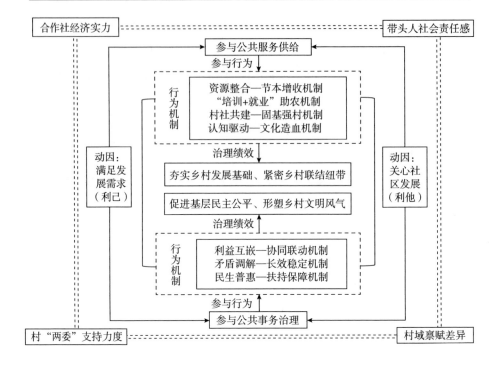

图 4　依存条件与作用机制的动态作用关系

注：图中"===="所连接的要素代表合作社提升乡村治理绩效的依存条件。

参与乡村治理的主要动因。第二，在参与乡村公共事务治理上，合作社主要通过利益互嵌-协同联动、矛盾调解-长效稳定、民生普惠-扶持保障 3 个行为机制，促进基层民主公平、形塑乡村文明风气；在参与乡村公共服务供给上，合作社通过资源整合-节本增收、村社共建-固基强村、"培训+就业"助农、认知驱动-文化造血 4 个行为机制，夯实乡村发展基础、紧密乡村联结纽带。第三，合作社主体禀赋和村庄场域支持网络等因素是合作社提升乡村治理绩效的依存条件。主体禀赋包括合作社经济实力和带头人社会责任感两个方面，其中，合作社的经济实力是其参与能力的基础，合作社带头人的社会责任感是保障乡村治理过程符合公共利益的关键。村庄场域支持网络包括村"两委"对合作社工作的支持力度和村域禀赋差异。一方面，村"两委"与合作社的良性互动有利于减少合作社参与乡村治理的阻力；另一方面，村庄发展差异导致合作社参与乡村治理的行为有所侧重。最后，村民对本土历史和文化的认同感越强，该地区的合作社参与乡村治理获得的响应和信任程度越高。第四，"村'两委'+合作社"共治模式更有利于保障乡村治理工作的顺利开展。一方面，该模式既能自上而下贯彻中央政策，又能突破正式组织与非正式组织之间的壁垒，最大限度地释放多主体参与的合力优势。另一方面，村级党组织公共性的价值取向加上合作社"劳动联合"的本质属性，能在一定程度上规避"精英俘获"问题，从而更好地统筹全体村民的共同利益。

（二）政策启示

第一，充分激发合作社参与乡村治理的潜力与动力。一方面，各级政府和全社会要充分认识到合作社是参与乡村治理的重要力量。基层政府要及时转变职能，以"引导者"而非"领导者"的身份，进一步落实"赋权"与"放权"机制，提升合作社参与乡村治理的自主权、决策权和话语权，为合作社参与乡村治理创造良好的外部制度环境。另一方面，地方政府要鼓励党支部领办型合作社参与乡村治理。引导党支部领办型合作社将其经济优势、组织优势与社会服务属性有机结合，着重挖掘合作社关怀社区的利他属性，激发合作社参与乡村治理的内生动力。

第二，健全乡村治理格局中合作社同村"两委"之间的良性互动机制。首先，在民主条件较为成熟的村庄推行"村'两委'+合作社"共治模式，以此畅通合作社与村"两委"的沟通渠道，形成乡村治理主体之间和谐的依存关系。其次，构建由合作社、村"两委"、普通村民和其他社会组织共同组成的多元化监督格局，共同推动村庄民主管理和村务公开等乡村治理制度的落地。最后，鼓励合作社带头人和村干部关注自身名誉和声望的积累，自发维护自身和组织的形象。通过正式制度（法治）和非正式制度（德治）的双重约束，避免乡村治理出现"一言堂"和无序治理等异化现象，以构建"纵向到底、横向到边"的规范化乡村治理格局。

第三，建立健全合作社带头人及后备人才的选育机制。首先，规范合作社带头人选举程序。合作社带头人的选拔要遵循"一人一票""公开透明"的选举原则，并通过不断完善合作社内部章程而进一步明确带头人的权责范围。其次，注重合作社带头人的后期培养工作。加强对合作社带头人政策法规、管理理念的培训，使其成为懂政策、善经营的"新农人"。同时，通过开展道德讲堂、宣扬优秀带头人事迹等方式，培育并激发合作社带头人在乡村治理事业上的责任意识和奉献精神。最后，精准制定以本土人才培育和外部人才引入双轮驱动的合作社后备人才选育政策，不断为乡村治理事业注入"新鲜血液"。一方面，建立有效激励机制，着重从"土专家""田秀才"等优秀群体中吸纳一批热心乡村治理事业的本土人才进入合作社，为乡村治理注入动力；另一方面，以乡情和乡愁为纽带，鼓励乡村精英、本地大学生和拥有专业知识技术的人才回乡加入合作社，强化合作社参与乡村治理的人才支撑。

第四，拓展合作社参与乡村治理多元化新思路。一方面，鼓励参与乡村治理的合作社类型多元化。政府部门要鼓励企业领办、能人领办等类型的合作社共同参与乡村治理，从而让更多合作社有意愿、有渠道、有能力嵌入乡村治理新格局，拓展乡村多元主体共治的内涵与路径。另一方面，在坚持因地制宜的前提下，实现合作社参与乡村治理路径选择多元化。在地方经济水平、自治程度较为成熟时，合作社参与乡村治理的重心应放在促进社会公平和提升村民幸福感等方面；反之，则应优先发展地方经济，引导村民转变观念，着重发挥合作社稳定治理基础和服务村民的功能。

参考文献

1. 柏良泽，2008：《"公共服务"界说》，《中国行政管理》第 2 期，第 17-20 页。

2. 蔡斯敏，2012：《乡村治理变迁下的农村社会组织功能研究——基于甘肃省 Z 县 X 村扶贫互助合作组织的个案》，《华中农业大学学报（社会科学版）》第 3 期，第 67-73 页。

3. 陈彬，2006：《关于理性选择理论的思考》，《东南学术》第 1 期，第 119-124 页。

4. 陈剩勇、徐珣，2013：《参与式治理：社会管理创新的一种可行性路径——基于杭州社区管理与服务创新经验的研究》，《浙江社会科学》第 2 期，第 62-72 页、第 158 页。

5. 崔宝玉、马康伟，2022：《合作社能成为中国乡村治理的有效载体吗？——兼论合作社的意外功能》，《中国农村经济》第 10 期，第 41-58 页。

6. 党国英，2017：《中国乡村社会治理现状与展望》，《华中师范大学学报（人文社会科学版）》第 3 期，第 2-7 页。

7. 邓锁，2004：《开放组织的权力与合法性——对资源依赖与新制度主义组织理论的比较》，《华中科技大学学报（社会科学版）》第 4 期，第 51-55 页。

8. 高强、孔祥智，2015：《农民专业合作社与村庄社区间依附逻辑与互动关系研究》，《农业经济与管理》第 5 期，第 7-14 页。

9. 顾丽梅、李欢欢，2021：《行政动员与多元参与：生活垃圾分类参与式治理的实现路径——基于上海的实践》，《公共管理学报》第 2 期，第 83-94 页、第 170 页。

10. 郭正林，2004：《乡村治理及其制度绩效评估：学理性案例分析》，《华中师范大学学报（人文社会科学版）》第 4 期，第 24-31 页。

11. 韩国明、张恒铭，2015：《农民合作社在村庄选举中的影响效力研究——基于甘肃省 15 个村庄的调查》，《中国农业大学学报（社会科学版）》第 2 期，第 61-72 页。

12. 贺雪峰，2023：《乡村治理中的公共性与基层治理有效》，《武汉大学学报（哲学社会科学版）》第 1 期，第 166-174 页。

13. 胡平波，2013：《农民专业合作社中农民合作行为激励分析——基于正式制度与声誉制度的协同治理关系》，《农业经济问题》第 10 期，第 73-82 页、第 111 页。

14. 贾大猛、张正河，2006：《合作社影响下的村庄治理》，《公共管理学报》第 3 期，第 86-94 页、第 112 页。

15. 李传喜，2020：《"条件—形式"视角下农村基层治理体制变迁与创新》，《党政研究》第 6 期，第 118-128 页。

16. 李延均，2016：《公共服务及其相近概念辨析——基于公共事务体系的视角》，《复旦学报（社会科学版）》第 4 期，第 166-172 页。

17. 蔺雪春，2012：《新型农民组织发展对乡村治理的影响：山东个案评估》，《中国农村观察》第 1 期，第 89-96 页。

18. 刘志迎、龚秀媛、张孟夏，2018：《Yin、Eisenhardt 和 Pan 的案例研究方法比较研究——基于方法论视角》,《管理案例研究与评论》第 1 期,第 104-115 页。

19. 卢福营,2011:《经济能人治村:中国乡村政治的新模式》,《学术月刊》第 10 期,第 23-29 页。

20. 卢素文、艾斌,2021:《资源依赖与精英权威:农村社会组织与基层政府的双向依赖和监督》,《中国农村观察》第 4 期,第 50-66 页。

21. 罗哲、单学鹏,2020:《农村公共池塘资源治理的进化博弈——来自河北 L 村经济合作社的案例》,《农村经济》第 6 期,第 1-8 页。

22. 马太超、邓宏图,2022:《从资本雇佣劳动到劳动雇佣资本——农民专业合作社的剩余权分配》,《中国农村经济》第 5 期,第 20-35 页。

23. 梅继霞、彭茜、李伟,2019:《经济精英参与对乡村治理绩效的影响机制及条件——一个多案例分析》,《农业经济问题》第 8 期,第 39-48 页。

24. 潘劲,2014:《合作社与村"两委"的关系探究》,《中国农村观察》第 2 期,第 26-38 页、第 91 页、第 93 页。

25. 彭继裕、施惠玲,2021:《主体、机制、绩效:国家形象塑造的治理维度》,《北京交通大学学报(社会科学版)》第 4 期,第 170-178 页。

26. 秦中春,2020:《乡村振兴背景下乡村治理的目标与实现途径》,《管理世界》第 2 期,第 1-6 页、第 16 页、第 21 页。

27. 沈费伟,2019:《农村环境参与式治理的实现路径考察——基于浙北荻港村的个案研究》,《农业经济问题》第 8 期,第 30-39 页。

28. 王金红,2007:《案例研究法及其相关学术规范》,《同济大学学报(社会科学版)》第 3 期,第 87-95 页、第 124 页。

29. 王群,2010:《奥斯特罗姆制度分析与发展框架评介》,《经济学动态》第 4 期,第 137-142 页。

30. 王勇,2010:《产业扩张、组织创新与农民专业合作社成长——基于山东省 5 个典型个案的研究》,《中国农村观察》第 2 期,第 65-69 页。

31. 魏建,2002:《理性选择理论与法经济学的发展》,《中国社会科学》第 1 期,第 101-113 页。

32. 吴新叶,2016:《农村社会治理的绩效评估与精细化治理路径——对华东三省市农村的调查与反思》,《南京农业大学学报(社会科学版)》第 4 期,第 44-52 页、第 156 页。

33. 阎占定，2015：《嵌入农民合作经济组织的新型乡村治理模式及实践分析》，《中南民族大学学报（人文社会科学版）》第 1 期，第 96-101 页。

34. 于水、辛境怡，2020：《农村基层治理能力的建构基础与生产机制》，《学习与实践》第 12 期，第 21-30 页。

35. 俞可平，2001：《治理和善治：一种新的政治分析框架》，《南京社会科学》第 9 期，第 40-44 页。

36. 张连刚、张宗红，2023：《农民合作社参与乡村治理行为的触发机制》，《华南农业大学学报（社会科学版）》第 1 期，第 118-129 页。

37. 张连刚、支玲、谢彦明、张静，2016：《农民合作社发展顶层设计：政策演变与前瞻——基于中央"一号文件"的政策回顾》，《中国农村观察》第 5 期，第 10-21 页、第 94 页。

38. 张义祯，2016：《嵌入治理机制：一个初步的分析框架》，《地方治理研究》第 4 期，第 46-53 页。

39. 赵昶、董翀，2019：《民主增进与社会信任提升：对农民合作社"意外性"作用的实证分析》，《中国农村观察》第 6 期，第 45-58 页。

40. 赵泉民，2015：《合作社组织嵌入与乡村社会治理结构转型》，《社会科学》第 3 期，第 59-71 页。

41. 赵晓峰、刘成良，2013：《利益分化与精英参与：转型期新型农民合作社与村"两委"关系研究》，《人文杂志》第 9 期，第 113-120 页。

42. 郑军南，2017：《社会嵌入视角下的合作社发展——基于一个典型案例的分析》，《农业经济问题》第 10 期，第 71-79 页。

43. 周义程，2007：《公共利益、公共事务和公共事业的概念界说》，《南京社会科学》第 1 期，第 77-82 页。

44. 朱启臻、王念，2008：《论农民专业合作社产生的基础和条件》，《华南农业大学学报（社会科学版）》第 3 期，第 16-19 页。

45. Bourdieu, P., 1983, "The Field of Cultural Production, or: The Economic World Reversed", *Poetics*, 12（4-5）: 311-356.

46. Coleman, J. S., 1992, "The Vision of Foundations of Social Theory", *Analyse and Kritik*, 14（2）: 117-128.

47. Eisenhardt, K. M., 1989, "Building Theories from Case Study Research", *Acade-

my of Management Review, 14 (4): 532–550.

    48. Pan, S. L., and B. Tan, 2011, "Demystifying Case Research: A Structured – Pragmatic – Situational (SPS) Approach to Conducting Case Studies", *Information and Organization*, 21 (3): 161–176.

    49. Pfeffer, J., and G. R. Salancik, 2003, *The External Control of Organizations: A Resource Dependence Perspective*, Palo Alto, CA: Stanford University Press, 3–10.

    50. Speer, J., 2012, "Participatory Governance Reform: A Good Strategy for Increasing Government Responsiveness and Improving Public Services?", *World Development*, 40 (12): 2379–2399.

（作者单位：西南林业大学经济管理学院）

Mechanisms and Prerequisites of Farmer's Participation in Specialized Cooperatives Impacting Performance Improvement of Rural Governance:

A Cross-Case Analysis Based on Four Typical Demonstration Cooperatives

ZHANG Liangang   CHEN Xingyu   XIE Yanming

Abstract: As an important part of national governance, China's rural governance confronts with structural dilemma such as the absence of governance subjects and rural public goods lack the support of village collectives. The farmers' participation in cooperatives not only reshapes the structure of rural public governance, but also effectively promotes the process of rural governance modernization. Based on the rational choice theory, participatory governance theory and resource dependence theory, this paper constructs two logical analysis paradigms, "impetus–conduct–performance" and "subject endowment–field support", to introduce a theoretical framework for analyzing the dynamic process of cooperatives participating in rural governance. Based on four typical cases, this study makes use of cross-case analysis to reveal the mechanisms and perquisites of cooperatives improving the performance of rural governance. We find that the mechanisms of cooperatives participating in rural public affair governance include: "interest embedding-cooperative linkage" mechanism, "conflict resolution and mediation-long-term stabilization" mechanism, and "universal benefit of people's livelihood-support and guarantee" mechanism. Moreover, the mechanisms of cooperatives participating in rural public service provision include: "resources integration-cost saving and income increase" mechanism, "village and community co-construction-solidifying foundation and strengthening villages" mechanism, "training+employment" mechanism of supporting farmers, and "cognition-driven" cultural creation mechanism. In addition, through comparative analysis of various cases, we find that the co-governance model of "village 'two committees' +cooperatives" significantly improves the performance of rural governance. In order to give full play to the positive impact of the two prerequisites of cooperative subject endowment and village field support network on cooperatives participating in rural governance, we suggest that: first, it is supposed to stimulate the potential and motivation of cooperatives to participate in rural governance; second, it is necessary to improve the favorable interaction mechanism between cooperatives and village' two committees in rural governance; third, it is essential to prefect the selection and breeding mechanism for cooperatives leaders; fourth, it is expected to expand new ideas for cooperatives to participate in rural governance n a variety of ways.

Keywords: Specialized Farmers' Cooperative; Rural Governance; Mechanisms; Cross-Case Analysis

范文四　Ecological footprint（EF）: An expanded role in calculating resource productivity（RP）using China and the G20 member countries as examples

Ecological footprint（EF）: An expanded role in calculating resource productivity（RP）using China and the G20 member countries as examples

Wei Fu[a,d], Jonathan C. Turner[b], Junquan Zhao[c], Guozhen Du[a,*]

[a] School of Life Science, Lanzhou University, Lanzhou, Gansu 730000, China

[b] School of International Affairs, Royal Agricultural University, Cirencester GL7 6JS, UK

[c] School of Economics & Management, Yunnan Agricultural University, Kunming 650201, China

[d] School of Economics & Management, Southwest Forestry University, Kunming 650224, China

ABSTRACT

As resources become scarcer measuring resource productivity（RP）is more important. Quantifying the value of natural resources is challenging but the ecological footprint（EF）concept provides one method of uniformly describing a variety of natural resources. Current assessments of RP mainly revolve around output efficiency of resources, namely the ratio of GDP to natural resource usage. This paper develops a new method of calculating the RP by using the EF as an indicator of the natural resource input and gross domestic product (GDP) as the output in the equation of RP=GDP/EF. A regression analysis is carried out using GDP per capita and RP of China from 1997 to 2011, and a comparative analysis with the members of the G20 countries according to their RP and per capita GDP in 2008. The results indicate that RP correlates with the per capita GDP, showing that RP is a valid indicator which can be used to measure a country's level of economic development.

Keywords: Ecological footprint Resource productivity Economic growth Sustainable development

1. Introduction

Since the early 1970s, scholars have warned of the natural resources damage done by unsustainable production systems used to satisfy the growth of market demand. Georgescu-Roegen (1976) claims that economic process cannot go on without a continuous exchange which alters the environment in a cumulative way. "Silent Spring" (Carson, 1962) first put forward the other road to preserve our earth, which enlightens environmental protection consciousness. The environmental protection movement has prompted the formation of the sustainable development (Table 1). One main themes of the sustainable development is the harmonious development between man and nature. Now environmentally sustainable development is a core national and global issue (Pillarisetti and van den Bergh, 2010). Daly (1996) claims that sustainable development is only possible in a steady-state economy whose scale is sufficiently small so as to allow the proper function of Earth's ecosystems. The relationship between the resources and economic growth (Sachs and Warner, 1995, 2000) has always been the focus study of economists.

Natural resources, considered as human social wealth, have and continue to be depleted or degenerated, by human impact, faster than the resource regeneration rate and growth of alternatives. Thus, the sustainable utilization of re-sources has become the primary issue of sustainable development. Being able to adequately measure the extent of human impact on resources is vital so that action can be agreed and implemented to provide an acceptable quality of life without using the earth's biological productive capacity beyond its ability to regenerate (Niccolucci et al., 2012). This paper focuses a new method of calculating the resource productivity and its contribution to the economic development.

2. Method

2.1. The plight of resource productivity (RP)

From classical economics to neoclassical economics, through the Harold - Domar theory of economic growth, to Solow's economic growth theory, and onto the new institutional economics, economic growth is measured using only capital, technology, labor, savings rate, employment or system functions. Resources can be replaced with other production factors, mostly to avoid the constraints of the natural resources on economic growth. Because the utilization of environment and resource factors is not included in the production function, these resources have been abused by overuse without regeneration in sustainable systems. As economies continue to grow, resource constraints become more and more obvious. RP has become a national strategic policy issue (Bleischwitz, 2010).

Table 1   The environmental protection prompted the sustainable development progress.

Contribution to sustainable development	Main publications
Enlightenment	Silent spring (Carson, 1962)
Promotion	The economics of the coming spaceship earth(Boulding, 1966). The entropy law and the economic process (Georgescu-Roegen, 1971). The Limits to Growth (Meadows et al., 1972)
Formally put forward sustainable development	Our Common Future (WCED, 1987)

In an attempt to overcome the challenges associated with creating a uniform classification for measuring natural resource productivity scholars, rather than using energy, land and other resources as evaluative categories, have proposed the use of direct material consumption (Bleischwitz, 2010), shadow price (Bulckaen and Stampini, 2009) and green GDP (Talberth and Bohara, 2006). But the challenges still exist.

2.2. A comprehensive index: ecological footprint (EF)

The most comprehensive measure of humanity's overall impact may well be the 'Ecological Footprint' (hereafter EF) concept (Wackernagel and Yount, 2000). The term EF was created in 1992 (Rees, 1992) with an improved concept published by Wackernagel and Rees (1996). EF is a comprehensive index and it measures our use of nature, analyzing six main categories of ecologically productive area including arable land, grazing land, forest land, fishing area, built-up land and energy land. In the progress of EF calculation, resource use and the export trade has been considered in tons.

Wackernagel and Rees (1997) put forward EF as natural capital, which would include all the biophysical resources and waste sinks needed to support the human economy. The space mutually exclusive assumption includes all types of biologically productive area (Wackernagel and Yount, 2000), so as to create a unified description of various natural resources. By introducing the concept of biologically productive area, EF directly reflects the use of natural resources and it is a measure of the impact of human society on the extent and intensity of use of those natural resources. The EF concept should therefore be seen as an indicator, or biophysical measure, of natural capital utilization (Kratena, 2008). It is a good indicator (and unified description) of the various natural resources utilized to create the output in the production function.

The EF has attracted worldwide attention since it was proposed. The research scope of EF is very wide, pervading various countries and regions all over the world.

'Footprint' has become an accepted term within ecological and environmental sciences (Jarvis, 2007). "Ecological Economics" focused on discussing it with special issues in 2000 volume 32 (e. g., Rees, 2000; Wackernagel and Silverstein, 2000; Simmons et al., 2000). At the same time, the World Wildlife Fund for Nature (WWF) reported ecological footprints for many countries and some countries attach great importance to it (Wackernagel, 2009). Although some scholars question EF (Moffatt, 2000; Fiala, 2008), it does reflect ecological well-being and gives an indication regarding whether current consumption and production patterns are likely to be sustainable (Bicknell et al., 1998).

2.3. Using EF in the RP calculation

The basic idea of calculating RP revolves around output efficiency of resources, namely the ratio of the welfare index (mainly GDP) and natural resource usage, which measures the efficiency of productive activities and the conversion of input to output. The crux of the problem is the inability to find one or more simple and reasonable indicators to describe the input of natural resources.

The RP is a measure of the output: input efficiency of the natural resources. Because the EF is a good indicator (and unified description) of the various natural resources consumption, and Rees (2000) points out that EF corresponds closely to Ehrlich and Holdren (1971) well-known definition of human impact on the environment: I = PAT, where I is impact, P is population, A is affluence, and T is technology, which means EF considers the elements of population and technology impact on the environment. The population and technology elements are important to the RP. So the RP concept, and its calculation method based on EF, is fully consistent with the productivity definition in the economic sense.

This paper uses gross domestic product (GDP) as the output, which indicates the total output of a country, and ecological footprint (EF) as the indicator to describe all types of natural resource input, so the RP can be represented as:

RP = GDP/EF

EF analysis is one informative area - based indicators of sustainability (Rees, 1996). This paper introduces the EF into the calculation of RP, which expands the role of the EF and combines it with economic analysis, to become one of the indicators used to measure national and regional economic development and a usable tool for governments' developing macroeconomic policies.

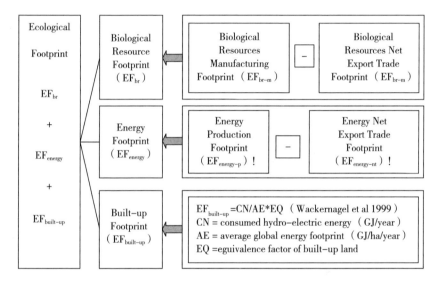

Fig. 1. The ecological footprint (EF) calculation, method and steps

3. Case study

3.1. China's EF calculation and its results in 1997-2011

The commonly used methods for calculating EF include the compound approach (Wackernagel and Rees, 1996; Wackernagel et al., 1999), the component approach (Simmons et al., 2000; Gossling et al., 2002; Kuzyk, 2012) and the input: output approach (Bicknell et al., 1998; Ferng, 2001, 2009). In this paper, the calculation of the EF from 1997 to 2011 for China is mainly based on the compound approach put forward by Mathis Wackernagel

（Wackernagel and Rees, 1996; Wackernagel et al. , 1999）. The EF is the sum of its three parts, the biological resources footprint （EF_{br}）, the energy footprint （EF_{energy}） and the built-up footprint （$EF_{built-up}$）（Fig. 1）.

3. 1. 1. Biological resource footprint （EF_{br}）

Biological resources footprint （EF_{br}） records biological resources products, which include agricultural products, animal products, forest products and aquatic products, where aquatic products include freshwater and marine products. So EFbr includes the arable footprint, grazing footprint, forest footprint and fishing footprint （Eq. （1））.

$$EF_{br} = \sum_{j=1}^{4}(EF_{br-m})_j - (EF_{br-nt})_j$$
$$= \sum_{j=1}^{4}(EF_{br-m})_j - \sum_{j=1}^{4}(EF_{br-nt})_j (j = 1, 2, 3, 4) \qquad (1)$$

The real consumption of biological resources cannot be calculated directly, so the trade adjustment method is used. The steps are as follows. First, calculate the biological resources manufacturing footprint （EF_{br-m}） based on national statistics of biological production （Eq. （2））. Second, calculate the biological resources net export trade footprint （EF_{br-nt}） based on national trade data of biological resources. Third deduct EF_{br-nt} from EF_{br-m}.

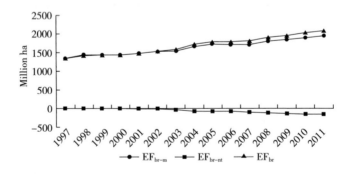

Fig. 2. EF_{br}, EF_{br-m} and EF_{br-nt} for China 1997-2011 （Ha）.

China Statistical Yearbooks （http: //www. stats. gov. cn） and FAO Production Year - books （http: //www. fao. org） for 1997-2011.

$$(EF_{br-m})_j = \sum_{i=1}^{n_j} \frac{P_{ij}}{Y_{ij}} \times EQ_j \tag{2}$$

$$(EF_{br-nt})_j = ET_j - IT_j \tag{3}$$

where EF_{br} = biological resources footprint; EF_{br-m} = the total biological resources manufacturing footprint; EF_{br-nt} = the total biological resources net export trade footprint; j = the four biological resources; productive land including arable land, grazing land, forest land and fishing area; $(EF_{br-m})_j$ = the jth biological resources manufacturing footprint; Y_{ij} = the global average unit production of the ith biological resource of the jth biological productive land; P_{ij} = the ith biological resource production of the jth biological productive land; n_j = the resource types of jth biological productive land; EQ_j = the jth equivalence factor of biological resources; $(EF_{br-nt})_j$ = the jth biological resources net export trade footprint; ET_j = the jth biological resources export trade footprint; IT_j = the jth biological resources import trade footprint.

Eq. (3) shows the import and export trade footprint of biologicalresources. China's EF_{br} has increased over the past 15 years by 54% from 1352.04 million ha in 1997 to 2086.87 million ha in 2011 (Fig. 2). The biological resources import trade footprint has been bigger than the export trade footprint since 2000, so the EF_{br-nt} became negative. At the same time, the absolute value of the EF_{br-nt} increased year-by-year, showing that the degree of dependence of China's consumption of biological resources on imports has been gradually increasing.

Fig. 2 shows that China's EF_{br} comprises EF_{br-m} and EF_{br-nt}. As the EF_{br-nt} is positive before 2000, EF_{br} is smaller than EF_{br-m}. When the EF_{br-nt} becomes negative (and its absolute value increases), EF_{br} becomes increasingly greater than EF_{br-m}.

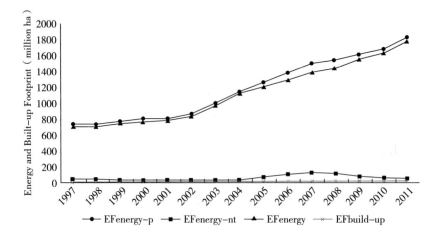

Fig. 3. China's EF$_{energy}$, EF$_{energy-p}$ and EF$_{energy-nt}$ (1997-2011).

China Statistical Yearbooks (http://www.stats.gov.cn) and FAO Production Yearbooks (http://www.fao.org) for 1997-2011.

Table 2　China's RP, total EF and percentage of EF$_{br}$,

EF$_{energy}$ and EF$_{built-up}$ (1997-2011).

Year	Composition ratio (%)			EF of China (million ha)	RP of China (yuan/ha)
	EF$_{br}$	EF$_{energy}$	EF$_{built-up}$		
1997	65.75	34.06	0.18	2056.2	3841
1998	66.83	32.99	0.18	2122.6	3976
1999	65.92	33.89	0.19	2176.2	4121
2000	65.19	34.60	0.20	2203.3	4503
2001	65.38	34.40	0.21	2269.0	4833
2002	64.90	34.87	0.23	2366.0	5086
2003	61.99	37.76	0.25	2562.1	5301
2004	60.64	39.10	0.25	2862.8	5585
2005	53.75	45.85	0.40	3022.5	6119
2006	57.74	41.95	0.31	3082.4	7018
2007	56.56	43.10	0.34	3211.5	8277
2008	56.99	42.67	0.34	3369.2	9321
2009	55.56	44.09	0.35	3526.0	9668

续表

Year	Composition ratio (%)			EF of China (million ha)	RP of China (yuan/ha)
	EF_{br}	EF_{energy}	$EF_{built-up}$		
2010	55. 19	44. 43	0. 38	3686. 3	10892
2011	53. 75	45. 85	0. 40	3882. 7	12179

3. 1. 2. Energy footprint (EF_{energy})

This paper uses the carbon sequestration method (Liu, 2009) to calculate the EF_{energy}. Firstly, the energy production footprint ($EF_{energy-p}$) is calculated; secondly, the energy net export trade footprint ($EF_{energy-nt}$) is calculated. Finally, deduct the former from the latter. $EF_{energy-p}$ is the energy consumption in the production process, not the final energy consumption in the consumption of various items, so a trade adjustment must be made. As the "materialized" energy consumption in a variety of import and export commodities is difficult to calculate for each commodity, the value assessment method is used to estimate the materialized energy consumption in the trading activity. This is expressed below in Eqs. (4) – (6):

$$EF_{energy} = EF_{energy-p} - EF_{energy-nt} \qquad (4)$$

$$EF_{energy-p} = \frac{EC \times ED \times CD \times TCR}{CS \times EQ} \qquad (5)$$

$$EF_{energy-n} = EF_{energy-p} \times S \qquad (6)$$

where EF_{energy} = energy footprint; $EF_{energy-p}$ = energy production footprint; $EF_{energy-nt}$ = energy net export trade footprint; EC = energy consumption; ED = energy density (the world's average calorific standard unit of fossil energy, 29. 4 GJ per ton of standard coal); CD = carbon density (unit heat rate of carbon emissions standards, coal, 0. 026 t standard coal/GJ, oil, 0. 020 t standard coal/GJ, natural gas, 0. 015t standard coal/GJ); TCR = terrestrial carbon responsibility (69%); CS = carbon sequestration (tonnes Carbon per hectare per annum, 0. 95t/ha); EQ = equivalence factor of 1. 1 for energy land; S = net exports of goods as a proportion of China's GDP (share).

3.1.3. Built-up land footprint ($EF_{built-p}$)

The method of calculation of built-up footprint ($EF_{built-up}$) comes from Wackernagel et al. (1999). The main methodology is converting hydro-electric consumption into biological productive land. The calculation is as follows Eq. (7):

$$EF_{built-up} = \frac{CN}{AE \times EQ} \tag{7}$$

where $EF_{built-up}$ = built-up footprint; CN = the amount of hydro-electric energy consumed (GJ/year); AE = the average global energy footprint (GJ/ha per year); EQ = equivalence factor of 2.8 for built-up land.

In order to facilitate comparison, this paper uses the equivalence factors which were used by Wackernagel et al. (1999) to calculate the ecological footprint of 52 countries. China's EF_{energy} and $EF_{built-up}$ from 1997 to 2011 is shown in Fig. 3. The EF_{energy}, dominated by fossil fuels, was the fastest growing component of China's EF over the 15 year period, and it increased by nearly 400% from 700.431 million ha in 1997 to 1780.32 million ha in 2011, which also shows a high dependence on energy during economic development. The energy trade adjustment mainly includes coal, coke (including semi-coke), crude oil and refined oil. Oil imports were always greater than exports and coal imports were less than exports up to and including 2008 after that the position reversed. The data shows that the $EF_{energy-nt}$ trend first decreased, then increased and finally decreased again, but the absolute changes are not large. China's $EF_{built-up}$ is almost too small to be seen in Fig. 3, but has an upward trend.

Table 2 shows China's total EF and the relative proportions of the EF_{br}, EF_{energy} and $EF_{builtlt-up}$ from 1997 to 2011. The total EF, increased by 83.83% from 2056.2 million ha in 1997 to 3882.7 million ha in 2011. The EF_{br} accounts for more than half of the total EF, but its share was reduced from 65.75% in 1997 to 53.75% in 2011. But its share was reduced from 65.75% in 1997 to 53.75% in 2011.

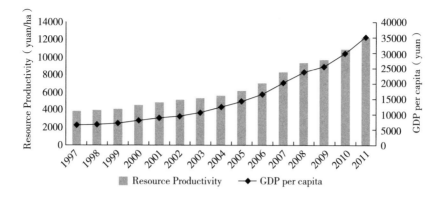

Fig. 4. China's RP and GDP per capita in 1997–2011.

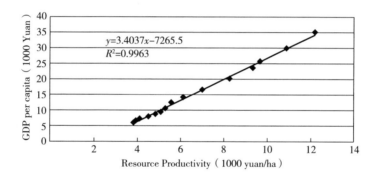

$y=3.4037x-7265.5$
$R^2=0.9963$

Fig. 5. Corelation–China's GDP per capita and RP.

The proportion of EF_{energy} increased to nearly 50% in 2011. The proportion of $EF_{built-up}$ is small, but shows a growth trend.

China's EF_{energy} is the difference in value between $EF_{energy-p}$ and $EF_{energy-nt}$. The amount of $EF_{energy-nt}$ is not big, but it is positive, so the EF_{energy} is smaller than the $EF_{energy-p}$. The value of $EF_{built-up}$ is very small.

3.2. China's resource productivity (RP) from 1997 to 2011

Table 2 shows China's RP for 1997–2011. The RP increased dramatically from 3841 yuan/ha in 1997 to 12,179 yuan/ha in 2011, more than tripling (Table 2 and Fig. 4). From the Table 2, we can see that the composition ratio of biological resource footprint （EF_{br}） account for more than half of the total EF, and the composition ratio of energy footprint （EF_{energy}） is growing fast. The growth of RP before 2005 is not fast, the growth has quickened significantly after 2005.

In this paper we present calculations of China's RP for 1997 – 2011. This period of time covers the part of China's entry into the market economy and as a new member of World Trade Organization. The economy of China is growing fast. During this period, technology improvements play an important part in the improving efficiency of resources utilization. He and Chen （2009） also point out that technology improvements have created much–improved resource utilization.

4. New applications of RP

4. 1. Analyzing the relationship between China's RP and GDP per capita 1997–2011

Both the RP and GDP per capita grew during the period, with the GDP growth rate being higher than that of RP （Fig. 4）. Regression analyses show that: RP and GDP per capita （Fig. 5） and EF and GDP per capita （Fig. 6） have a significantly positive correlation; per capita GDP can be represented by the RP.

The size of the per capita GDP can be used to indicate the economic development level of a country or region. So the value of the RP can reflect the degree of economic development of a country or region, and the EF indirectly can be seen as measuring the level of economic development, thereby expanding its applications.

4. 2. Analysis of RP of the G20 countries

In order to better explain the RP impact on economic development, this paper compares the RP of the G20 with that of China and analyzes the relationship

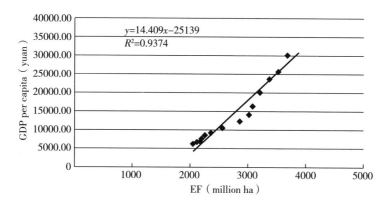

Fig. 6. Corelation-China's EF and GDP per capita.

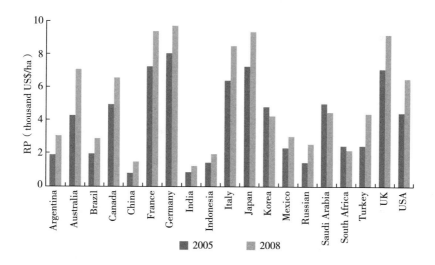

Fig. 7. G20 RP in 2005 and 2008（excludes European Union（EU）due to

changing membership and Germany, UK, France and Italy are already included）.

between RP and per capita GDP. The G20 countries are selected for analysis be-
cause they have worldwide representatives. As the members（Appendix 1）of
G20 are from the developed and less-developed countries, the G20's GDP ac-
counts for about 90%of world GDP and their population accounts for about 65%
of the world population. Previous scholars have used the G20 countries for exam-

ple to analyze the world carbon emissions performance problems and for empirical analysis of world ecological well-being performance.

We uses the EF data of G20 members from Living Plant Report 2008 (WWF, 2008) and the Living Plant Report 2012 (WWF, 2012) reported by World Wildlife Fund for Nature (WWF) to calculate the RP of the G20 members in 2005 and 2008. The data both from the WWF, the calculation method of EF is the same, so authors consider the EF data in 2005 and 2008 have comparability. The data of the GDP of G20 members come from the International Statistical Yearbook.

Fig. 7 shows that the RP of the G20 increased except for Korea, Saudi Arabia and South Africa. These three countries' GDP growth rate is less than the growth rate of the EF, precipitating a fall in their RP. The growth rate of Korea's GDP was 9.97%, which was less than the growth rate of its EF at 24.60%. The GDP growth rate of Saudi Arabia was 48.16%, while its EF growth rate was 63.44%. The growth rate of South Africa's GDP was 14.00%, with an EF growth rate of 28.28%. The other countries' GDP growth rates were greater than the growth rate of their EF.

Though China's RP is small, its growth rate is the highest at 85.78%, followed by Australia and Argentina, whose growth rates were 65.05% and 61.20%, respectively. In 2008, Germany's RP was the highest, at 9688 US $/ha, followed by France and Japan at 9357 US $/ha and 9306 US $/ha, respectively. India's RP is the lowest, only 1188 US $/ha in 2008, (less than 12.5% of Germany's), followed by China and Indonesia, at 1494 US $/ha and 1937 US $/ha. Australia's GDP per capita is the highest; in 2008 it reached 47, 218 US $, followed by United States and France, with 46, 571 US $ and 45, 943 US $ respectively. India's GDP per capita is the lowest at only 1022 US $, less than 2.3% of Australia's, with Indonesia and China next lowest at only 2188 US $ and 3183 US $ respectively.

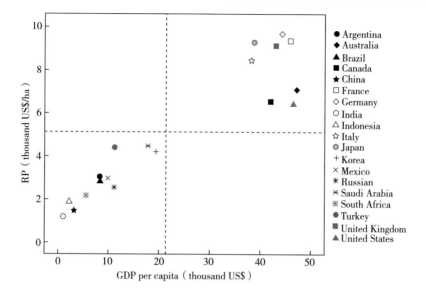

Fig. 8. G20 RP and GDP per capita in 2008.

This paper uses Figs. 8 and 9 and Table 3 to identify gaps between the RP's of G20 members in 2008. The average value of G20 RP is 5. 12 per thousand US $/ha and the GDP per capita is 23. 39 per thousand US $ (Fig. 8). In the Fig. 8 and Table 3, it can be clearly seen that the G20 is divided into two categories. One category includes eight countries (Australia, Canada, France, Germany, Italy, Japan, United Kingdom and United States) with high RP and high GDP per capita, which showed by square in Fig. 8. The other category includes eleven countries (Argentina, Brazil, China, India, Indonesia, Korea, Mexico, Russion, Saudi Arabia, South Africa and Turkey) with low RP and low GDP per capita, which showed by circle in Fig. 8.

This paper also uses another way to explain the two categories more clearly (Fig. 9). This paper takes the RP and GDP per capita deduct the average value of G20 respectively. The results can be seen in the Fig. 9. The countries with higher RP and GDP per capita than the average value shows above the X axis, and the countries with lower RP and GDP per capita than the average value shows under the X axis. The two categories are the same as the Fig. 8.

Table 3 categorizes G20 members using this criterion and ascribing each to a different zone. There are eight countries (Australia, Canada, France, Germany, Italy, Japan, United Kingdom and United States), which are all the economically developed countries in the first zone with high RP and high GDP per capita. The other countries are all less-developed countries with low RP and low GDP per capita. The high RP and low GDP per capita zone and low RP and high GDP per capita zone have no countries. Therefore, it is clear that the RP has a positive correlation with economic development and increasing the RP (by improving the relationship between EF and GDP) would be an effective way of driving economic development.

5. Discussion

The EF methodology converts the regional resource and energy consumption into a variety of biologically productive areas; the calculation method is not complicated, but the specific calculations differ. Though using the same calculation method, calculating different products and different classification of the biological resources all lead to different results to some extent. This is inevitable as Wackernagel (2009) points out the results of EF can never be wholly accurate, and that applies to any model. With the widespread use of the EF, the calculation method is modified for the specific study object. Lenzen and Murray (2001) modifies ecological footprint method to add emissions land to calculation the emissions of CO_2 and other greenhouse gases in the need for a regional approach. van Vuuren and Smeets (2000) considers addition of carbon dioxide emissions to calculate the EF of Bhutan, Costa Rica and the Netherlands.

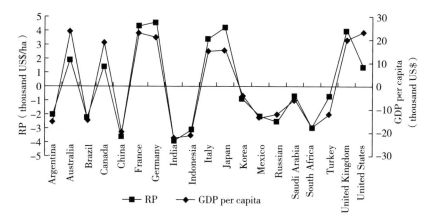

Fig. 9. G20 RP and GDP values（per capita）based on 2008 averages（excludes European Union（EU）due to changing membership and Germany, UK, France and Italy are already included）.

Table 3 G20 classification based on RP and GDP per capita（US$/ha）.

	High RP≥5.12（thousand US$/ha）	Low RP<5.12（thousand US$/ha）
High GDP per capita ≥ 23.39（thousand US$）	Australia, Canada, France, Germany, Italy, Japan, United Kingdom, United States	
Low GDP per capita < 23.39（thousand US$）		Argentina, Brazil, China, India, Indonesia, Korea, Mexico, Russian, Saudi Arabia, South Africa, Turkey

Combining EF with other tools or methods and using it for the evaluation of resources and economic development is a developing methodology. This paper attempts to use the EF indirectly for economic analysis, using it as the proxy input measure for natural resources, with GDP as the output to compute RP.

6. Conclusions

This paper presents a novel way to calculate the RP by including the EF, not only expanding the application of the EF, but also providing a very good solution to the problem of unified quantization of natural resources in calculating RP. The relationship between the RP and per capita GDP is analyzed (horizontally) using time series with China used as an example to calculate the RP between 1997 and 2011. China's RP over these 15 years is rapidly increasing driven by the advancement of technology and economic development. The same relationship is also analyzed (vertically) by comparative analysis using the G20 countries in 2008. This shows that G20 RP is significantly different from country to country.

Dividing the countries into zones is a new approach. Each zone represents different levels of performance for per capita GDP and RP, but all of them indicate that the bigger the RP, the larger the per capita GDP. There is a dichotomy in resource utilization, for historical and economic reasons, between G20 members and a distinct gap between the RP of the developed and the less-developed countries, but all need to develop RP. Being able to measure (and monitor) RP while including the EF in the calculation will provide the benchmark from which to progress sustainably and meet increasing (and changing) consumer demand without adding to long term global damage. A low RP directly affects the level of economic development. Decision makers concerned about the overuse of resources should therefore focus on the RP, given its strong correlation with development and work on improving the relationship between EF and GDP to get necessary efficiency gain, whether it be by land sharing or land sparing systems to meet increased demand sustainably (Sutton et al. , 2012).

The RP calculated by EF is simple, practical and has high applicability. From the regression analyses using the GDP and EF per capita and RP of China in 1997-2011, and the zone classification of the G20 according to their RP and per capita GDP in 2008, it is clear that the RP is an effective tool for judging economic development of a country or region. The GDP is the world's most commonly used economic indicator, which is easy to get the data. The data of a country or region' EF can be calculated or get from Global Footprint Network or 'Living Planet Report'. So the RP with this paper's method can be easily used and analyzed by any country or region. According to the changes of time series, RP can reflect the level of economic development, which can be used a tool of governments to make macroeconomic policies.

The RP of the paper suggested approach analysis also has some limitations. It is a static measure whereas the economy and nature are dynamic systems. The RP is an eco-economic camera, each analysis provides a snapshot of current level of economic development using natural resources. In addition to this, it cannot take into account the social system (e. g., social well-being) and the impact of the environment (e. g., air pollution and deforestation).

This method of calculation, however, is not related to the population base. So for China, the huge population base is still an issue to be reckoned with given that per capita EF is 2. 13 ha, far less than the world average EF of 2. 7 ha, but the total amount of China's EF accounts for 15. 9% of total global EF, indicating a potential future ecological safety problem (WWF, 2012). Ideally, analysis of the economic development of a country or region should consider the population issues.

The shift of focus from a more values driven environmental assessment approach to a more quantitative approach, and from measuring local impact to developing relatively simple general models that can identify problem trends, and the extent of problem impacts, so action becomes an imperative and can be planned, renders more valuable the use of an indicator such as the RP calculations (proposed in this paper), especially since they are measured per capita bringing in the population dimension.

Acknowledgment

This research is supported by special project of the Agricultural Ministry of the People's Republic of China (Grant no. 201203006).

科学研究方法与论文写作

Appendix 1.

G20 members

G20 members include the G8 countries, namely, USA, Japan, Germany, UK, France, Italy, Canada and Russia; and the 11 emerging and developing countries, namely, Argentina, Australia, Brazil, China, India, Indonesia, Mexico, Saudi Arabia, South Korea, South Africa and Turkey; and the EU. The European Union is represented by the president of the European Council and by the European Central Bank.

G20 accounted for 90 per cent of the world GDP and nearly 80 per cent of world trade in 2011. G20 represents two thirds of world population.

References

Bicknell, K. B., Ball, R. J., Cullen, R., Bigsby, H. R., 1998. New methodology for the ecological footprint with an application to New Zealand economy. Ecol. Econ. 27, 149-160.

Bleischwitz, R., 2010. International economics of resource productivity - relevance, measurement, empirical trends, innovation, resource policies. Int. Econ. Policy 7, 227-244.

Boulding, K. E., 1966. The economics of the coming spaceship earth. In: Jarret, H. (Ed.), Environmental Quality in a Growing Economy. Johns Hopkins University Press, Baltimore.

Bulckaen, F., Stampini, M., 2009. On shadow prices for the measurement of sustainability. Environ. Dev. Sustain. 11, 1197-1213.

Carson, R., 1962. Silent Spring. Houghton Mifflin Company, Boston, New York.

Daly, H., 1996. Beyond Growth: the Economics of Sustainable Development. Beacon Press, Boston.

Ehrlich, P., Holdren, J., 1971. Impact of population growth. Science

171, 1212-1217.

Ferng, J. J. , 2001. Using composition of land multiplier to estimate ecological footprint associated with production activity. Ecol. Econ. 37, 159-172.

Ferng, J. J. , 2009. Applying input-output analysis to scenario analysis of ecological footprints. Ecol. Econ. 69, 345-354.

Fiala, N. , 2008. Measuring sustainability: why the ecological footprint is bad economics and bad environmental science. Ecol. Econ. 67, 519-525.

Georgescu - Roegen, N. , 1971. The Entropy Law and the Economic Process. Harvard University Press, Cambridge.

Georgescu-Roegen, N. , 1976. Energy and Economic Myths: Institutional and Analytical Essays. Pergamon Press, New York.

Gossling, S. , Hansson, C. B. , Horstmeier, O. , Saggel, S. , 2002. Ecological footprint analysis as a tool to assess tourism sustainability. Ecol. Econ. 43, 199-211.

He, M. , Chen, J. , 2009. Sustainable development and corporate environmental responsibility: evidence from Chinese corporations. J. Agric. Environ. Ethics 22, 322-339.

Jarvis, P. , 2007. Never mind the footprint, get the mass right. Nature 446, 24.

Kratena, K. , 2008. From ecological footprint to ecological rent: an economic indicator for resource constraints. Ecol. Econ. 64, 507-516.

Kuzyk, L. W. , 2012. The ecological footprint housing component: a geographic information system analysis. Ecol. Indic. 16, 31-39.

Lenzen, M. , Murray, S. A. , 2001. A modified ecological footprint method and its application to Australia. Ecol. Econ. 37, 229-255.

Liu, Y. H. , 2009. Coordinated Degree Assessment of Eco-economic System Based on EF Model. China Environmental Science Press, Beijing in Chinese.

Meadows, D. H. , Meadows, D. L. , Randers, J. , Behrens, W. W. , 1972. The Limits to Growth. Universe Books, New York.

Moffatt, I. , 2000. Ecological footprints and sustainable development. Ecol. Econ. 32, 359-362.

Niccolucci, V. , Tiezzi, E. , Pulselli, F. M. , Capineri, C. , 2012. Biocapacity vs ecological footprint of world regions: a geopolitical interpretation. Ecol. Indic. 16, 23-30.

Pillarisetti, J. R. , van den Bergh, J. C. J. M. , 2010. Sustainable nations: what do aggregate indexes tell us? Environ. Dev. Sustain. 12, 49-62.

Rees, W. E. , 1992. Ecological footprint and appropriated carrying capacity: what urban economics leaves out. Environ. Urban 4, 121-130.

Rees, W. E. , 1996. Revisiting carrying capacity: area-based indicators of sustainability. Popul. Environ. 17, 195-215.

Rees, W. E. , 2000. Eco-footprint analysis: merits and brickbats. Ecol. Econ. 32, 371-374.

J. , Sachs, A. , Warner, . Natural resource a bundance and economic growth NBER Working Paper, 1995; 5398.

J. , Sachs, A. , Warner, . The Curse of Natural Resources Forthcoming special issue of the European Economic Review, 2000.

Simmons, C. , Lewis, K. , Barrett, J. , 2000. Two feet-two approaches: a component-based model of ecological footprinting. Ecol. Econ. 32, 375-380.

Sutton, P. C. , Anderson, S. J. , Tuttle, B. T. , Morse, L. , 2012. The real wealth of nations: mapping and monetizing the human ecological footprint. Ecol. Indic. 16, 11-22.

Talberth, J. , Bohara, A. K. , 2006. Economic openness and green GDP. Ecol. Econ. 58, 743-758.

van Vuuren, D. P. , Smeets, E. M. W. , 2000. Ecological footprints of Benin, Bhutan, Costa Rica and the Netherlands. Ecol. Econ. 34, 115-130.

Wackernagel, M., Rees, W. E., 1996. Our Ecological Footprint: Reducing Human Impact on the Earth. New Society Publishers, Gabriola Island.

Wackernagel, M., Rees, W. E., 1997. Perceptual and structural barriers to investing in natural capital: economics from an ecological footprint perspective. Ecol. Econ. 20, 3-24.

Wackernagel, M., Onisto, L., Bello, P., Linares, A. C., Falfan, I. S. L., Garcia, J. M., Guerrero, A. I. S., Guerrero, M. G. S., 1999. National natural capital accounting with the ecological footprint concept. Ecol. Econ. 29, 375-390.

Wackernagel, M., Silverstein, J., 2000. Big things first: focusing on the scale imperative with the ecological footprint. Ecol. Econ. 32, 391-394.

Wackernagel, M., Yount, J. D., 2000. Footprints for sustainability: the next steps. Environ. Dev. Sustain. 2, 21-42.

Wackernagel, M., 2009. Methodological advancements in footprint analysis. Ecol. Econ. 68, 1925-1927.

WCED, 1987. World Commission on Environment Development (WCED) Our Common Future. Oxford University Press, Oxford.

Living Planet Report 2008. http://wwf. panda. org.

Living Planet Report 2012. http://wwf. panda. org.